大型液化天然气（LNG）低温储罐桩基新技术及工程实践

王　伟　韩立君　聂庆科　张　超　李华伟　刘晶晶　张　鹏　著

中国建筑工业出版社

图书在版编目(CIP)数据

大型液化天然气（LNG）低温储罐桩基新技术及工程
实践 / 王伟等著. — 北京：中国建筑工业出版社，
2021.6
ISBN 978-7-112-26249-6

Ⅰ. ①大… Ⅱ. ①王… Ⅲ. ①液化天然气—储罐—桩
基础 Ⅳ. ①TE972

中国版本图书馆 CIP 数据核字(2021)第 115758 号

本书主要介绍液化天然气的发展，大型液化天然气（LNG）低温储罐的技术现状，储
罐的基础形式和储罐桩基础设计难点，储罐桩基施工与检测的新技术，并通过 8 个工程实
例进行详细说明。全书分为 4 篇共 16 章，主要内容包括：液化天然气及储罐、储罐桩基
新技术、桩基检测新技术和储罐桩基工程实践。本书适合从事桩基工程设计、施工人员及
高等院校师生等参考。

责任编辑：杨　允
责任校对：党　蕾

大型液化天然气（LNG）低温储罐桩基新技术及工程实践

王　伟　　韩立君　聂庆科　张　超
　　　　　李华伟　刘晶晶　张　鹏　著

*
中国建筑工业出版社出版、发行（北京海淀三里河路 9 号）
各地新华书店、建筑书店经销
北京红光制版公司制版
北京建筑工业印刷厂印刷
*
开本：787 毫米×1092 毫米　1/16　印张：16¼　字数：406 千字
2021 年 6 月第一版　　2021 年 6 月第一次印刷
定价：**70.00** 元
ISBN 978-7-112-26249-6
(37627)

序

近年来，随着我国经济发展进入新时代，能源发展也步入新阶段。液化天然气（LNG）作为一种既环保又清洁的燃料能源，它的开发和利用是我国实现"能源革命，绿色发展"的战略需求。随着液化天然气（LNG）产业的迅猛发展，液化天然气（LNG）基础设施的建设如火如荼，与之相关的产业规划、基础设施建设日益为人们所关心，尤其对投资最大的液化天然气（LNG）低温储罐的设计与建造更加关注。

液化天然气（LNG）具有易燃、易爆、低温（－164.5℃）等特点，液化天然气（LNG）低温储罐一旦发生泄露就会导致火灾、爆炸等事故，对接收站本身及周边环境所产生的威胁是不可估量的。因此，液化天然气（LNG）储罐设计标准要求较高、建造技术复杂。地基基础作为液化天然气（LNG）低温储罐的重要组成部分，其稳固性和安全性对防止储罐沉降、倾斜、失稳而引起次生灾害的发生至关重要。我国已投产或正在建设的大型液化天然气（LNG）低温储罐，多数分布在沿海地区。沿海地区的工程地质及水文地质条件非常复杂，围海造田形成的软土地基比比皆是，基岩埋深极其悬殊，这种空间分布极不均匀的地基不利于大型液化天然气（LNG）低温储罐的沉降控制及抗震设计，这是建造大型液化天然气（LNG）低温储罐所面临的主要岩土工程难题之一。

针对液化天然气（LNG）低温储罐设计与建造技术发展的现状与不足，本书作者有了编著此书的设想。本书作者均长期战斗在岩土工程勘察、设计、施工与检测一线，主持或参与了国家大部分大型液化天然气（LNG）低温储罐项目的地基基础施工、检测全过程，具有丰富的实践经验和较高的理论水平。本书在总结多个典型大型液化天然气（LNG）低温储罐工程案例的基础上，对储罐地基基础分类与选型、大直径钻孔灌注桩新技术、桩基检测新技术等做了全面的总结与阐释。这些案例既包括岩土工程勘察数据、桩基工程设计要求、工程特色及实施过程、工程检测结果，也包括储罐工程试水阶段或运维阶段的监测验证，具有较强的系统性、代表性和可靠的参考价值。

岩土工程是一门实践性、经验性很强的应用科学，工程建设中提出的问题就是岩土工程应该研究的课题。以现场问题为导向，以工程实践数据为基础，积极探索岩土工程中的"艺"与"术"，是推动岩土工程这门学科发展的重要途径。因此，该书作为对大型液化天然气（LNG）低温储罐工程实践中岩土工程问题进行分析的一种探索和总结，对相关的科研工作具有宝贵的指导意义。

本书的主编邀请我写个"序"，我欣然接受，不仅是因为本书的作者大部分是我的学生，而且更主要的是这本书里包含着他们呕心沥血的追求、持之以恒的探索和坚持不懈的努力。我审阅这本书的时候，仿佛又看到他们奋战在大型液化天然气（LNG）低温储罐工程一线的忙碌身影。在吸收本书科学技术和实践经验的同时，收获更多的是感动。我相信这本书会给业内同行带来新的启迪和帮助。

全国工程勘察设计大师

前　言

面对突出的生态环境问题，液化天然气（LNG）作为"环境友好型"能源，备受人们的青睐和关注。近年来，我国液化天然气（LNG）需求呈现出快速增长的趋势，其基础设施的建设如火如荼。然而，作为液化天然气（LNG）产业发展中的关键核心环节，大型低温储罐的设计与建造技术长期由国外大型工程公司所掌握和垄断，国内科研院所和工程公司进行了持续的攻关，并取得了实质性的突破。作为一名注册岩土工程师，作者一直致力于大型低温储罐地基基础的研究与工程实践，并取得了一些成功经验，本书是对这些工作较为全面的阶段性总结。

本书共分4篇。第一篇液化天然气及储罐，主要介绍了液化天然气（LNG）的国内外发展历程，液化天然气（LNG）生产与储罐技术的国内外研究现状；重点阐述了低温储罐地基基础的重要性和复杂性，首次将其分类归纳为六种基础形式，给出了各种基础形式的定义、结构构造及适用范围；分析了大型低温储罐桩基础的设计难点。第二篇储罐桩基新技术，基于大型低温储罐地基基础的特殊要求，系统阐述了高承台桩"一体化成桩法"施工新技术，一种减小基岩约束嵌岩桩（简称，RHR桩）新桩型，给出了其技术原理、施工步骤、施工做法及控制要点。第三篇桩基检测新技术，建立了用特征线参量法分析基桩承载性状的理论和方法；探讨了如何应用桩身应力观测数据实现桩身压缩量计算，从桩周土的特性出发，推导出了基于土的弹性-塑性模型的桩身压缩量解析解，并对关键结论进行分析；提出运用单桩抗压静载试验分析确定单桩抗拔摩阻力的方法，并对成果进行验证。第四篇储罐桩基工程实践，详细介绍了多个典型大型液化天然气（LNG）低温储罐工程案例，主要包括岩土工程勘察数据、桩基工程设计要求、工程特色及实施过程、工程检测结果、储罐工程试水阶段或运维阶段的沉降监测验证等，其中2个工程案例获得国家行业优秀勘察设计一等奖，3个工程案例获得河北省工程勘察设计一、二等奖。

本书由中冀建勘集团有限公司（原河北建设勘察研究院有限公司）王伟教授级高工、韩立君教授级高工、李华伟教授级高工、聂庆科教授级高工、刘晶晶教授级高工、张鹏高工及中海石油气电集团有限责任公司张超博士合著，王伟统筹了本书全稿；中海石油气电集团有限责任公司研发中心肖立、中海石油气电集团有限责任公司研发中心刘洋、河北双诚建筑工程检测有限公司郅正华、中国寰球工程有限公司于晓泉、中国寰球工程有限公司安继勇、上海梯杰易气体工程技术有限公司于新威、海洋石油工程股份有限公司郭鹰、中国石化工程建设有限公司谢金珂、中海油石化工程有限公司张方良、中国五环工程有限公司刘翔、河北双诚建筑工程检测有限公司张开伟为本书提供了部分资料；中冀建勘集团有限公司商卫东、王德亮、乔永立、张军旗、成现伟、贾向新、刘红超、李晨雁、翟自强、徐峰光、田立强、齐瑞宁、韩剑波、郭军、张迎春、闫先锋参与了现场的试验、测试、数据整理及本书部分章节的资料整理工作。

承蒙全国工程勘察设计大师、河北省工程勘察设计咨询协会会长、中冀建勘集团有限公司顾问梁金国先生在百忙之中审阅书稿，提出了宝贵意见和建议，并为之作序，在此表示衷心感谢！

目　　录

【第4篇】储罐桩基工程实践

【第 1 篇】 液化天然气及储罐

第1章 液化天然气(LNG)发展

1.1 液化天然气（LNG）介绍

1.1.1 天然气定义及分类

根据1983年第11届世界石油大会对石油、原油和天然气的定义，天然气（Natural Gas，简称 Gas）是指在地下储集层中以气相天然存在的，并且在常温和常压下仍为气相（或有若干凝液析出），或在地下储集层中溶解在原油内，在常温和常压下从原油中分离出来时又呈气相的那部分石油[1]。天然气的分类方法目前尚不统一，各国都有自己的习惯分法，国内常见的分法有如下3大类[2]。

（1）按产状分类

气田气：指不与石油伴生而单独聚集成气田的天然气。气田气主要成分为甲烷，含量达80%~90%，重烃气含量很少，一般为1%~4%。

气顶气：指与石油伴生而聚集在油藏构造顶部的天然气。重烃气含量可达百分之几至百分之几十，仅次于甲烷含量。

油田气：油田气又称伴生气，指以溶解、游离、分散等状态分布于储层内的天然气。其特征是乙烷及以上烃类含量较气田气高，有时含 CO_2、N_2、H_2S 等非烃类气体，但不含非饱和烃类气体。

凝析气：具有反凝析作用能形成凝析油的气田气叫作凝析气。这类气体除含有大量甲烷外，还含有大量戊烷及以上的轻质烃类。

水溶气：指溶解于地层水中的天然气。水溶气含气量低，一般只有 $0.1~2m^3$（气）/m^3（水），最高可达 $3~5m^3$（气）/m^3（水）。

煤层气：指在煤层中游离和吸附的天然气。主要成分为甲烷，另外还伴有生氮、二氧化碳、氢，优势是含有重烃类气体。

固态气水合物：指在海洋底特定的压力和温度条件下形成的天然气。主要是天然气分子被封闭在水分子组成的扩大晶格中，形成固态气体水合物，亦称冰冻甲烷或水化甲烷。其成分除甲烷外，有时还有乙烷、丙烷、异丁烷、二氧化碳及硫化氢等。

（2）以汽油蒸气含量分类

干气：亦称贫气或瘦气。指汽油蒸气含量小于 $100g/m^3$ 的天然气。其特征是甲烷含量大于95%，乙烷含量很少，不含或微含乙烷以上烃类气体。

湿气：又称富气或肥气。指汽油蒸气含量不大于 $100g/m^3$ 的天然气。甲烷含量一般小于95%，含相当数量的乙烷及以上的烃类气体。

（3）以含硫量分类

净气：亦称甜气。指含硫量小于 $1g/m^3$ 的天然气。

酸气：指含硫量大于 $1g/m^3$ 或含相当数量二氧化碳气体的天然气。

1.1.2 天然气组成

天然气是一种主要由气态烃组成的化石燃料，其中甲烷含量在 85% 以上，乙烷含量小于 10%，丙烷、丁烷、戊烷等一般只有百分之几。非烃类气体有：二氧化碳、氮、硫化氢、氧、氢、一氧化碳、稀有气体（氦、氩）等，有时还可能含有毒的有机硫化物。非烃类气体一般含量不高，但也有例外，如我国华北集中坳陷赵兰庄构造下第三系孔店组和沙河街组四段所产生天然气含硫化氢量高达 92%，广东三水盆地沙头圩气田二氧化碳含量高达 99.35%，美国中部的本德隆起所产天然气含氮量达 89.9%。

1.1.3 液化天然气（LNG）

液化天然气（Liquefied Natural Gas，简称 LNG）是由天然气液化制取的，是天然气的主要产品之一，以甲烷为主的液烃混合物。其摩尔组成约为：C_1 含量 80%～95%，C_2 含量 3%～10%，C_3 含量 0%～5%，C_4 含量 0%～3%，C_5^+ 微量。一般是在常压下将天然气冷冻到约 -162℃ 使其变为液体。液化天然气（LNG）的主要物理性质如表 1.1.1 所示。

液化天然气（LNG）的主要物理性质　　　　　　表 1.1.1

气体相对密度（空气=1）	常压下沸点（℃）	液态密度（g/L）	高位发热量（MJ/m³）	颜色
0.60～0.70	约-162	430～460	41.5～45.3	无色透明

注：高位发热量单位的气体体积是指 101.325kPa、15.6℃ 状态下的气体体积。

根据生产目的不同，液化天然气（LNG）可以由油气田原料天然气，或由来自输气管道的商品天然气经处理、液化得到。由于液化天然气（LNG）的体积约为其气体体积的 1/625，故有利于输送和储存。随着液化天然气（LNG）运输船及储罐制造技术的进步，将天然气液化几乎是目前跨越海洋运输天然气的主要方式，并广泛用于天然气的储存和民用燃气调峰。

在生态环境污染日益严重的形势面前，为了优化能源消费结构，改善大气环境，实现可持续发展战略，液化天然气（LNG）作为煤炭、石油产品的清洁替代燃料是一种理想的选择。除此之外，液化天然气（LNG）所含的甲烷可用作制造肥料、甲醇溶剂及合成醋酸等化工原料，其所含的乙烷和丙烷可经裂解而生成乙烯及丙烯，是塑料产品的重要原料。液化天然气（LNG）再气化时的蒸发相变焓（旧称蒸发潜热，-161.5℃ 时约为 511kJ/kg）还可供制冷、冷藏等行业使用。将这些冷能回收，可用于以下方面：使空气分离而制造液态氧、液态氮，液化二氧化碳、干冰，利用冷能进行发电，制造冷冻食品或用于冷冻仓库，橡胶、塑料、铁屑等产业废弃物的低温破碎处理，海水淡化等。

1.2 液化天然气（LNG）发展历程

1.2.1 国外发展历程

石油的开采和使用，早于天然气。直到 20 世纪 40 年代末，天然气的应用仍远远落后于石油，其中一个重要的原因就是天然气的存储和运输十分困难。管道运输技术的进步，刺激了天然气产业的发展，但跨洲跨洋长距离运输铺设天然气管道成本高、风险大，不灵活，难以实现。为了解决这一困难，人们将目光投向了液化天然气（LNG）。

1910 年，美国展开大规模天然气液化的研究和开发工作。

1917 年，美国工程师卡波特（Cabot）成功申请了第一个天然气液化的专利，同年美国建造了世界第一个甲烷液化工厂，开始生产液化天然气（LNG）。

1941 年，美国在克利夫兰建成了世界第一套工业规模的液化天然气（LNG）装置，液化能力为 8500m³/d。

1959 年，世界上第一艘液化天然气（LNG）运输船"甲烷先锋"号诞生。从 20 世纪 60 年代开始，液化天然气（LNG）工业得到了迅猛发展，规模越来越大，基本负荷型液化能力在 2.5×10^4 m³/d。其他各国投产的 LNG 装置已达 160 多套，液化天然气（LNG）出口总量已超过 46.18×10^6 t/a。

1960 年 1 月 28 日，"甲烷先锋"运载了 2200t 液化天然气（LNG）从美国航行至英国的坎威尔岛接收站。这次成功跨越大西洋的远航证实了液化天然气（LNG）可以通过航运的形式输送至遥远的能源需求国，揭开了液化天然气（LNG）工业发展的序幕。

1964 年 9 月 27 日，世界上第一座液化天然气（LNG）工厂在阿尔及利亚建成投产。同年"甲烷先锋"号船运载着 12000t 液化天然气（LNG）开始了由阿尔及利亚至英国的运输业务，使世界液化天然气（LNG）商业贸易迅速地发展起来。

从 1964 年开始，法国和英国分别每年从阿尔及利亚进口液化天然气（LNG）4.2 亿 m³ 和 10 亿 m³。

1967 年法国与阿尔及利亚达成 15 年供应协议，从 1971 年开始额外增加 15 亿 m³ 的天然气，1975 年每年上升至 35 亿 m³，1977 年又签订了第二个补充协议，除了每年 40 亿 m³ 天然气协议之外，每年再购入 51.5 亿 m³ 天然气。法国在建成勒阿弗尔接收站和佛斯港接收站之后，又在大西洋海岸蒙度雅建第三个液化天然气（LNG）接收站。由于英国在北海发现了大量天然气资源，于 1982 年终止了购买液化天然气（LNG）的合同。

1988 年比利时从法国蒙度雅接收站进口液化天然气（LNG），西班牙也在 1988 年建成第一个液化天然气（LNG）接收站。1994 年土耳其，1998 年希腊，1999 年意大利也相继建成液化天然气（LNG）接收站。意大利进口液化天然气（LNG），先送到法国，再通过天然气管线送至意大利。

在亚洲，日本东京煤气公司自 1969 年起，大阪煤气公司自 1972 年起，东邦煤气公司自 1977 年起，西部煤气公司自 1988 年起各自分别从阿拉斯加、文莱、印尼、马来西亚、澳大利亚等地进口液化天然气（LNG），至 1998 年全国实现了天然气转换。韩国于 1986 年开始进口液化天然气（LNG）。

1.2.2 国内发展历程

早在 20 世纪 60 年代，国家科委就制订了液化天然气（LNG）发展规划，20 世纪 60 年代中期完成了工业性试验，四川石油管理局威远化工厂拥有国内最早的天然气深冷分离及液化的工业生产装置，除生产 He 以外，还生产液化天然气（LNG）。

1991 年威远化工厂为航天部提供 30t 液化天然气（LNG）作为火箭试验燃料。与国外情况不同的是，国内天然气液化的研究都是以小型液化工艺为目标。

1999 年 1 月，建成投运的 $2 \times 10^4 \, m^3/d$ "陕北气田 LNG 示范工程"是发展我国液化天然气（LNG）工业的先导工程，也是我国第一座小型液化天然气（LNG）工业化装置。该装置设备全部国产化，装置的成功投运为我国在边远油气田上利用天然气生产液化天然气（LNG）提供了经验。

20 世纪 90 年代，为了引进国外天然气资源，我国开始从海上引进液化天然气（LNG），我国的液化天然气（LNG）工业也就此起步。进口液化天然气（LNG）业务的发展带动了液化天然气（LNG）接收站的建设。

2006 年 9 月，广东大鹏液化天然气（LNG）接收站建成投产，拉开了我国大规模进口液化天然气（LNG）的序幕，随后，福建、上海、江苏等地的液化天然气（LNG）接收站也相继投产。

总体来看，国内液化天然气（LNG）行业起步较晚，但发展非常迅速。目前中国已经成为全球第一大液化天然气（LNG）进口国。除国有企业外，民营企业也已经开始涉足液化天然气（LNG）贸易领域。

1.3 液化天然气（LNG）发展现状

近年来，全球液化天然气（LNG）贸易量持续快速增长，2002～2019 年间世界液化天然气（LNG）贸易量实现翻倍。随着进口扩大和国内小型液化天然气（LNG）液化工厂相继建成投运，液化天然气（LNG）应用范围日益扩大，在优化我国能源消费结构中的地位和作用与日俱增。

1.3.1 国外发展现状

1973 年发生世界石油危机，出于力图摆脱石油制约的现实需要，石油消费国积极寻找替代能源，在日本的积极推动下，全球液化天然气（LNG）工业快速崛起，并以大约 2.5% 的年增长率平稳发展。

到 21 世纪初，出于环保考虑，美国大力推进联合循环发电，对天然气的需求大增，促使全球液化天然气（LNG）工业快速发展，年增长率翻了一倍，为 4%～5%。国际能源机构（IEA）认为，页岩革命为美国带来很大好处，过去 10 年间天然气产量增加了 60%，达到 930 亿 ft³/d；美国在今后 5 年间不仅将成为世界最大的液化天然气（LNG）出口国，也将为世界提供 30% 的天然气。

世界天然气供应能力持续较快增长。2018 年，新发现多个大型天然气田，如俄罗斯北极南喀拉海盆地、东地中海碳酸盐岩和阿曼深层均发现大型气田。2018 年全球天然气产量 3.87 万亿 m³，同比增长 5.3%，高于 2017 年的 3.8%。液化天然气（LNG）液化生产能力达 3.83 亿 t/a，同比增长 7.8%，包括 5 个项目、7 条生产线投产，新增液化天然气（LNG）产能 3115 万 t，主要集中在美国、俄罗斯和澳大利亚[3]。

液化天然气（LNG）生产国日渐增多。据国际液化天然气进口国组织数据，目前全球液化天然气（LNG）出口国 17 个，共有 31 个液化天然气（LNG）加工厂，89 条生产线，年表观液化能力达 2.82×10⁸ t。目前，液化天然气（LNG）供应仍然集中在中东、亚太及非洲地区的卡塔尔、马来西亚、澳大利亚、尼日利亚、印度尼西亚、阿尔及利亚等少数几个国家。凭借世界级的北方气田及波斯湾优越的海运条件，卡塔尔成为世界第一大液化天然气（LNG）生产国和出口国，并拥有全球产能最大的单条生产线（780×10⁴ t/a）。目前卡塔尔共有 7 个天然气液化厂、14 条生产线，表观产能达 7700×10⁴ t/a，液化天然气（LNG）年产量为 7639×10⁴ t，提供了全球 32.3% 的液化天然气（LNG）供应量。近年来澳大利亚液化天然气（LNG）项目蓬勃发展，大有后来居上气势。从 2017 年起澳大利亚的液化天然气（LNG）出口能力明显提升，全部项目建成后，总产能将超过 1.1×10⁸ t/a，届时将取代卡塔尔成为世界第一大液化天然气（LNG）出口国。

天然气需求增长与各国目前的天然气发展战略、政策及相关替代能源的经济性密切相关。从世界范围看，一些能源消费大国为了保证能源供应多元化和改善能源消费结构、降低对原油的依赖以及减少大气污染，越来越重视液化天然气（LNG）的进口，促使液化天然气（LNG）需求持续高涨。国际大石油公司也纷纷将其新的利润增长点转向液化天然气（LNG）业务，导致液化天然气（LNG）国际贸易量持续快速增长。2008 年全球金融危机后，国际贸易仍维持在 25% 较高水平。2018 年，世界天然气贸易量达到 1.24 万亿 m³，同比增长 9.0%，占天然气总消费量的 32%，其中管道气 8054 亿 m³，同比增长 8.7%；液化天然气（LNG）4310 亿 m³，同比增长 9.4%。

目前世界液化天然气（LNG）接收站主要分布于美国、西欧及东亚，其中东亚地区是液化天然气（LNG）进口量最大的区域，东亚地区主要包括中、日、韩。美国是世界上最早开发液化天然气（LNG）的国家，20 世纪 70 年代，美国开始建设液化天然气（LNG）接收站。随着液化天然气（LNG）大规模产业化的发展及远洋运输成为可能，急需能源的日本、韩国等国家迅速开展接收站的建设，开始大规模地引进液化天然气（LNG）。截至 2018 年底，世界主要液化天然气（LNG）再气化终端装置分布情况如表1.1.2 所示。

截至 2018 年底世界主要液化天然气再气化终端装置分布情况　　　　表 1.1.2

国家或地区	地点	储罐数（座）	总储存能力（m³）	汽化器数量（个）	输出能力（百万 t/a）	开始年份
阿根廷	GNL Escobar (OFFSHORF) Excelerate Expedient (FSRU)		151000	6	4.5	2011
巴西	Bahia (OFFSHORE) Golar Winter (FSRU)		137000		3.8	2013
	Pecem (OFFSHORE) Excelerate Experience (FRSU)		173400	6	6.0	2009

续表

国家或地区	地点	储罐数（座）	总储存能力（m³）	汽化器数量（个）	输出能力（百万 t/a）	开始年份
加拿大	Canaport LNG	3	480000	8	7.4	2009
智利	Mojillones	1	187000	3	1.5	2010
	Quintero	3	334000	4	4.0	2009
多米尼加	Andres	1	160000	3	1.7	2003
墨西哥	Altamira	2	30000	5	5.7	2006
	Energia Costa Azul	2	320000	6	7.6	2006
	Manzanillo	2	300000		3.8	2012
巴拿马	Costa Norte	1	180000		1.5	2018
波多黎各	Penuelas	1	160000	2	1.5	2000
美国	Cameron LNG	3	480000	10	11.4	2009
	Cove Point	7	700000	25	13.7	1978
	Elba Island	5	535000	11	12.0	1978
	Everett	2	155000	4	5.1	1971
	Freeport LNG	2	320000	7	13.2	2008
	Golden Pass	5	775000	8	15.7	2010
	Gulf LNG	2	320000		8.8	2011
	Lake Charles	4	425000	14	17.9	1982
	Northeast Gateway (OFFSHORE) No vessel chartered		151000	6	3.0	2008
	Sabine Pass	5	800000	24	30.4	2008
孟加拉	Moheshkhali (OFFSHORE) Excelerate Excellence (FSRU)		138000		3.8	2018
印度	Dabhol	2	320000	6	1.8	2013
	Dahej	6	932000	19	13.8	2016
	Hazira	2	320000	5	4.9	2005
	Kochi	2	368000	6	4.6	2013
印度尼西亚	Arun Rogas	2	220000		3.0	2015
	Benoa (OFFSHORE) FRU＋FSU				0.3	2016
	Lampung LNG (OFFSHORE) PGN FSRU Lampung (FSRU)		170000	3	1.8	2014
	Nusantara (OFFSHORE) NusantaraRegas Satu (FSRU)		125016	6	3.0	2012
日本	Chita	7	640000	11	10.9	1983
	Chita Kyodo	4	300000	14	7.5	1978
	Chita Midorihama Works	3	620000	8	7.7	2001

续表

国家或地区	地点	储罐数(座)	总储存能力(m³)	汽化器数量(个)	输出能力(百万 t/a)	开始年份
日本	Futtsu	10	1110000	13	19.1	1985
	Hachinohe	2	280000	5	1.0	2015
	Hatsukaichi	2	170000	4	0.8	1996
	Hibiki	2	360000	5	2.4	2014
	Higasht-Ohgishtma	9	540000	9	13.2	1984
	Himeji Ⅰ	8	740000	7	5.9	1979
	Himeji Ⅱ	7	520000	8	8.1	1979
	Hitachi	1	230000	3	1.7	2016
	Ishikari	3	610000	4	2.7	2012
	Joetsu	3	540000	8	2.4	2011
	Kagoshima	2	86000	3	0.2	1996
	Kawagoe	6	840000	7	4.9	1997
	Mizushima	2	320000	6	4.3	2006
	Nagasaki	1	35000	3	0.1	2003
	Naoetsu	2	360000	4	1.5	2013
	Negishi	14	1180000	14	11.1	1969
	Niigata	8	720000	14	8.5	1984
	Ohgishima	4	850000	12	9.9	1998
	Oita	5	460000	7	5.4	1990
	Sakai	4	560000	6	6.4	2006
	Sakaide	1	180000	3	1.2	2010
	Senboku Ⅰ	2	275000	5	2.2	1972
	Senboku Ⅱ	18	1585000	15	11.5	1977
	Shin-Minato	1	80000	3	0.3	1997
	Shin-Sendai	2	320000	3	0.8	2015
	Sodegaura	34	2600000	36	29.7	1973
	Sodeshi	3	337200	8	2.9	1996
	Soma	1	230000		1.3	2018
	Tobata	8	480000	9	7.6	1977
	Toyama Shinko	1	180000		0.4	2018
	Yanai	6	480000	5	2.3	1990
	Yokkaichi LNG Center	4	320000	8	6.4	1987
	Yokkaichi Works	2	160000	6	2.1	1991

续表

国家或地区	地点	储罐数（座）	总储存能力（m³）	汽化器数量（个）	输出能力（百万 t/a）	开始年份
马来西亚	Melaka (OFFSHORE) Tenaga Empat (FSU) and Tenaga Satu (FSU)		260000	3	3.8	2013
	Pengerang	2	400000		3.5	2017
巴基斯坦	PortQasim Karachi (OFFSHORE) Excelerate Exquisite (FSRU)		150900	6	4.8	2015
	PortQasim GasPort (OFFSHORE) BW Integrity (FSRU)		170000		5.0	2017
新加坡	Jurong	4	800000	5	11.0	2013
韩国	Boryeong	3	600000		3.0	2016
	Gwangyang	4	530000	2	2.3	2005
	Incheon	20	2880000	43	41.7	1996
	Pyeong-taek	23	3360000	39	38.1	1986
	Samcheok	12	2610000	8	10.9	2014
	Tong-yeong	17	2620000	20	24.9	2002
泰国	Map Ta Phut	4	640000	9	10.7	2011
比利时	Zeebrugge	4	386000	12	6.6	1987
芬兰	Tornio Manga	1	50000		0.4	2018
	Pori	1	28500		0.1	2016
法国	Dunkerque LNG	3	600000	10	9.6	2016
	Fos Cavaou	3	330000	4	6.1	2010
	Fos Tonkin	1	80000	4	2.2	2000
	Montoir-de Bretagne	3	360000	11	7.4	2013
希腊	Revithoussa	3	225000	6	5.1	2000
意大利	Toscana (OFFSHORE) ESRU Toscana (FSRU)	4	137500	3	2.8	2013
	Panigaglia	2	100000	4	2.5	1971
	Rovigo (OFFSHORE) (Gravity-Based Structure)	2	250000	5	5.6	2009
立陶宛	Klaipeda (OFFSHORE) Höegh Independence (FSRU)		170000	4	2.9	2014
马耳他	Delimara (OFFSHORE) Armada LNG Moditerrana (FSU)		125000		0.5	2017
荷兰	Gate	3	540000	8	8.8	2011

续表

国家或地区	地点	储罐数(座)	总储存能力(m³)	汽化器数量(个)	输出能力(百万 t/a)	开始年份
挪威	Fredrikstad	9	5900		0.1	2011
	Mosjøen		6500	2	0.0	2007
波兰	Świnoujście	2	320000	5	3.7	2016
葡萄牙	Sines	3	390000	7	5.6	2004
西班牙	Barcelona	6	760000	13	12.6	1968
	Bilbao	3	450000	4	6.5	2003
	Cartagena	5	587000	9	8.7	1989
	ElMusel (mothballed)	2	300000	4	5.1	2013
	Huelva	5	619500	9	8.7	1988
	Mugardos	2	300000	3	2.6	2007
	Sagunto	4	600000	5	6.4	1988
瑞典	Lysekil	1	30000		0.2	2014
	Nynashamn	1	20000		0.4	2011
土耳其	Izmir Aliaga	2	280000	5	4.4	2006
	Etki (OFFSHORE) Hoegh Neptune (FSRU)		145130	3	3.7	2016
	Dortyol (OFFSHORE) MOL FSRU Challenger (FSRU)		263000		4.1	2018
	Marmara Ereglisi	3	255000	7	4.6	1994
英国	Dragon	2	320000	6	5.6	2009
	Grain	8	1000000	14	14.3	2005
	South Hook LNG	5	775000	15	15.4	2009
埃及	Sumed (OFFSHORE) BW Singapore		170000	4	5.7	2015
以色列	Hadera (OFFSHORE) Excelerate Excelsior (FSRU)		138000	6	3.5	2013
约旦	Aqaba (OFFSHORE) Goler Eskirno (FSRU)		160000		3.8	2015
科威特	Mina AlAhmad (OFFSHORE) Golar Igloo (FSRU)		170000		5.8	2014
阿联酋	Jebel Ali (OFFSHORE) Excelerate Explore (FSRU)		150900	6	6.0	2010

权威机构标准普尔公司发布报告预测,未来 10 年全球液化天然气(LNG)需求或将增加近一倍,每年约 4×10^8 t。液化天然气(LNG)需求激增的原因主要来自 3 个方面:一是日本核事故促使日本由发展核电转向发展天然气;二是北海石油、天然气供应下滑和可再生能源发展放缓,以及德国等不再支持发展核电因素加大了欧洲对液化天然气

（LNG）的长期需求；三是出于调整能源消费结构的中国、印度、中东以及拉美正在成为购买液化天然气（LNG）的更有力买家。预计到2030年，中国和印度两国的液化天然气（LNG）需求将从原来的不到$0.3 \times 10^8 t/a$，提高至$1.0 \times 10^8 t/a$以上，其中中国需求就可能突破$6000 \times 10^4 t/a$。

总之，作为清洁高效能源，当前世界液化天然气（LNG）市场需求正以每年约12%的增长率高速增长，液化天然气（LNG）已成为当前世界增长最快的一次能源；其生产和贸易日趋活跃，全球液化天然气（LNG）贸易绝对量和消费占比均呈稳定上升趋势，成为世界油气工业新的热点。虽然目前在全球范围内，管道气进口量要显著超过液化天然气（LNG）海运进口量，但随着液化天然气（LNG）海运设施的不断增加，以及亚洲液化天然气（LNG）需求快速增长，特别是中国的经济实力不断增强，对能源的需求急剧增加，可以预见未来液化天然气（LNG）海运进口量将逐渐赶超管道天然气进口量。

1.3.2 国内发展现状

我国液化天然气（LNG）工业从20世纪末开始起步，经历了一个从无到有、从小到大、艰难曲折的发展过程。进入21世纪以来，国内与天然气管网互补的"小型液化厂——液化天然气（LNG）运输——卫星气化站"的生产、运输方式蓬勃兴起，发展迅速。但我国至今还没有大型液化天然气（LNG）生产工厂，总体上仍处于起步阶段。目前国内已有70个中小规模的天然气液化工厂建成投产，总产能达$2900 \times 10^4 m^3/d$。发展液化天然气（LNG）工业，气源是关键，水源很重要。受气源和水源制约，目前国内液化天然气（LNG）的产量偏少，作为应急补充足够，但作为常用气源供应则不能满足需求，因此未来国内液化天然气（LNG）产业的主力还是在进口。

近年，受能源消费结构转型和"煤改气"政策大力推动等因素影响，我国天然气市场迎来爆发式增长，进口液化天然气（LNG）供应量不断增加，在天然气供应中占比不断提高。2017年我国液化天然气（LNG）进口量3814万t，超过进口管道气量，进口液化天然气（LNG）占全国天然气消费量的21%，首次超过韩国成为全球第二大液化天然气（LNG）进口国；2018年我国超过日本成为世界第一大天然气进口国，其中液化天然气（LNG）进口量5378万t，进口液化天然气（LNG）供应量占全国天然气供应总量的26%，较2015年翻一番。根据相关规划，我国天然气消费量2030年将达到5400亿m^3，2035年将达到6200亿m^3，在一次能源消费结构中占比达到15%[4]。预计未来国产气将持续稳定增长，进口管道气具有一定增量，稳定灵活的进口液化天然气（LNG）将发挥更大的作用，供应能力和供应占比将继续提升，将成为我国天然气多元供应格局中的重要一极[5]。

从基础设施看，我国进口液化天然气（LNG）基础设施正在不断完善。截至2019年3月，中国建成了21座液化天然气（LNG）接收站[5]，年接收能力超过8000万t，其中，超过1000万t为2018年新增，如表1.1.3所示。此外，外输管线和储罐建设如火如荼，但尚不能完全满足国内需求。随着我国液化天然气（LNG）产业迅速发展的同时，一些问题也逐渐暴露出来，例如基础设施布局不均、互联互通不足、液态运输方式单一、液化天然气（LNG）采购价格较高、产业链上下游价格联动机制缺乏等。

中国已投产液化天然气（LNG）接收站　　　　　表 1.1.3

序号	建设单位	项目名称	储罐罐容（万 m³）	储罐数量（座）	接收能力（万 t/a）
1	中国海洋石油集团有限公司	广东大鹏 LNG	16	4	680
2		福建莆田 LNG	16	6	630
3		上海洋山港 LNG	16	3	600
4		浙江宁波 LNG	16	3	700
5		广东珠海 LNG	16	3	350
6		天津 LNG	3	2	600
			16	1	
7		海南 LNG	16	2	300
8		粤东 LNG	16	3	200
9		深圳 LNG	16	4	400
10		广西防城港 LNG	3	2	60
11	中国石油天然气集团有限公司	江苏如东 LNG	16	3	650
			20	1	
12		大连 LNG	16	3	600
13		曹妃甸 LNG	16	4	600
14		深南 LNG 储备库	8	1	27
15	中国石油化工股份有限公司	天津 LNG	16	4	600
16		青岛 LNG	16	4	600
17		广西北海 LNG	16	4	600
18	上海天然气管网有限公司	五号沟 LNG 储运站	2	1	150
			5	2	
			10	2	
19	九丰集团	九丰 LNG	8	2	100
20	广汇能源股份有限公司	江苏启东 LNG	5	2	115
			16	1	
21	新奥集团股份有限公司	新奥舟山 LNG	16	2	300
	总接收能力合计			69	8862

2017 年 5 月，中共中央国务院发布了《中共中央国务院关于深化石油天然气体制改革的若干意见》（以下简称《意见》）[6]，对油气领域的上中下游均提出了明确的改革方向和任务。为贯彻落实《意见》要求，加快推进石油天然气管网运营机制，2019 年 12 月 9 日我国成立了国家石油天然气管网集团有限公司（以下简称国家管网）。随着《意见》指示精神的逐渐落地和国家管网的成立，势必影响并改变我国的天然气发展格局。

2019 年 6 月 30 日国家发展和改革委员会（以下简称国家发改委）发布的鼓励外商投资产业的《外商投资准入特别管理措施（负面清单）》《鼓励外商投资产业目录》等重要文件，可以说对油气等行业释放着前所未有的开放信号。民营企业的示范项目效应必将带动外商对液化天然气（LNG）接收站的投资兴趣和热情。在没有政策壁垒后，由于液化天然气（LNG）接收站具有独立运行、与贸易结合紧密等特点，同时管网独立消除输送限制，液化天然气（LNG）接收站是社会各类资本最为现实的投资项目。从项目实施和前期立项、研究情况看，种种迹象表明，液化天然气（LNG）接收站项目已成为最为活跃的天然气基础设施投资项目。截至2019年，国家发改委已核准及正在核准的液化天然气（LNG）接收站项目有4个，开展可研拟上报的有10个，开展前期研究的超过10个，还有一批接收站项目正在谋划[7]。

　　总之，管网独立后我国天然气的发展格局将发生深刻的变化。天然气作为化石能源向非化石能源转变的过渡能源，在调整能源结构、改善大气环境、支撑经济高质量发展方面起到很重要的作用。提高天然气在能源消费结构中的比例，将天然气发展成为我国的主体能源之一，是未来天然气发展的主题。为了更好地适应未来天然气发展新的格局，主要做好以下几个方面：（1）加大国内天然气资源的勘探开发力度，保持进口多元化的定力；（2）制订好天然气基础设施开放的规则，坚持公开、公正、公平地开放；（3）坚持天然气价格市场化，合理地区分并制订好价与费的管理办法和定价机制[7]。

第2章 液化天然气(LNG)生产与存储

2.1 液化天然气（LNG）生产

2.1.1 液化天然气（LNG）生产流程

液化天然气（LNG）产业链非常庞大，主要包括天然气液化、储存、运输、接收终端、气化站等，如图1.2.1所示。整个液化天然气（LNG）产业链大致可以分为三个阶段，每阶段都包括若干个环节。第一阶段为液化天然气（LNG）产业链的上游，包括勘探、开发、净化、分离、液化等环节；第二阶段为液化天然气（LNG）产业链的中游，包括装卸船运输、终端站（包括储罐和再气化设施）和供气主干管网的建设；第三阶段为液化天然气（LNG）产业链的下游，即最终市场用户，包括联合循环电站、城市燃气公司、工业炉用户、冷热电多联供的分布式能源站、汽车燃料加气站及作为化工原料的用户等。液化天然气（LNG）接收站属于产业链中的第二阶段。

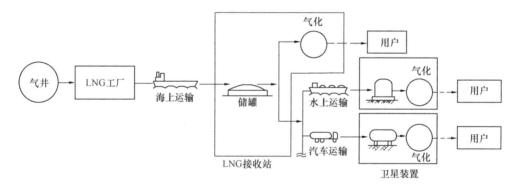

图1.2.1 液化天然气（LNG）产业链示意图

液化天然气（LNG）产业链中天然气的液化、储存与运输部分是其核心。通常，先将天然气经过预处理，脱除对液化过程不利的组分（例如酸性组分、水蒸气、重烃及汞等），然后再进入液化部分制冷系统的高效换热器组不断降温，并将丁烷、丙烷、乙烷等逐级分出，最后在常压（或略高压力）下使温度降低到$-162℃$，即可得到液化天然气（LNG）产品，在常压（或略高压力）下储存、运输及使用。

2.1.2 接收站功能及工艺

接收站既是海上液化天然气（LNG）运输的终端，又是陆上天然气供应的气源，处于液化天然气（LNG）产业链的关键位置。液化天然气（LNG）接收站实际上是天然气的液态运输与气态输送的交接点。其功能主要为：接收海上液化天然气（LNG），具有满足区域供气的气化能力，为区域稳定供气提供一定的调峰能力，可为天然气的应急和战略储备提供一定条件。

液化天然气（LNG）接收站工艺可分为两种，一种是蒸发气（BOG）再冷凝工艺，另一种是 BOG 直接压缩工艺，如图 1.2.2 所示。两种工艺并无本质上的区别，仅在 BOG 的处理上有所不同。

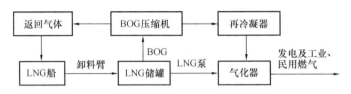

图 1.2.2　液化天然气（LNG）接收站工艺流程图

2.2　液化天然气（LNG）储罐技术现状

液化天然气（LNG）的存储是液化天然气（LNG）产业链中的关键环节。由于液化天然气（LNG）具有易燃、易爆的特点，液化天然气（LNG）的储存温度又很低，故要求其储运系统设备与设施必须安全可靠。基于上述要求，绝大多数液化天然气（LNG）储存容器都采用双层储罐，并在两层罐体之间装填良好的绝热材料。液化天然气（LNG）储罐分地上储罐和地下（包括半地下）储罐，罐内液化天然气（LNG）液面在地面以上的为地上储罐，液面在地面以下的为地下储罐。

2.2.1　储罐分类及介绍

随着储罐罐容的逐渐增大，储罐的结构类型也在逐渐优化，当前主要储罐结构类型包括单容罐、双容罐、全容罐和薄膜罐[8]，如图 1.2.3 所示。随着液化天然气（LNG）产业的迅速发展，储罐类型的发展大致经历了 4 个阶段。从 20 世纪 60 年代到 70 年代末，为初期阶段，单容罐、双容罐和地下罐都有应用，但单容罐占据了绝大部分；20 世纪 70 年代末到 80 年代中后期，有 10 座接收站投入营运，储罐数量也得到了迅速增加，地下储

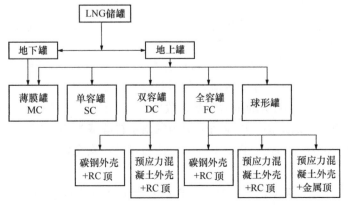

图 1.2.3　液化天然气（LNG）储罐类型结构图

罐比率大幅度提高，地上薄膜罐也开始应用在液化天然气（LNG）接收终端，但在这个阶段，单容罐依然占据着统治地位；从 20 世纪 80 年代中后期开始，单容罐进入了一个缓慢发展阶段，薄膜罐、双容罐和地下罐数量略有增加，全容罐开始在接收终端中投入使用；进入 21 世纪以来，特别是近几年，单容罐、双容罐略有增长，但全容罐的数量得到了飞速增长，成为储罐数量的主要增长点。地上薄膜罐在近二十年都没有在接收终端有进一步的应用。各种类型储罐的结构、优势和缺点如下。

（1）单容罐

单容罐的结构如图 1.2.4 所示。单容罐是只有一个存放液体产品的容器（主液体容器），该主液体容器应为自支撑式钢质圆筒形储罐。单容罐应有防护堤墙围护，以容纳可能出现的产品泄露。

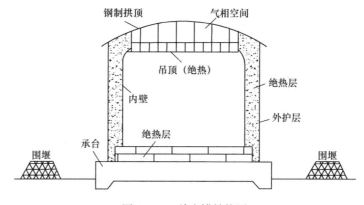

图 1.2.4 单容罐结构图

单容罐结构简单，且外罐材质为碳钢，因此单容罐的优点主要有 3 个：一是其建设周期在各种液化天然气（LNG）罐型中最短；二是每立方米液化天然气（LNG）的储存成本最低；三是单容罐结构有利于储罐接管开在罐壁上，简化罐顶平台和配管设计等。

单容罐结构简单、外罐材质不耐低温的结构特点，决定了其存在以下无法避免的缺点和问题：

① 当内罐发生破裂事故时，碳钢外罐不能抵御外泄液化天然气（LNG）的低温破坏，液化天然气（LNG）将外泄到敞开的空间，气化的液化天然气（LNG）将在较大范围内扩散，存在遇明火爆炸的潜在风险。

② 为避免内罐破裂泄漏的液化天然气（LNG）造成次生灾害，需要在储罐的周围设置防火堤，并保证周边设施安全需要的足够距离，防火堤的有效容积应满足罐容的110%，对于较大容积的液化天然气（LNG）储罐来说，防火堤的占地面积十分可观。

③ 单容罐的设计压力远低于全容罐，外界热量导致罐内液化天然气（LNG）蒸发产生的 BOG 返回船舱或去压缩机的压力不足，致使 BOG 处理系统的成本增加。

④ 碳钢外罐需要定期维护，以及防火堤内的雨水排除或积雪清理。

⑤ 碳钢制外罐抗外界爆炸飞物打击破坏的能力较差，安全性不好。

（2）双容罐

双容罐的结构如图 1.2.5 所示，双容罐由具有一个液密性的次级容器和一个气密性的主容器两部分组成，主容器是建在次容器内的单容罐。主容器发生泄漏时，次级容器用于盛装主容器内的所有液体。主容器和次级容器之间的环隙不得超过 6.0m。次级容器顶部为开放式，因此无法防止产品蒸气的逃逸。主容器与次级容器之间的环形空隙可用雨罩遮盖，以防止雨水、雪和尘土等进入。

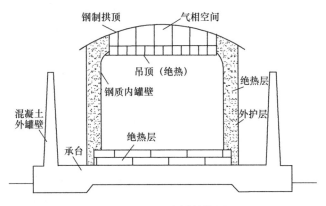

图 1.2.5 双容罐结构图

双容罐的优点：双容罐的建设周期和储存每立方米液化天然气（LNG）的建造成本介于单容罐和全容罐之间；由于建造了预应力钢筋混凝土或钢制圆筒外防护墙，因此双容罐不需要防火堤，使得内罐泄漏时安全影响范围大大缩小。当采用混凝土外罐时，罐侧面抗外力破坏的能力也得到了提高。

双容罐的缺点：

① 当内罐发生破裂事故时，外罐虽能抵御外泄液化天然气（LNG）的低温破坏，但液化天然气（LNG）将外泄到顶部敞开的混凝土或钢制圆筒外防护墙空间内，气化的液化天然气（LNG）将由圆筒外防护墙顶部扩散到大气中，存在遇明火爆炸的潜在风险。

② 双容罐的设计压力与单容罐相同，由于罐内操作压力低，外界热量导致罐内液化天然气（LNG）蒸发产生的 BOG 返回船舱或去压缩机的压力不足，致使 BOG 处理系统的成本增加。

③ 支撑保冷层的碳钢外罐需要定期维护。

④ 维修人员进入混凝土圆筒外防护墙内与外罐间的环形空间时，必须提供必要的安全保护设施。

（3）全容罐

全容罐的结构如图 1.2.6 所示，全容罐由一个主容器和一个次级容器组成，二者共同构成一体式的储罐。主容器是储存液体的自支撑式钢质单壁罐，主容器顶部为开放式，或配备穹状顶。次级容器是一个具有拱顶的自支撑式钢质或混凝土储罐，具有如下几种功能：在正常的操作条件下，主容器为开放式顶部时，次级容器主要为储罐提供蒸气密封，并为主容器发挥绝热作用；主容

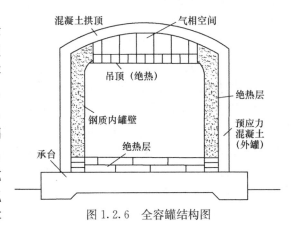

图 1.2.6 全容罐结构图

器发生泄漏时，盛装所有液体产品并维持结构的蒸气密封性能，允许通气但应通过泄压系统予以控制。主容器和次级容器之间的环隙不得超过 2.0m。

全容罐的优点：全容罐的安全设计完整性最高；外罐能够完全防止罐内的 BOG 和内罐发生泄漏时的外泄；所有管线均由顶部进出，可以避免管道损坏引起的罐内外泄；占地面积小；允许的设计压力高，有利于降低 BOG 处理系统管道的投资；全容罐不需要防腐维护；预应力混凝土全容罐可以做到罐壁和罐顶全方位的抗外部力量破坏。

全容罐的缺点：在所有罐型中其每立方米储存量建造投资最高，建造工期最长；罐基础的地基处理要求高。

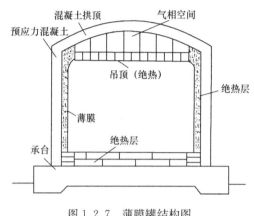

图 1.2.7　薄膜罐结构图

（4）薄膜罐

薄膜罐的结构如图 1.2.7 所示，薄膜罐由一个带绝热层的薄壁钢制主容器（即薄膜）和一个混凝土罐共同组成，二者共同组成一个一体式的复合结构。该复合结构应提供液体的密封功能。薄膜上承受的全部静水荷载及其他荷载均应通过承载绝热层转移至混凝土罐上。蒸气储存在储罐顶部，储罐顶部既可以是类似的复合结构，也可以由气密性穹状顶和绝热材料构成。若薄膜出现泄漏，混凝土罐及绝热系统的设计应保证能够盛装所有的液体。

薄膜罐的优点：薄膜罐的操作灵活性优于全容罐，这是因为膜式罐不锈钢内膜很薄，没有温度梯度的约束。薄膜罐可设在地上或地下，建在地下时可选用较大的容积。地下薄膜罐较适宜在地震活动频繁及人口稠密地区使用。

薄膜罐的缺点：薄膜罐投资比较高，建设周期长。由于本身结构的原因，薄膜罐有微量泄漏的缺点。

2.2.2　常规储罐技术现状

液化天然气（LNG）储罐建造技术是液化天然气（LNG）产业链中的核心技术。以往该技术主要掌握在国外工程公司手中，如美国 CBI、日本 IHI、德国 TGE、韩国 KO-GAS 等。随着国内液化天然气（LNG）行业的不断发展进步，国内已经完全掌握了液化天然气（LNG）储罐的设计与建造技术，并完全具备了储罐的自主设计能力[9]。

自 2006 年大鹏液化天然气（LNG）接收站投产以来，中国液化天然气（LNG）储罐的最长运营时间已经超过 14 年。目前国内已投产的大型液化天然气（LNG）储罐的数量已经达到 50 多个。目前国内液化天然气（LNG）储罐的类型以全容储罐为主，已投产储罐的罐容以 $16 \times 10^4 \mathrm{m}^3$ 为主。在建的多个液化天然气（LNG）接收站项目，如江苏滨海 LNG 项目、天津北燃 LNG 项目、中石化天津 LNG 项目、中海油天津 LNG 项目等，新建储罐的设计罐容均在 $20 \times 10^4 \mathrm{m}^3$ 以上，最大罐容达到 $22 \times 10^4 \mathrm{m}^3$，其中天津北燃 LNG 项目一期建设中 2 座储罐首次采用薄膜罐。

目前在常规全容储罐研究方面成果较多，但多集中在数值模拟计算方面；超大型储罐研究成果较少，但相关研究和设计单位已经掌握了 $27 \times 10^4 m^3$ 以内的全容储罐核心技术，随时可工程化；新型储罐有多种形式，如自支撑储罐、全混凝土储罐、地下储罐、海上储罐等，但在国内，这些新型储罐尚未工程化应用。常规储罐以全容储罐为主，采用的是预应力钢筋混凝土外罐结构和 9％Ni 钢内罐结构，中间填充保冷材料。国内已建和在建的大型液化天然气（LNG）储罐，几乎全为全容储罐，这种储罐的优点是安全性高、占地少、完整性高、技术可靠性高，图 1.2.8 为储罐结构示意图。目前在全容储罐方面的研究，多集中在全模型建模、地震响应分析、隔震研究、基础研究、局部计算以及其他偶然作用研究等方面，具体情况如下：

图 1.2.8　全容罐结构示意图

（1）全模型建模

由于全容储罐的复杂性，很难用一般的理论公式进行计算推导，随着计算机计算能力的提升，目前全模型建模成为储罐计算研究的重要方向。目前常用的软件有 ANSYS、ABAQUS、LUSAS、MIDAS、ADINA 等。随着计算机硬件及有限元软件的发展，全模型建模越来越精细，计算结果越来越准确。但现阶段仍需考虑一定的基本假设和简化，无法做到完全地模拟实际情况。全模型的研究，目前多集中在将储罐的各部分进行模型细化，对各部分之间的耦合考虑仍不够充分。

（2）地震响应分析

全容储罐的地震响应分析，是储罐计算需要考虑的最重要的内容之一，是储罐各结构的主要控制工况。由于液化天然气（LNG）行业对安全性的重视程度高，储罐需考虑运行基准地震（OBE）和安全停运地震（SSE）两种地震工况，最初的 BS7777 标准[10]，对于 SSE 的规定为 10000 年一遇，要求极高，安全系数非常大，随着储罐建设技术的成熟以及对事故概率的重新评判，在 BSEN 14620 标准[8] 中，已经将 SSE 的规定降为 5000 年一遇，近年颁布的美国 ACI 376 标准[11] 和中国 GB 51156 标准[12] 中，SSE 规定降为了 2500 年一遇，该值在一定时间内，已无再降的空间。

储罐的地震响应研究是储罐分析中最重要的一个方面，主要分为谱分析和时程分析两部分，上述相关规范多是对谱分析的规定。时程分析更能体现储罐在地震整个过程中，储罐的受力和变形随时间的变化，但是目前时程分析研究的不足在于储罐并非独立的体系，还要考虑储罐的基础，如桩基础或浅基础等，如果将这些因素考虑到，模型单元的数量可能需要指数级的增长，并且尤其需要考虑的是地基模型边界的处理，如果存在边界反射，计算结果一定是不准确的。

（3）隔震研究

由于储罐在抗震方面的高要求，不少学者对储罐的隔震系统开展了研究，寻求合理的隔震方案。国外学者较早研究液化天然气（LNG）储罐的隔震，Tsopelas 等[13]、Bohler

等[14]研究了液化天然气（LNG）储罐三种铅芯橡胶支座的隔震体系数值模型，对比了隔震结构的最大加速度；Christovasilis[15,16]采用简化力学模型分析了隔震与非隔震的液化天然气（LNG）储罐，并建立了三维有限元储罐模型，验证了简化力学模型的有效性和精度；孙建刚等[17]基于反应谱设计理论建立了两种液化天然气（LNG）储罐力学模型，推导了液化天然气（LNG）储罐基础隔震的地震响应参数；屈长龙等[18]分析了现有大型建（构）筑物的减震隔震措施，结合液化天然气（LNG）储罐隔震工程设计的需求，提出了用于液化天然气（LNG）储罐反应谱分析的标准复合模型。

储罐的隔震研究在基本理论上是成熟的，从这方面来讲，与其他建（构）筑物并无不同，但是，储罐有自身的特点，即基础面积非常大，以使用了隔震垫的某项目液化天然气（LNG）储罐为例，由于基础的收缩性，引起了隔震垫的水平变位，对隔震垫的耐久性有很大的影响，如果隔震垫发生破损，更换是非常大的难题。目前，尚无关于隔震垫更换的研究。

（4）基础研究

不同于一般的建（构）筑物，储罐的基础通常尺寸较大。以 $16 \times 10^4 \mathrm{m}^3$ 储罐为例，承台直径一般在 80m 以上，除基础直接坐落在基岩上的储罐以外，国内的大多数储罐基础是采用桩基础，由于要承受地震作用下的巨大水平荷载，储罐桩基一般具有桩径大、桩数多的特点。储罐基础的研究，分为理论公式法和数值模拟法，理论公式法的难点在于如何对上部结构传递的荷载进行合理的简化，从目前的研究成果来看，理论方法已经形成了一套比较完整的体系，对于均匀地层的工况，计算精度也是满足要求的。但对于桩长变化较大的储罐基础，不论是理论公式法还是数值模拟法，都是比较难解决的问题，在这方面，需要开展更为精细的工作。

（5）局部计算

对储罐局部构件的模拟计算，也是液化天然气（LNG）储罐分析研究的一个方向。如穹顶顶梁框架、锚固带等。全模型主要考虑储罐整体，对于局部的细节，很难全面考虑，因此，局部构件的研究和相关计算必不可少。难点在于如何设定局部构件的边界条件，如位移边界条件、温度边界条件等。局部计算研究中，对于壁板疲劳分析、抗压圈预埋件、锚具局部受力分析等方面，研究成果还较少。

（6）其他偶然作用研究

偶然作用研究，可概括为内部偶然作用（如泄漏等）和外部偶然作用（如爆炸冲击等）。内部偶然作用分析，已经达到定量的程度，但外部偶然作用分析，虽然有一定的数据支持，但从成熟度、模拟的精确程度方面来看，仍未突破定性阶段。

2.2.3 超大型储罐技术现状

大型储罐和超大型储罐的罐容，没有一个明确的规定，从储罐的建造情况来看，倾向于将 $20 \times 10^4 \mathrm{m}^3$ 及以上的储罐视作超大型储罐。由于可利用的岸线减少，优良站址稀缺，土地审批手续复杂，新建接收站的占地面积被进一步压缩，这就要求陆上接收站折合成单位面积的存储量必须增加，从而使得液化天然气（LNG）储罐向大型化发展，目前中石油江苏 1 座 $20 \times 10^4 \mathrm{m}^3$ 储罐已经投产，上海 2 座 $20 \times 10^4 \mathrm{m}^3$ 储罐已经升顶，中海油江苏 4 座 $22 \times 10^4 \mathrm{m}^3$ 储罐建设正处于关键时期。但在更大型储罐的研究方面，尚没有太多的进展。如果采用全容储罐的罐型，从本质上，超大型储罐和一般储罐没有大的区别。相关研究的发展趋势与全容储罐基本一致，即向精细化和集成化建模计算发展。

目前世界上最大的全容储罐是 KOGAS 在 Samcheok 液化天然气（LNG）接收站建造的 3 座 $27 \times 10^4 \mathrm{m}^3$ 的地上全容储罐。伴随着罐容的增大，全容储罐在外形尺寸、外罐截面尺寸、内罐壁厚、锚固形式、不均匀沉降、预应力损失等方面，面临诸多挑战，因此，全容罐的罐容，不可能无限度地增大。

薄膜罐和地下罐也是常用的储罐结构形式，由于结构体系的优势，理论上来讲，最大罐容可以超过全容罐，但现阶段在国内尚无应用业绩。目前对于薄膜罐和地下罐的研究还比较少，也仅是在可行性及技术经济性上与全容罐进行的对比介绍。目前，天津北燃液化天然气（LNG）一期项目中设计建造的 2 座 $22 \times 10^4 \mathrm{m}^3$ 薄膜罐已开工建设，系国内首创。长期来看，在世界范围内，薄膜罐和地下罐具有广阔的应用前景。

2.3 储罐技术研究的不足与发展

2.3.1 储罐技术研究的不足

液化天然气（LNG）存储技术的研究，尚存在以下不足[19]：

（1）研究手段单一

目前的研究手段，多集中在利用有限元软件计算方面。这一方面是由储罐结构本身的复杂性造成的；另一方面是由市场因素决定的，有限元建模计算的方法成熟、见效快，在储罐建设大规模开展的当下，更易出成果。但从科学的角度，要验证研究成果的正确性，必须有两种或以上的研究方法得出的结果作为对比，仅凭一种手段得出的结果往往缺乏可信度。

（2）基本参数不明确

如前所述，液化天然气（LNG）储罐对于地震作用要求很高，由于地震谱通常是由国家地震局的地震安全评价得到的，位置不同，反应谱也不同；同一位置，基岩埋置深度不同，反应谱也不同；地震必须考虑 OBE 和 SSE 工况。从目前的研究成果来看，不少地震响应计算并未对此进行明确，由此可能导致的结果是结构的安全性评价结论值得商榷。研究发展到现阶段，对于共性的问题，应该是定量的评价，而不是还停留在定性的阶段。

2.3.2 储罐技术研究的发展

随着计算机的发展，对液化天然气（LNG）储罐的研究带来了前所未有的便利。各类专业计算软件被大量应用到储罐研究之中。液化天然气（LNG）储罐的研究有以下几种发展趋势[19]：

（1）精细化

计算机能力的突破，使得研究人员不必过于在意控制所建 LNG 模型的单元数量。在构件的模拟上，为追求精度，往往需要建立数以万计的单元。模型逐步向精细化方向发展，并且单元数量未来的趋势一定是随着计算机的发展呈指数增长。

（2）集成化

集成化首先得益于各有限元计算软件的不断创新发展，使得 LNG 储罐模拟计算中的流固耦合、热固耦合、多场耦合、动力分析、桩土相互作用等问题得以解决；其次也得益于计算机能力的增强，使得耦合计算能够顺利开展。集成化使得 LNG 储罐全模型模拟的结果更加准确。

（3）多样化

随着研究的不断深入，为了验证某一种方法的准确性，必然要引入其他研究方法。除了数值计算外，还有理论计算、试验研究、实际监测三种研究方法。在多样化方面，某些研究机构，已经开始着手开展相关工作。

（4）超大型化

超大型 LNG 储罐研究的成果，公开发表的还不多，但相关的能源企业已经掌握了超大型储罐的核心技术，超大型储罐是一个重要的发展趋势，如有合适的时机，随时可以落地；关于超大型的薄膜罐和地下罐，适用性更广，但受制于薄膜技术和目前国内市场的需求，研究和落地的成果较少。从长远来看，薄膜罐和地下罐的应用前景广阔，应当开展更加深入的研究。

（5）新型化

新型 LNG 储罐方面，自支撑储罐是对内罐设计改进的很好的补充思路；全混凝土储罐在国内的研究和发展尚未引起足够的重视，应开展阶段性的基础研究，使全混凝土储罐的优势逐渐体现出来，以求早日应用；海上 LNG 储罐在国内外均有一定的研究成果，更适用于中小型的 LNG 接收终端，目前已经具备工程化的条件，在可移动性和模块化生产方面，需要进一步细化研究。

第3章 液化天然气(LNG)储罐地基基础

3.1 储罐地基基础概述

3.1.1 储罐地基基础的重要性

液化天然气（LNG）低温储罐是液化天然气（LNG）储存运输过程中的核心，属荷载大、危险性大的建（构）筑物，也是液化天然气（LNG）接收站中投资最大的基础设施，其占整个接收站成本的$1/3\sim1/2$[20]，具体占比取决于储罐的选型、数量和容积。截至 2019 年 3 月，国内建成了 21 座液化天然气（LNG）接收站，69 座储罐。为了促进、加快液化天然气（LNG）基础设施建设的快速、健康发展，自 2017 年以来国家相继出台一系列政策与指导意见，这必将促进液化天然气（LNG）基础设施的快速发展。液化天然气（LNG）具有易燃、易爆、低温（$-164.5℃$）特点。液化天然气（LNG）低温储罐一旦发生泄漏、火灾、爆炸等事故，对接收站本身及周边环境所产生的威胁是不可估量的[12]。因此，液化天然气（LNG）储罐设计标准要求较高、建造技术复杂。

地基基础作为液化天然气（LNG）储罐的重要组成部分，其稳固性和安全性对防止储罐沉降、倾斜、失稳而引起次生灾害的发生至关重要，且地基基础的工程造价和施工周期在整个储罐工程中占比相当大，对于地层复杂的软土地基、山区地基及特殊性地基，其工程造价可占整个液化天然气（LNG）储罐成本的 1/4 以上。建（构）筑物的基础是地下隐蔽工程，工程竣工验收时已经埋在地下，难以检验。地基基础事故的预兆不易察觉，一旦失事，难以补救。因此，应当充分认识储罐地基基础的重要性。

3.1.2 储罐地基基础的复杂性

液化天然气（LNG）储罐地基基础的复杂性主要体现在建造环境复杂、抗震设防标准高、承受荷载较大、沉降要求较严、基础底部需考虑通风或换热等方面，导致与其他行业基础相比，液化天然气（LNG）储罐地基基础往往表现为桩径大、桩长深、布桩密度大、水平承载力要求高、施工难度大、施工要求高等特点。

1. 建造环境复杂

液化天然气（LNG）储罐通常建造于近海岸地区，属盐碱环境，地下水对混凝土结构及混凝土结构中的钢筋具有不同程度的腐蚀性。腐蚀环境下，混凝土的耐久性一直是工程界关注的重要问题，可能比其力学或其他性能更重要。由于受到侵蚀，混凝土的强度降低，结构失效，使得混凝土使用寿命并不像设计所期望的。为防止混凝土的腐蚀，常采用特殊水泥（如抗硫酸盐水泥）或掺加添加剂（如抗腐蚀外加剂），不仅大大增加了工程造价，而且其抗腐蚀效果有待验证。液化天然气（LNG）储罐作为危险性较大的建（构）

筑物，其对混凝土结构耐久性的要求非常高。因此，腐蚀环境下地基基础的防腐设计与施工，对确保液化天然气（LNG）储罐长期安全稳定运行至关重要。

2. 荷载大、沉降要求严格

由于沿海可利用的岸线减少，优良的液化天然气（LNG）站址稀缺，这就要求陆上接收站折合成单位面积的存储量必须增加，从而使得液化天然气（LNG）储罐向大型化发展。目前国内建成的最大液化天然气（LNG）储罐罐容为 $22\times10^4 m^3$，世界上最大的罐容是 KOGAS 在 Samcheok 液化天然气接收站建造的 3 座 $27\times10^4 m^3$ 的地上全容储罐。液化天然气（LNG）储罐大型化发展的结果，导致储罐对地基基础沉降控制要求越来越严格。液化天然气（LNG）储罐对绝对沉降变形的限值，目前在相关设计规范中未做明确规定，但在具体工程技术文件中，一般都按照水压试验工况沉降变形不大于 25mm、长期荷载作用下沉降变形不大于 55mm 进行控制。液化天然气（LNG）储罐基础允许的沉降差应符合下列规定[12]：

（1）底板边缘任意 2 个观测点的沉降差不应超过 2 个观测点之间弧长的 1/1000；

（2）同一测量方位内、外罐的相对沉降差不应超过 10mm；

（3）任意方向直径的两端沉降差不应超过储罐外罐外径的 1/1000；

（4）储罐中心与储罐边缘的沉降差不应超过储罐外罐外径的 3/1000。

3. 抗震设防要求高

液化天然气（LNG）储罐对于地震作用要求很高，应进行 OBE 工况和 SSE 工况下的抗震计算，保证液化天然气（LNG）储罐在 SSE 工况下安全停运。OBE 工况应为 50 年超越概率为 10%（重现期 475 年）、阻尼比为 5% 的反应谱表示的地震动，与现行国家标准《建筑抗震设计规范》GB 50011 规定的抗震设防地震相对应；SSE 工况应为 50 年超越概率为 2%（重现期 2475 年）、阻尼比为 5% 的反应谱表示的地震动，与现行国家标准《建筑抗震设计规范》GB 50011 规定的罕遇地震的超越概率 2%～3% 基本相同，略高[12]。储罐地震响应分析依据的地震谱通常是由国家地震局的地震安全评价得到的，然而场地位置不同，反应谱也不同；同一位置，基岩埋置深度不同，反应谱也不同。

液化天然气（LNG）储罐较高的抗震设防要求，导致按现行国家、行业标准进行桩基水平承载能力计算时，无法满足储罐结构水平承载力设计需求。究其原因，《建筑桩基技术规范》JGJ 94—2008 第 5.7.2 条规定：对于钢筋混凝土预制桩、钢桩、桩身正截面配筋率不小于 0.65% 的灌注桩，可根据静载试验结果取地面处水平位移为 10mm（对于水平位移敏感建筑物取水平位移 6mm）所对应的荷载的 75% 为单桩水平承载力特征值。该规范规定的最大允许水平位移过小，不适用于液化天然气（LNG）储罐地基基础的抗震设计。目前，国内的普遍做法是 OBE 工况下采用水平位移 10mm 所对应的桩基水平承载力，SSE 工况下采用水平位移 40mm 所对应的桩基水平承载力。

4. 地基基础底部通风或换热

储罐存储的介质为 −164.5℃ 液化天然气（LNG），尽管储罐内液化天然气（LNG）与外界环境之间采用了约 1.0m 厚度的保冷层隔离，但考虑储罐内低温介质的热传导作用，液化天然气（LNG）的冷量仍然会缓慢地传导至罐外。当基础与地基土接触时，会使地基土的温度降低到零度以下的低温，土壤发生冻胀现象，基础发生冻裂现象，造成储罐基础受力不均而破坏，从而引发储罐的倾斜、失稳。因此，储罐地基基础设计时，必须设法撤走传导至罐外的冷量，防止地基土冻胀与基础的冻裂。

3.1.3 储罐地基基础的类型

为防止储罐内液化天然气（LNG）冷量引起土壤冻胀、基础冻裂的现象发生，储罐地基基础设计时必须对地基与基础采取防冻措施。考虑到现行的有效措施主要为空气对流和电伴热两种方式，因此液化天然气（LNG）储罐基础通常分为两大类：

一种是电伴热落地式基础，即储罐基础与地基土接触，并在基础底板内设置电伴热系统，以此抵消传导入地基基础内的冷量。

一种是架空式基础，即通过一定方式将储罐基础抬高，与地基土脱开，储罐基础底板下形成高 1.5~2.0m 的空气通道，通过基础底板下空气的自然流通将冷量带走。

3.2 基础的形式与选择

3.2.1 电伴热落地式基础

电伴热落地式基础可分为天然地基筏板基础、复合地基筏板基础和低承台桩基础三种形式。

1. 天然地基筏板基础

当储罐区建筑场地土质均匀、坚实，性质良好，地基承载能力和变形满足设计要求时，储罐基础直接坐落在地基土上，称天然地基筏板基础。考虑到液化天然气（LNG）储罐的荷载较大，一般地基为岩层时采用该基础形式，如图 1.3.1 所示。

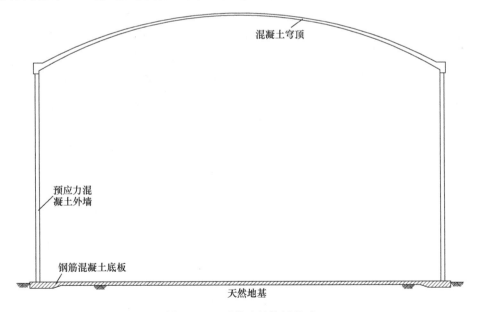

图 1.3.1　天然地基筏板基础

上海洋山港液化天然气（LNG）接收站一期 3 座 $16.5 \times 10^4 \mathrm{m}^3$ 储罐于 2009 年建成投产，储罐基础为天然地基筏板基础。筏板基础直径 84m，外环筏板基础厚 1.2m，混凝土强度等级 C40，内环筏板基础厚 0.7m，混凝土强度等级 C30。筏板基础自下而上分为找平层、防水层、垫层和基础底板四部分。为防止地基冻胀、基础冻裂现象的发生，在储罐基础内安装了电加热系统，每罐年耗电量约 10 万 kW·h，使地基温度维持在 5℃以上。电加热系统分为中心区域和环形区域两组，分别配置 2 路单独的电源（回路 A、回路 B），每路电源和加热器均按全功率加热要求设计，相邻的加热器分别接到不同的电源上。加热元件采用恒功率加热电缆，电缆单位功率 32.8W/m，中心区域加热功率 50141W，环形区域加热功率 25505W。储罐基础内共安装 10 个温度传感器（RTD），环形区域 2 个（储罐阳面位置 A 点、阴面位置 B 点），中心区域 8 个[21]。

2016 年 6 月 28 日，昆仑能源有限公司所属江苏 LNG 项目二期工程 T-1204 储罐水压试验顺利完成。T-1204 储罐是江苏 LNG 项目二期工程新建储罐，也是国内首座 20 万 m³ 全容式混凝土储罐。储罐采用电伴热落地式基础，圆筒形混凝土外罐直径 86.4m、高 44.2m，内罐直径 84.2m，采用国产 Ni9 钢和低温保冷材料制造。罐顶为圆拱形钢质结构，顶部中心距罐内底面 56 m。

2. 复合地基筏板基础

复合地基筏板基础的结构形式与天然地基筏板基础一样。当储罐区建筑场地的承载能力及变形不能满足设计要求，且相差不大时，可采用适合的地基处理技术[22]对地基土进行处理，形成复合地基，以提高地基的承载能力，减小地基的变形，储罐基础直接坐落在复合地基上，称复合地基筏板基础。

目前液化天然气（LNG）接收站选址均为近海岸地区，地质条件相对较差，现有地基处理技术对承载力的提升、变形的控制往往是非常有限的，因此该种形式的地基基础尚未应用到工程实践中。目前，复合地基筏板基础在钢制低温储罐工程上应用较多[23]。

3. 低承台桩基础

低承台桩基础是建（构）筑物的一种基础形式，指基桩顶位于地面以下的桩基础，承台底面埋深应满足相应规范的要求，如图 1.3.2 所示。桩基具有承载力高、沉降量小且较均匀的特点，几乎可以应用于各种工程地质条件和各种类型的工程中，尤其适用于建筑在软弱地基上的重型建（构）筑物。因此，在沿海以及软土地区，桩基应用比较广泛。

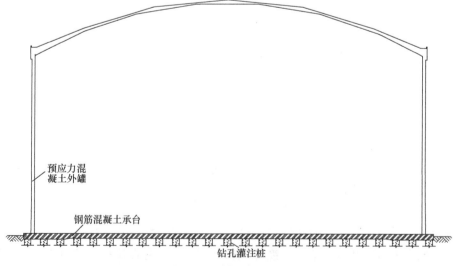

图 1.3.2　低承台桩基础

中国石油大学（北京）[24]对全容式储罐高、低承台桩基础的抗震性能进行了对比分析。结果表明：高承台桩基础的水平地震响应大于低承台8.69%、垂直地震响应大于6.34%；低承台桩基础的抗倾覆能力比高承台桩基础高12.11%，抗提离能力高于高承台桩基础11.42%；高承台的自振周期高于低承台；低承台基础结构的抗震能力要优于高承台基础结构。考虑到低承台桩基础本身工程造价相对较高，为防止液化天然气（LNG）储罐地基冻胀、基础冻裂现象的发生，再在储罐基础内安装电加热系统，则储罐基础的工程造价、运行成本及后期维护费将非常高，因此目前该基础形式尚未应用到液化天然气（LNG）储罐工程中。

3.2.2　架空式基础

架空式基础是目前液化天然气（LNG）储罐常采用的基础形式，可分为双承台架空基础、高承台桩基础和双承台架空桩基础三种形式。

1. 双承台架空基础

当储罐区建筑场地土质均匀、坚实，性质良好，地基承载能力和变形满足设计要求时，储罐基础可采用双承台架空式基础直接坐落在地基土上，基础的结构形式为底承台＋支撑短柱＋储罐底板，称双承台架空基础。考虑到液化天然气（LNG）储罐的荷载较大，一般地基为岩层时采用该基础形式，如图1.3.3所示。

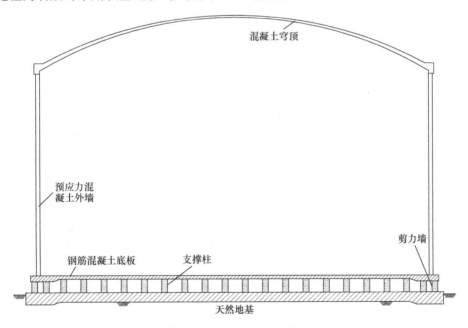

图1.3.3　双承台架空基础

青岛董家口液化天然气（LNG）接收站地层为强风化岩层，中风化岩层顶标高起伏波动大，储罐基础若采用灌注桩，考虑到试验桩施工及检测、岩层钻进难度大等因素，储罐基础的施工周期会非常长。因此，1～3号储罐采用双承台架空基础，基础的结构为底承台＋短柱＋剪力墙＋储罐底板；底承台中间区域厚0.8m，环梁厚1.5m；罐体由616根0.6m×0.6m的钢筋混凝土短柱支撑架空，上下承台之间边缘设两圈开洞率为50%的环形钢筋混凝土抗震剪力墙；上承台中间区域厚0.6m，环梁部分厚0.8m。该种储罐基础模式，不仅减少了储罐基础投资，也大大缩短了施工周期。与桩基方案相比较，每座储罐减少基础钢筋混凝土用量4000m³，仅钢筋混凝土可节约投资400万元，节约工期3个月。

2. 高承台桩基础

高承台桩基础是指桩顶标高或承台底标高高出地基表面一定高度的桩基础，其结构特点是基桩部分桩身沉入土中，部分桩身外露在地基表面以上，如图1.3.4所示。

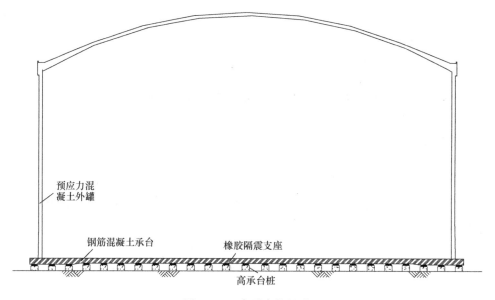

预应力混凝土外罐

钢筋混凝土承台

橡胶隔震支座

高承台桩

图1.3.4　高承台桩基础

高承台桩基础的抗震能力低于低承台桩基础[24]，其承受侧向荷载时的工作性能研究尚不完善，因此在地震力、制动力等水平荷载作用下，高承台桩基础的工作性能和响应成为了工程技术界关注的重点。然而，高承台桩基础能够穿透软弱层达到较深的持力层，其承受竖向荷载的能力很好，对绝对沉降、不均匀沉降的控制能力也较强，相关的研究积累和工程实践也比较丰富，且该基础形式以自然空气的流通带走储罐传导给基础的冷量，不需要在基础内埋设电伴热系统，因此高承台桩基础形式在工程中得到广泛应用。

目前，国内绝大多数液化天然气（LNG）储罐均采用高承台桩基础。福建莆田液化天然气（LNG）接收站16万m³全容罐采用高承台桩基础，每座储罐布置直径1000mm的高承台桩556根，桩长25~50m；江苏如东液化天然气（LNG）储罐每罐布置直径1400mm的高承台桩360根，平均桩长60m，为了改善高承台桩的抗震能力，每座储罐设计直径400mm的碎石桩2000根，平均桩长20m，均匀布置在高承台桩桩间。

3. 双承台架空桩基础

双承台架空桩基础的结构形式为低承台桩基础＋支撑短桩＋储罐底板，如图1.3.5所示。双承台架空桩基础能够穿透软弱层达到较深的持力层，其承受竖向荷载的能力很好，对绝对沉降、不均匀沉降的控制能力也较强，同时具有较好的抗震能力。该基础形式适用于工程地质条件较差，良好的地基持力层埋深较深，且为地震高发、抗震设防烈度较高的地区。

目前，中石化天津液化天然气（LNG）接收站二期TK-05号、TK-06号20万m³全

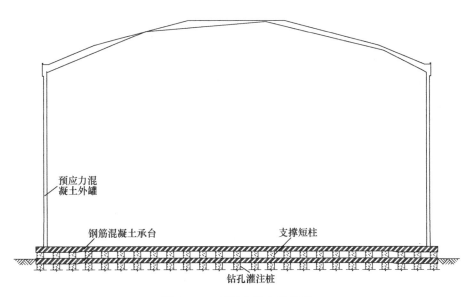

图 1.3.5 双承台架空桩基础

容储罐于 2020 年 4 月 5 日开工建设,为提高储罐抗震能力,储罐采用双承台架空桩基础,是国内首创。每座储罐下布置 541 根直径 1200mm 灌注桩,下承台厚 1.2m,埋入地基土中 1.15m,支撑短柱高 1.4m,储罐底板厚 0.8m。

3.2.3 落地式和架空式基础对比

1. 安全性对比

(1) 地震响应[24]

以目前常规全容储罐为例,储罐净容量 $16 \times 10^4 \mathrm{m}^3$,最大操作液位为 34.76 m,风压为 0.74kPa,雪荷载 0.45kPa,罐墙及以上结构和保温层重 5.46965×10^5 kN,承台重 1.59255×10^5 kN,储液重量为 7.68×10^5 kN,混凝土外罐内外径分别为 83.0m 和 83.6m,内罐直径为 80m,罐体总高 49.92m,外罐墙高 38.5m,内罐高 35.4m,承台厚度为 1.2m,桩径为 1200mm,桩数为 360 根。储罐区域 OBE 工况下地震加速度 0.16g、SSE 工况下地震加速度 0.33g。

分析表明,SSE 工况下,低承台桩基础最大水平地震力发生在储罐底部,高承台桩基础地表面处桩体受到最大水平地震力作用,高、低承台桩基础储罐最大水平地震力相差 1.087 倍,储罐底面位置相差 1.065 倍;高承台桩基础储罐最大竖向地震力是低承台桩基础的 1.063 倍;高、低承台桩基础储罐的抗倾覆安全系数均大于 1,但低承台桩基础的抗倾覆能力比高承台桩基础高 12.11% 左右,高承台桩基础储罐最大位移比低承台桩基础大 17.32%;高承台桩基础的自振周期大于低承台桩基础约 7.38%,储液晃动周期和晃动最大波高相差甚微;在设防地震烈度下,高、低承台桩基础均能保证金属内罐不存在抬起的趋势,但低承台桩基础的抗提离能力高于高承台桩基础约 11.42%。无论是高承台桩基础还是低承台桩基础,OBE 工况下的水平地震力、最大位移量均比 SSE 工况小得多,小 42%~50%。仅从结构抗震性及稳定性角度考虑,建设液化天然气(LNG)储罐时,落地式基础结构要优于架空式基础结构。

（2）基础抗爆性[25]

架空式基础其承台与地面间存在 1.5~1.7m 的空气流通空间，且储罐底板底部向上隆起，当罐底有泄漏时承台下可能有爆炸气体存在，有发生爆炸的可能性。以 $16 \times 10^4 m^3$ 全容罐为例，分析罐底空间爆炸工况储罐基础的抗爆性。根据接收站设计标准，并结合以往输送系统发生过的事故教训，对可信爆炸事故进行定量分析计算，可得到接收站爆炸源的不同超压值的影响范围，如表 1.3.1 所示。

LNG 接收站爆炸源的不同超压值的影响范围　　　　　　　　表 1.3.1

爆炸区域	影响距离（m）			
	2kPa	5kPa	14kPa	30kPa
码头	541	236	97	51
BOG 压缩机区	644	282	120	72
LNG 工艺处理区	265	105	37	NR
装车区	335	133	47	NR
锅炉房	34	15	6	4

天然气在开放空间低速燃烧产生的超压不大于 5kPa，如果在高拥挤度或受限空间内发生燃爆，例如密集的建（构）筑物区域内可能产生较高的超压冲击波。甲烷和乙烷在封闭环境中与空气混合物的爆炸压力峰值分别为 660kPa 和 680kPa。架空式基础与地面间的空间并非密闭环境，仅可以算作有限的受限空间，假设有外来的乙烷或罐泄漏的甲烷在罐底空间爆炸，采用 FRID 模拟的计算爆炸后果，如表 1.3.2 所示。

FRID 模拟计算的爆炸后果　　　　　　　　表 1.3.2

爆炸物料	甲烷	乙烷
爆炸体积（m³）	$20 \times 20 \times 1.5$	$20 \times 20 \times 1.5$
拥挤度（0.1~0.9）	0.159	0.159
最大超压值（kPa）	11	15

根据相关规范及站内设备情况，通常液化天然气（LNG）储罐布置在小于 14kPa 的超压冲击波区域间，且液化天然气（LNG）储罐罐底设计可以承受的爆炸压力为 210kPa。即使有外来的乙烷泄漏到罐底并发生爆炸（不可信事件），罐底结构可以承受最大爆炸压力，结构安全；如果泄漏到罐底的液化天然气（LNG）气化后发生爆炸，罐底结构也是安全的（目前是零概率事件）。因此，落地式基础（没有爆炸气体积聚的空间）和架空式基础在爆炸安全性上没有差别。

2. 经济性对比[25]

落地式基础需要设置电伴热器防止基础下土壤冻结，架空式基础以自然空气的流通带走冷量，不需要电伴热器。液化天然气储罐基础选择落地式基础或架空式基础，主要取决于工程地质条件、本地区的抗震设防烈度及储罐的抗震要求。常规情况下，架空基础的建设费用、建设周期均高于落地式基础。

架空式基础属于自然通风，可利用自然空气的对流加热储罐底板及地上部分短柱，运行期间无运行费用。落地式基础需要在基础内设置电热系统，由电加热器提供储罐底板在运行中抵消漏冷所需的热量,电伴热系统控制基础内加热层面温度在 $5\pm2℃$。以山东青岛董家口液化天然气(LNG)接收站 16 万 m^3 液化天然气(LNG)全容罐为例,储罐罐底漏冷量为 2026666MJ/a,青岛地区年平均温度为 12.2℃,需地基土对基础加热量约为 220752MJ/a,因此加热系统需要提供的热量为 1773064MJ/a,每台储罐每年加热耗电量为 49.3×10^4 kW·h。全容式储罐的设计使用寿命为 50 年,储罐基础电加热器的使用寿命不超过 20 年,加热系统 50 年内最少需要更换 2 次。

综上,参照我国过去 30 年能源价格、物价、管理维护人工成本等的上涨趋势,以静态价格估算综合建设和运行的整体经济性,落地式基础多出的费用将非常可观。

3. 适用性对比

液化天然气(LNG)接收站站址的选择应考虑港口位置、陆域可用地面积、周围自然环境、周围社会环境、当地经济发展情况等因素综合确定[12]。目前,已投产、正建设和拟建的液化天然气(LNG)接收站几乎均选址在具有良好海上通航条件的近海岸地区。然而,近海岸地区的地质条件非常复杂,往往一个工程跨越几个地貌单元,地层复杂,层位不稳定,常分布有吹(素)填土、软土、混合土、层状构造土和基岩等。由于液化天然气(LNG)储罐对基础不均匀沉降、绝对沉降及抗震能力要求非常高,导致地基的治理难度较大。

当储罐区基岩埋深较浅,且广泛、均匀分布时,综合各种因素储罐基础可选用天然地基筏板基础或双承台架空基础;当储罐区存在吹填土、素填土、软弱土或混合土层时,建议结合地层条件可先采用预压法、强夯法等地基处理技术进行预处理,然后综合各种因素可选用低承台桩基础、高承台桩基础或双承台桩基础作为储罐基础。由于液化天然气(LNG)储罐自重较大、抗震要求较高,当选用桩基础作为储罐基础时,基桩宜选用混凝土钻孔灌注桩。

3.3 储罐桩基础设计难点

3.3.1 桩基础抗震设计

我国岸线资源较为宝贵,不少液化天然气(LNG)接收站项目站址的地质和地震条件非常复杂,如国内的唐山液化天然气(LNG)接收站项目、中海油天津浮式液化天然气(LNG)接收站项目、中海油漳州液化天然气(LNG)接收站项目地震参数极高,在海外中海油投资的菲律宾八打雁项目设防地震的地表峰值加速度(PGA)达到了 $0.52g$,SSE 工况下 PGA 更是达到 $0.84g$;另一方面液化天然气(LNG)储罐的安全要求等同于核电设施,根据我国规范[12]的要求,液化天然气(LNG)储罐要求能抵抗 2500 年一遇的地震。

由于液化天然气(LNG)储罐自重大,地震工况下液化天然气(LNG)储罐需承受较大的水平地震力,例如广东某 16 万 m^3 液化天然气(LNG)储罐项目,地震工况下单座储罐需承受的水平地震力为 500000kN,为此每座储罐布置 360 根直径 1200mm 的嵌岩桩,单桩需承受 1400kN 的水平地震力。考虑大多数液化天然气(LNG)储罐的建设场地地质条件较差,为了满足储罐抗震要求,设计首先会考虑通过增大桩径、增加桩数解决,随之而来的就是工程造价的大幅提高。随着液化天然气(LNG)储罐向大型化发展的趋势,地震工况下单座储罐势必将承受更大的水平地震力，对储罐基础水平承载能力的要求也将越来越高；储罐基础的直径是一定的，不可能无限度地增大桩径、提高布桩数量。因此，储罐桩基础的抗震设计是目前储罐设计的难点之一，也是液化天然气（LNG）储罐向大型化发展的制约因素之一。

目前，液化天然气（LNG）储罐在设计与建造过程中，通常采用桩周土换填法、桩周土挤密法来提高基桩的水平承载能力，并取得了很好的工程实践效果。正在建设中的中石化天津液化天然气（LNG）接收站二期 20 万 m³ 全容储罐项目，储罐基础设计首次采用了双承台桩基础，以提高储罐的抗震能力。然而，目前提高储罐基础水平承载能力的方法设计主要还依赖于工程经验与实践，其理论分析与计算的研究滞后于工程实践，不利于储罐基础设计的优化。

3.3.2 协调变形的控制

随着我国液化天然气（LNG）产业的迅速发展，以及石油天然气体制改革政策与措施的落地，液化天然气（LNG）接收站项目将逐渐增多。然而，优良的液化天然气（LNG）接收站站址是有限的，这意味着许多拟建液化天然气（LNG）接收站将不得不选择不利的建设场地作为站址。例如，正在建设中的温州液化天然气（LNG）储运调峰储罐项目建设场地为开山区和回填区，储罐区下伏基岩面起伏较大，属不均匀地基，储罐下嵌岩桩的桩长从几米到几十米不等；正在建设的广州应急调峰储气库项目，陆域 LNG 罐区建设 4 个容积为 16 万 m³ 的储罐，储罐区基岩埋深浅，起伏较大，且基岩为较软—较硬岩，储罐下嵌岩桩桩长最小 9.0m，最大 26.5m；已投产的粤东液化天然气（LNG）接收站项目，建设场地为海蚀平原，场地内存在较多花岗岩巉岩，地层中存在大量的花岗岩孤石，储罐基础采用冲孔嵌岩桩，桩端进入中风化或微风化花岗岩，桩长最大约 51m，最小约 7m，每座储罐基础下桩长差别比较大。

目前，关于类似复杂地层中，桩长变化较大的储罐基础变形控制的研究资料未见报道。对于储罐基础的竖向变形控制，通常采用增加桩端入岩深度，提高基桩竖向承载力，减少基桩竖向变形的方法解决，然而，在桩长差别较大的情况下，桩身的压缩变形也不可忽略。对于储罐基础的水平变形控制，短桩入岩较早，同样大小的水平荷载作用下其水平位移量较长桩小；储罐在水平地震作用下，短桩会承担较大的水平力，存在短桩提前失效的风险，从而引起"多米诺骨牌效应"的发生。针对该现象，粤东液化天然气（LNG）接收站项目设计要求人为"延迟"短桩桩端遇岩，增加土层中基桩长度，从而减少基岩对基桩的水平约束，增加水平荷载作用下短桩变形的能力。

参 考 文 献

[1] 杨光，王登海. 天然气工程概论[M]. 北京：中国石化出版社，2013.

[2] 刘吉余. 油气田开发地质基础[M]. 北京：石油工业出版社，2006.

[3] 丁金林. 能源革命下我国天然气行业发展的思考与建议[J]. 北京石油管理干部学院学报，2020 (1).

[4] 国家发展和改革委员会. 能源生产和消费革命战略(2016—2030)[EB/OL]. (2017-04-25)[2019-11-13]. http://www.gov.cn/xinwen/2017—04/25/5230568/files/286514af354e41578c57ca38d-5c4935b. pdf.

［5］ 武洪昆，季元旗，王晓庆，姜睿睿，罗慧慧. 中国进口 LNG 产业分析及展望［J］. 国际石油经济，2019，27(3)：75-80.

［6］ 中华人民共和国中央人民政府. 中共中央国务院印发《关于深化石油天然气体制改革的若干意见》［EB/OL］.（2017-05-21）［2019-11-13］. http：//www. gov. cn/xinwen/2017-05/21/content_5195683. htm.

［7］ 刘剑文，杨建红，王超. 管网独立后的中国天然气发展格局［J］. 天然气工业，2020，40(1)：132-140.

［8］ CEN. EN14620：Design and manufacture of site built，vertical，cylindrical，flat-bottomed steel tanks for the storage of refrigerated，liquefied gases with operating temperatures between 0℃ and −165℃［S］. British，2006.

［9］ ZHANG Chao，SHAN Tongwen，FU Zihang，et al. A large LNG tank technology system"CG-Tank®" of CNOOC and its engineering application［J］. Natural Gas Industry B，2015，2(6)：530-534.

［10］ British Chemical Engineering Contractor's Association. BBS7777 Flat-bottomed，vertical，cylindrical storage tanks for low temperature service［S］. British，1993.

［11］ American Concrete Institute. ACI376：Code requirements for design and construction of concrete structures for the containment of refrigerated liquefied gases and commentary［S］. USA，2011.

［12］ 中华人民共和国住房和城乡建设部. 液化天然气接收站工程设计规范：GB 51156—2015［S］. 北京：中国计划出版社，2015.

［13］ TSOPELAS P，CONSTANTINOU M C，EINHORN A M. 3D-BASIS-ME：Compute program for nonlinear dynamic and analysis of seismically isolated single and multiple structures and liquid storage tanks［R］. Buffalo，NY：National Center for Earthquake Engineering Research，State University of New York，1994.

［14］ BOHLER J，BUMANN T. Different numerical models for the hysteretic behavior of HDRB'S on the dynamic response of base-isolated structures with lumped-mass models under seismic loading［C］. Proceedings of the First European Conference on Constitutive Models for Rubber，Taylor&Francis，1999.

［15］ CHRISTOVASILIS I P. Seismic analysis of liquefied natural gas tanks［D］. Buffalo：State University of New York，2006.

［16］ CHRISTOVASILIS I P，WHITTAKER A. Seismic analysis of conventional and isolated LNG tanks using mechanical analogs［J］. Earthquake Spectra，2008，24(3)：599-616.

［17］ 孙建刚，郑建华，崔利富等. LNG 储罐基础隔震反应谱设计［J］. 哈尔滨工业大学学报，2013，45(4)：105-109.

［18］ 屈长龙，张超，陈团海. 大型液化天然气储罐隔震减震措施分析［J］. 化工进展，2014，3(7)：1713-1717.

［19］ 单彤文. LNG 储罐研究进展及未来发展趋势［J］. 中国海上油气，2018，30(2)：145-151.

［20］ Saeid Mokhatab. 液化天然气手册［M］. 中海石油气电集团有限责任公司技术研发中心，译. 北京：石油工业出版社，2016.

［21］ 孙倩. 液化天然气储罐地基伴热系统的优化改造［J］. 电气自动化，2016(6)：320—321.

［22］ 龚晓南. 地基处理手册［M］. 3 版. 北京：中国建筑工业出版社，2008.

［23］ 中华人民共和国工业和信息化部. 化工设备基础设计规定：HG/T 20643—2012［S］. 北京：中国计划出版社，2012.

［24］ 李云鹏，王芝银. LNG 储罐高低承台桩基础抗震性能对比分析［J］. 岩土力学，2010，31(2)：265-287.

［25］ 孟庆海，赵广明. 地上 LNG 储罐选型及基础类型的选择［J］. 石油化工设备技术，2014，35(4)：1-5.

【第 2 篇】 储罐桩基新技术

第4章　高承台桩一体化成桩法

4.1　工程背景及技术原理

4.1.1　工程背景

高承台桩是指桩顶出露地表一定高度的钻孔灌注桩，其结构特点是部分桩身沉入土中（简称地下桩），部分桩身外露于地表以上（简称地上桩）。高承台桩应用范围较广，港口工程和离岸工程中常采用这种基础。高承台桩基础是目前液化天然气（LNG）储罐常用的基础形式，图 2.4.1 为国内某 16 万 m^3 液化天然气（LNG）储罐高承台桩实景图。

图 2.4.1　某大型液化天然气储罐
高承台桩实景图

根据高承台桩的结构特点，高承台桩施工常采用传统的接桩法，主要工序包括测量放线、钻孔、地下桩钢筋笼制作与安装、地下桩混凝土灌注、桩间土开挖、基坑降水、桩头凿除、基桩检测、地上桩钢筋绑扎、模板垫层施工、模板安装与加固、地上桩混凝土浇筑、模板拆除、地上桩桩身养护、桩间土回填与压实等。根据工程实践经验，以 16 万 m^3 的液化天然气（LNG）储罐为例，储罐外罐建设周期一般为 14 个月，其中桩间土开挖至地基表面以上基桩施工完成就需耗费约 3 个月的时间。除此之外，接桩法还存在以下几个弊端：

（1）接桩法导致高承台桩桩身存在混凝土施工冷缝，桩身完整性差，在地震高烈度地区，对整个桩基础造成不利影响；

（2）地震工况下，高承台桩基础地基表面处桩体的水平地震力最大，接桩法导致该位置处钢筋接头较多，属于受力的薄弱环节，不利于高承台桩水平承载；

（3）液化天然气（LNG）储罐基础的混凝土强度等级通常不低于 C40，高承台桩配筋率较高，因此破除桩头混凝土的难度较大，且容易对桩身主筋产生弯折，同时造成资源浪费；

（4）破除桩头混凝土过程中，容易对钢筋笼顶端预留的套筒造成损坏，导致钢筋笼接长费时费力；

（5）完工后需要进行桩间土分层回填夯实，其夯填质量不易控制，不利于高承台桩水平承载；

（6）接桩法施工工序多、施工周期长，不经济、不利于环境保护。

基于以上问题，开发一种施工工序少、施工周期短、有效避免接桩法弊端的高承台桩一体化施工技术，具有较高的推广应用价值和工程实践意义。

4.1.2 技术原理

针对接桩法存在的缺点，中冀建勘集团有限公司（原河北建设勘察研究院有限公司）开发了高承台桩"一体化成桩法"施工技术，并成功应用在多项大型低温储罐工程中，取得了良好的效果。

一体化成桩法即高承台钻孔灌注桩连续施工作业的一种施工做法。其核心技术原理即高承台桩地下桩部分与地上桩部分连续施工作业，保证桩身完整性，桩身不存在施工缝，地上桩桩身混凝土浇筑与振捣须在地表处桩身混凝土初凝前开始，主要工序包括测量放线、钻孔、钢筋笼制作与安装、导管下设、二次清孔、混凝土灌注、地表处桩身混凝土处理、模板垫层施工、模板安装与加固、混凝土浇筑、模板拆除、桩身养护等。一体化成桩法的优势在于保证了桩身完整性、改善了基桩的抗震性能、优化了施工工序、缩短了施工工期和降低了工程造价。

采用一体化成桩法施工时，导管下设、二次清孔、混凝土灌注（或浇筑）等工序施工作业均需在高平台上进行，施工难度和安全风险均较高。桩顶（或钢筋笼笼顶）出露地表的高度越大，施工难度越大，安全风险也越高。根据工程实际应用经验，桩顶（或钢筋笼笼顶）出露地表的高度不宜超过4.0m，当工程场地较平整、地表土层承载力较高、施工人员经验较丰富时，采取一定的安全措施后可酌情放宽。

4.2 施工步骤及控制要点

4.2.1 施工步骤

根据高承台桩的桩身结构特点及一体化成桩法的技术原理，一体化成桩法主要施工步骤详见图2.4.2。

4.2.2 施工控制要点

根据高承台桩的施工步骤可知，一体化成桩法施工的主要工序包括测量放线、钻孔、钢筋笼制作与安装、导管下设、二次清孔、混凝土灌注、地表处桩身混凝土处理、模板垫层施工、模板安装与加固、混凝土浇筑、模板拆除、桩身养护等，与普通钻孔灌注桩相比，其施工控制的特点及难点如下：

（1）施工定位的精度要求高

高承台桩一体化成桩法涉及的施工工序较多，且前道工序的施工定位偏差对后续工序精确施工的影响较大，没有补救措施，为避免各施工工序的累计误差超出设计及规范的要求，保证基桩平面位置偏差、混凝土浇筑高度偏差、钢筋笼顶高度偏差和钢筋保护层厚度等符合设计和规范要求，施工过程中必须采取针对性措施对桩位测放、护筒埋设施工、钢筋笼制作与安装、模板垫层施工、模板安装与加固和混凝土浇筑等关键工序进行严格控制。

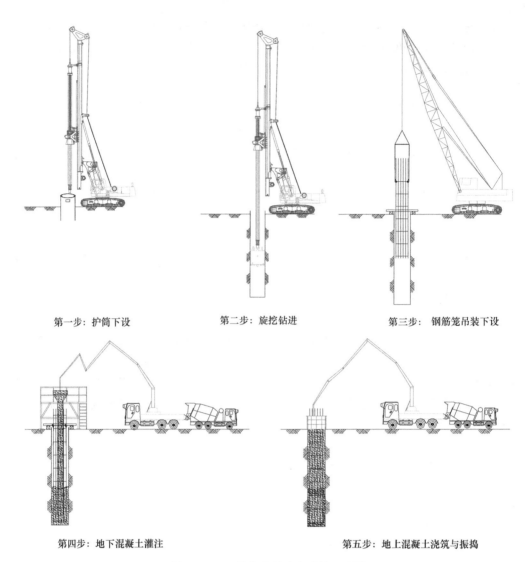

第一步：护筒下设　　　　　第二步：旋挖钻进　　　　　第三步：钢筋笼吊装下设

第四步：地下混凝土灌注　　　　　　　第五步：地上混凝土浇筑与振捣

图 2.4.2　一体化成桩法主要施工步骤

（2）地表处桩身混凝土的质量保证

地表处桩身混凝土的处理是高承台桩一体化成桩法的关键控制工序。为了保证地表处桩身混凝土为新鲜混凝土，可借鉴钻孔灌注桩混凝土超灌的方法将桩孔内的浮浆全部置换掉。利用新灌注混凝土置换孔内浮浆之前，应采用钢板将护筒溢浆口挡住，保证护筒内浮浆能够完全被置换掉。护筒内全是新鲜混凝土，混凝土表面无浮浆存在，可停止地下混凝土灌注。

为了防止护筒提拔后，桩孔周围土块或杂物掉落到桩身混凝土中，护筒提拔前应将护筒周围渣土、泥浆等杂物清理干净，并宜沿其周围人工开挖一 V 形的坡面。护筒提拔宜根据实际施工情况分两次进行，第一次提拔高度宜为 500mm，若护筒内混凝土出现下沉，应继续往护筒内补灌混凝土，补灌量根据实际情况确定，然后将护筒完全拔出，护筒应垂直提拔。护筒拔出后应保证桩身新鲜混凝土面比桩孔周围地面略高。

根据工程经验，地下混凝土灌注到最后，由于导管内外压力差变小，导致地表处混凝土质量不均匀，尤其钢筋笼外侧混凝土中粗骨料偏少，为此需要对地表处混凝土进行适当振捣，振捣深度宜根据工程实际情况确定，不宜小于 5m，以保证混凝土质量均匀、密实。

（3）工序衔接紧密

一体化成桩法的核心技术原理即高承台桩地下桩部分与地上桩部分连续施工作业，保证桩身完整性，桩身不存在施工缝，地上桩混凝土浇筑与振捣必须在地表位置处桩身混凝土初凝前开始。这就意味着地表处桩身混凝土处理、模板垫层施工、模板安装与加固等工序必须在地表处桩身混凝土初凝之前完成。根据工程经验以上工作基本可在 3h 内完成，考虑到不可预见因素，混凝土初凝时间控制在 6h 为宜。

（4）安全管控要求高

由于高承台桩桩顶高出地面一定高度，导管下设、二次清孔、混凝土浇筑等工序施工作业均需在高平台上完成，施工难度和安全风险均较高，且桩顶出露地表的高度越大，施工难度越大，安全风险也越高。因此，作业平台的架体构造与材质应满足构件强度、结构稳定性的要求。高平台应设置必要的安全防护措施，并满足《建筑施工高处作业安全技术规范》JGJ 80 的要求。

（5）施工顺序安排

由于高承台桩桩顶高出地面一定高度，采用一体化成桩法施工时，不合理的施工顺序安排，会导致施工作业面狭小，出现窝工的现象。因此，施工前应合理规划高承台桩的施工顺序，可采用从中间向四周或从一侧向另一侧推进的方法，并细化每一根高承台桩的施工起止时间。

4.3 应用效果

高承台桩一体化成桩法施工技术成功应用在多项大型液化天然气（LNG）低温储罐工程中，取得了良好的效果，典型工程应用案例如下。

工程应用案例一：广西某液化天然气（LNG）项目位于广西壮族自治区北海市，为人工填海形成的岛屿，现场为捞沙回填场地，回填深度约 10m。本项目主要包括 4 座 16 万 m³ 的 LNG 储罐，储罐基础采用高承台桩基础，施工采用一体化成桩法施工技术，单个储罐布置 367 根高承台桩，其中最外 2 圈共 120 根，内圈共 247 根，桩最小中心间距不小于 3.60m；高承台桩桩径 1.2m，桩顶露出地面 1.6m，钢筋笼笼顶露出地面 2.9m；最外 2 圈高承台桩桩长 45m，桩端进入⑨层粉质黏土及黏土或以下土层不小于 2.4m，内圈高承台桩桩长 40m，桩端进入⑧层粉质黏土及黏土或以下土层不小于 2.4m。

本项目依据《建筑基桩检测技术规范》JGJ 106 的要求，采用了单桩竖向抗压静载试验法、单桩水平静载试验法、声波透射法和低应变法 4 种方法对桩基进行检测。检测结果：低应变检测比例 100%，Ⅰ类桩占比 97.2%，Ⅱ类桩占比 2.8%；声波透射法检测比例 100%，Ⅰ类桩占比 86.5%，Ⅱ类桩占比 13.5%；单桩竖向抗压静载试验 16 根，单桩竖向抗压承载力特征值均大于 5000kN；单桩水平静载试验 16 根，单桩水平承载力特征值不小于 600 kN，满足设计要求。

工程应用案例二：浙江某 LNG 接收站二期工程项目位于浙江省宁波市，地层岩性主要为人工填土、吹填土、淤泥质土、黏土、粉质黏土、含黏性土碎砾石与凝灰岩层。本项目为新增 3 座 16 万 m³ 大型全容储罐项目，储罐基础采用高承台桩基础，施工采用一体化成桩法施工技术，单个储罐设计高承台桩 410 根，共计 1230 根，桩径 1.2m、桩长 20～76m，以⑨₃ 层中风化凝灰岩层为持力层，桩端入岩深度≥1.5m，内圈桩桩顶高出设计地平面 1.7m，外圈桩桩顶高出设计地平面 1.7m。

　　本项目采用单桩竖向抗压静载试验法、声波透射法和低应变法对桩身质量进行了检测，检测结果：D 罐区单桩竖向抗压静载检测 5 根，单桩竖向抗压极限承载力不低于 12000kN，低应变检测比例 100%，Ⅰ类桩占比 98.05%，Ⅱ类桩占比 1.95%，超声波检测 82 根，Ⅰ类桩占比 100%；E 罐区单桩竖向抗压静载检测 5 根，单桩竖向抗压极限承载力不低于 12000kN，低应变检测比例 100%，Ⅰ类桩占比 99.5%，Ⅱ类桩占比 0.5%，超声波检测 82 根，Ⅰ类桩占比 100%；F 罐区单桩竖向抗压静载检测 5 根，单桩竖向抗压极限承载力不低于 12000kN，低应变检测比例 100%，Ⅰ类桩占比 98.05%，Ⅱ类桩占比 1.95%，超声波检测 62 根，Ⅰ类桩占比 100%，满足设计要求。

第5章 一种减小基岩约束嵌岩桩新技术

5.1 工程背景及技术原理

5.1.1 工程背景

近年来，随着我国经济的高质量、快速发展，工程建设项目逐渐增多，建设用地的总量持续增加，建设用地的供求矛盾进一步加剧，尤其良好的建设用地资源日益紧张与紧缺的形势更加严峻，这导致部分项目不得不选择不利的场地作为项目建设用地，这就为工程设计提出了更高的要求。例如，优良的液化天然气（LNG）接收站站址是有限的，随着液化天然气（LNG）接收站项目将逐渐增多，这意味着许多拟建液化天然气（LNG）接收站将不得不选择基岩面埋深起伏较大的不利场地作为建设用地，该类场地使得大型液化天然气（LNG）储罐基础下基桩桩长变化较大，基桩嵌岩深度不一。基岩面埋藏较浅时，嵌岩深度大，基桩水平承载力高；基岩面埋藏较深时，嵌岩深度较小，基桩水平承载力低。从而，引起基桩水平承载力和抗震能力的差异。

鉴于液化天然气（LNG）储罐抗震设防要求较高，当地震发生时，储罐基础下基岩面埋深较浅区的嵌岩桩会承受较大的水平荷载，从而出现应力集中。当水平荷载发展到一定程度后，该区域嵌岩桩极可能会提前失效，按照"多米诺骨牌效应"的原理，进而引起其他区域嵌岩桩的失效，最终导致群桩基础的整体破坏。因此，开发高抗震地区大型建（构）筑物嵌岩群桩水平协调变形的技术，具有较高的工程意义和推广应用价值。

5.1.2 技术原理

针对复杂地质条件下大型建（构）筑物桩基础设计中遇到的问题，中冀建勘集团有限公司（原河北建设勘察研究院有限公司）发明了一种减小基岩水平约束嵌岩桩，简称 RHR 桩，实现了大型建（构）筑物基础下不等长嵌岩群桩的水平变形协调。

RHR 桩桩身由五部分组成，即土层段、基岩减约束段、基岩嵌固段、基岩中桩周减约束垫层、桩身配筋等共同组成有机统一体，提供 RHR 桩的水平承载能力，如图 2.5.1 所示。其核心技术原理：对于基岩

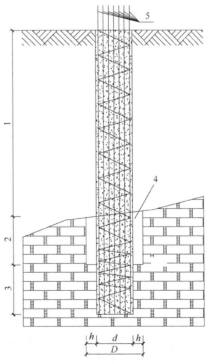

图 2.5.1 一种减小基岩约束嵌
岩桩（RHR 桩）
1—土层段；2—基岩减约束段；3—基岩嵌固段；
4—桩周减约束垫层；5—桩身配筋；
d—设计桩径；h—减约束垫层厚度；D—扩孔直径

面埋深较浅、嵌岩深度较大的嵌岩桩，通过在基岩减约束段桩身周围设置减约束垫层，以削弱基岩对基桩的水平约束，增大基桩在水平荷载作用下的变形能力。桩周减约束垫层的制作材料可选用级配砂石，级配砂石中的砂宜为中粗砂，砂和碎石的级配应为良好，级配砂石填筑时应随填随振捣密实。

5.2 设计要求及施工做法

5.2.1 设计要求

根据地震工况下建（构）筑物对不等长嵌岩群桩水平变形协调数值计算的结果，可提出具体的 RHR 桩设计参数，建议设计要求如下：

（1）RHR 桩的桩径 d 不宜小于 0.6m，桩长 $L=L_1+L_2+L_3$，其中 L_1 为土层段桩身长度，L_2 为基岩减约束段桩身长度，L_3 为基岩嵌固段桩身长度，L_3 不宜小于 0.5m。

（2）基岩减约束段桩周减约束垫层厚度 h 不宜小于 0.3m。桩周减约束垫层的制作材料可选用砂和碎石的混合料，砂宜为中粗砂，细度模数不宜低于 2.6；碎石最大粒径不宜大于 25mm；砂、碎石的级配应为良好，砂石可按照 1∶1 比例混合而成。桩周级配砂石垫层选用砂和碎石的混合料时，填筑时应振捣密实。

（3）RHR 桩桩身配筋设计时，基岩减约束段与基岩嵌固段交界面位置处螺旋箍筋应加密布置，交界面上、下的加密段长度分别不宜小于 1.0m。

5.2.2 施工步骤及做法

减小基岩水平约束嵌岩桩（简称 RHR 桩）施工除应满足普通钻孔灌注桩的施工要求外，根据其结构特点，施工做法及步骤尚应符合下列要求：

（1）测放桩位。冲击钻机、旋挖钻机或回转钻机就位。

（2）外护筒下设。钢制外护筒的内径不宜小于 $d+2h+0.1$m，其中 d 为基桩直径，h 为桩周减约束垫层厚度，护筒长度以保证孔口稳定为宜。

（3）扩孔钻进。可采用冲击钻机、旋挖钻机或回转钻机进行钻进施工，成孔直径为 $D=d+2h$，钻进深度为 L_1+L_2，其中 L_1 为土层段桩身长度，L_2 为基岩减约束段桩身长度。

（4）基岩嵌固段继续钻进。成孔直径为 d，钻进深度应满足设计要求。钻进过程中应采取相应的施工措施保证桩孔上下同心。

（5）内护筒下设。钻机移位，下设钢制内护筒，内护筒内径宜为 d，内护筒长度不宜小于 $L_1+L_2+0.3$m。内护筒底端与基岩之间应密封，密封方式可采用内护筒下设前在其底端缠绕遇水膨胀橡胶止水条、编织物或其他密封软质材料，内护筒下设安装后，密封材料将内护筒底端与基岩之间缝隙填充密实。

（6）桩周减约束垫层施工。内护筒安装完成后，采用砂和碎石混合料分层将内护筒周围填充密实，边回填边振捣密实，密实度满足设计要求。

（7）钢筋笼、导管安装。桩孔验收完成后，如图 2.5.2 所示，立即进行钢筋笼、导管的安装施工作业。

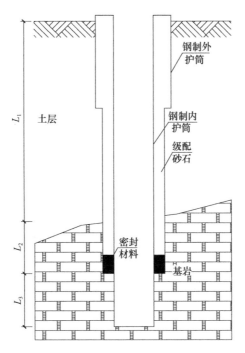

图 2.5.2 RHR 桩成孔施工示意图

（8）混凝土浇筑作业。混凝土浇筑前，应进行沉渣厚度测量，如若超标则进行二次清孔作业，然后进行混凝土浇筑。

（9）钢护筒拔出。成桩施工完成后，立即将内、外护筒拔出，拔出方法可采用振动锤或起吊设备拔出。

【第3篇】 桩基检测新技术

第 6 章　特征线参量法分析基桩承载性状

6.1　基桩承载性状的研究现状

确定基桩承载性状的方法一般分为两类，一类是直接法，另一类是间接法。直接法，即通过在桩身预先埋设应力应变测试仪器，静载荷试验过程中直接测试桩身应力，确定桩周阻力的分配比例值，该方法具有直观、准确的特点，但不经济；间接法，即通过分析单桩竖向抗压静载荷试验得到的荷载（Q）-沉降（s）数据曲线，确定桩周阻力的分配比例关系。

沈保汉[1]是国内利用间接法分析基桩承载性状较早的学者之一，提出了评价基桩工作特性的 Q/Q_u-s/s_u 曲线法，其中 Q 为桩顶荷载，Q_u 为单桩极限荷载，s 为桩顶荷载 Q 作用下桩顶下沉量，s_u 为极限荷载 Q_u 作用下桩顶下沉量；该方法先由单桩静载荷试验得到桩顶荷载 Q 和桩顶沉降 s，按照 s-$\log Q$ 法确定桩的极限承载力 Q_u 和对应的桩顶沉降 s_u，然后将基桩 Q-s 曲线归一化处理为 Q/Q_u-s/s_u 曲线，求该曲线上特征点（$Q/Q_u = 1$，$s/s_u = 1$）处的切线与纵轴 s/s_u 的夹角 θ，即荷载传递类型特征角，并将所求得的 θ 值插入到已有的各种施工类型桩的 Q_{su}/Q_u-θ 曲线中，求得 Q_{su}/Q_u 值，于是可得到桩侧极限摩阻力 Q_{su}，桩端极限阻力 Q_{pu} 则为极限荷载 Q_u 与桩侧极限摩阻力 Q_{su} 之差，据此实现对未知基桩承载类型的评定，该方法亦称为特征角法。

特征角法是一种经验性质的分析方法，应用前提是积累大量同类型基桩的观测数据，建立统计关系，由此实现对未知基桩承载性状的评定。由于该方法建立在大量已知试验资料的基础上，且不同类型的基桩需分别做统计分析，使该方法的推广受到了限制。

通过建立基桩荷载传递过程中桩身轴力简化模型（界限型和过渡型模型），可建立桩端阻力与桩侧摩阻力占极限荷载（或桩顶荷载）比例的表达式，引入特征线参量，进一步得到用特征线参量与桩身压缩量表示的桩侧摩阻力与桩端阻力占比表达式，该法称为分析基桩承载性状的特征线参量法。根据该法的原理，既可运用几何作图法也可采用拟合计算法得到桩侧摩阻力和桩端阻力占极限荷载比例的具体量值，可实现对基桩承载性状的定性与定量分析。

6.2　基桩承载性状的概念和分类

基桩承载性状即基桩将其桩顶荷载传递给土层的方式和机理，即桩侧摩阻力 Q_s 和桩端阻力 Q_p 占单桩承载力的比例。根据基桩承载性状[1]，基桩可分为摩擦桩、端承摩擦桩、端承桩、摩擦端承桩，各承载类型基桩的桩侧摩阻力和桩端阻力的占比详见表 3.6.1。

承载性状 阻力占比（%）	摩擦桩	端承摩擦桩	端承桩	摩擦端承桩
Q_s/Q_u	95~100	50~95	0~5	5~50
Q_p/Q_u	0~5	5~50	95~100	50~95

基桩按承载性状分类一览表   表 3.6.1

基桩的承载性状在现行行业标准《建筑桩基技术规范》JGJ 94 中主要有两个用途：一是决定了桩的配筋长度，摩擦型灌注桩配筋长度不小于 2/3 桩长，端承型桩通长配筋；二是孔底沉渣厚度控制，端承型桩不应大于 50mm，摩擦型桩不应大于 100mm。

6.3 特征线法分析基桩承载性状原理

6.3.1 基桩承载性状简化及分类

为便于分析，将基桩的承载性状进行简化处理，基桩按照简化后承载性状主要分为三种类型，即摩擦桩、端承桩、过渡型桩。假定摩擦桩的桩端阻力为零，端承桩的桩侧摩阻力为零，摩擦桩和端承桩称为界限型桩，其余称为过渡型桩。当桩侧摩阻力或桩端阻力占极限承载力的比例为 50% 时，称为中性桩，是过渡型桩的一个特例。基桩按照简化后承载性状的分类如表 3.6.2 所示。

基桩按简化后承载性状分类一览表   表 3.6.2

承载性状 阻力占比（%）	界限型桩		过渡型桩		中性桩
	摩擦桩	端承桩	端承摩擦桩	摩擦端承桩	
Q_s/Q_u	100	0	50~100	0~50	50
Q_p/Q_u	0	100	0~50	50~100	50

根据基桩承载性状简化处理的结果及基桩的分类，基桩的桩身轴力分布模型如图 3.6.1 所示。

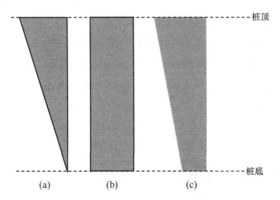

图 3.6.1 桩身轴力分布简化模型
（a）摩擦桩；（b）端承桩；（c）过渡型桩

为不失一般性，从占多数的过渡型桩的桩身轴力分布模型入手，推导桩侧摩阻力和桩端阻力占单桩极限承载力比例的表达式。假定，单桩极限承载力为 Q_u，与之对应的桩侧摩阻力为 Q_s、桩端阻力为 Q_p、桩身压缩量为 s_0。桩长 L，桩径 d，桩身截面积 A，桩身弹性模量 E 可取桩身混凝土的弹性模量，如表 3.6.3 所示。

桩身混凝土弹性模量参考值

表 3.6.3

混凝土强度等级	C20	C25	C30	C35	C40	C45	C50
E（$\times 10^4$MPa）	2.55	2.80	3.00	3.15	3.25	3.35	3.45

注：表中数据引自《混凝土结构设计规范》GB 50010—2010。

由胡克定律可知：

$$s_0 = \frac{Q_u}{2AE} \times \left(1 + \frac{Q_p}{Q_u}\right) \times L \tag{3.6.1}$$

整理后得：

$$\frac{Q_p}{Q_u} = \frac{2AE}{Q_u L} \times s_0 - 1 \tag{3.6.2}$$

$$\frac{Q_s}{Q_u} = 1 - \frac{Q_p}{Q_u} = 2 - \frac{2AE}{Q_u L} \times s_0 \tag{3.6.3}$$

上述公式建立了桩侧摩阻力、桩端阻力的占比与桩身压缩量之间的关系，没有反映出桩周土层物理力学性质的影响。但事实上，桩身压缩量取决于桩身轴力分布，而桩身轴力分布则取决于桩周土层的物理力学性质，故桩侧摩阻力和桩端阻力占比的本质依然是桩周土物理力学性质的体现。

根据公式（3.6.3）及桩身轴力分布简化模型可推导出，利用基桩的 Q-s 数据曲线判定基桩承载性状的简易方法，如公式（3.6.4）、公式（3.6.5）所示。

$$摩擦桩：L_i = 2EA \frac{s_i}{Q_i} \tag{3.6.4}$$

$$端承桩：L_i = EA \frac{s_i}{Q_i} \tag{3.6.5}$$

式中，Q_i 为桩顶作用荷载；s_i 为 Q_i 对应的桩顶沉降；L_i 为计算桩长，即荷载作用深度。

将基桩 Q-s 曲线的近似直线段荷载和沉降数据代入公式（3.6.4），L_i 计算值若不大于桩长 L，则符合界限型摩擦桩的特征；将荷载和沉降数据代入公式（3.6.5），L_i 计算值若接近桩长 L，则符合界限型端承桩的特征。对于界限型摩擦桩，设桩侧平均摩阻力为 f_i，可将公式（3.6.4）代入公式 $Q_i = \pi d L_i f_i$ 中，整理后得到计算界限型摩擦桩桩侧平均摩阻力的计算公式：

$$f_i = \frac{1}{2\pi d EA} \times \frac{Q_i^2}{s_i} \tag{3.6.6}$$

6.3.2 特征线参量法理论推导

Q-s 曲线是基桩竖向抗压静载荷试验的最基本成果。桩顶沉降是桩身压缩量 s_0 与桩端沉降量 s_b 之和，荷载传递到桩端之前桩顶沉降 s 等于桩身压缩量 s_0，这时的基桩为界限型摩擦桩。荷载传递到桩端后，基桩承载类型分化出过渡型、端承型和其他类型，桩顶沉

降 s 的组成也变得不再是单一的桩身压缩量 s_0。在 Q-s 曲线上建立这些标志荷载传递特征的辅助线，即特征线，是实现基桩承载性状定性乃至定量分析的基础。

1. 特征线的定义

根据图 3.6.1 桩身轴力分布简化模型，不同类型基桩的特征线的定义亦不同，具体如下。

摩擦桩：桩身轴力分布模型如图 3.6.1（a）所示，桩端阻力 $Q_p = 0$，桩顶沉降量 s 即桩身压缩量 s_0，且 $s_0 \leqslant QL/(2EA)$，定义 $s_c = QL/(2EA)$，称作侧阻线；

端承桩：桩身轴力分布模型如图 3.6.1（b）所示，$Q = Q_p$，桩身压缩量 $s_0 = QL/(EA)$，定义 $s_d = QL/(EA)$，称作端阻线；

中性桩：桩身压缩量 $s_0 = 0.75QL/(EA)$，并定义 $s_z = 0.75QL/(EA)$，称作中性线。

2. 理论公式推导

将 s_c、s_d 的表达式代入公式（3.6.2）和公式（3.6.3）中，整理可得到特征线参量法确定桩的承载性状的理论公式。

$$\frac{Q_p}{Q_u} = \frac{2AE}{Q_u L} \times s_0 - 1 = \frac{2AE}{Q_u L}\left(s_0 - \frac{Q_u L}{2AE}\right) = \frac{s_0 - \dfrac{Q_u L}{2AE}}{\dfrac{Q_u L}{AE} - \dfrac{Q_u L}{2AE}} = \frac{s_0 - s_c}{s_d - s_c} \qquad (3.6.7)$$

同理可得：

$$\frac{Q_s}{Q_u} = 2 - \frac{2AE}{Q_u L} \times s_0 = \frac{2AE}{Q_u L}\left(\frac{Q_u L}{AE} - s_0\right) = \frac{\dfrac{Q_u L}{AE} - s_0}{\dfrac{Q_u L}{AE} - \dfrac{Q_u L}{2AE}} = \frac{s_d - s_0}{s_d - s_c} \qquad (3.6.8)$$

通过整理，上述两式可变形为如下等效公式：

$$\frac{Q_p}{Q_u} = \frac{s_0}{s_c} - 1 \qquad (3.6.9)$$

$$\frac{Q_s}{Q_u} = \frac{s_d - s_0}{s_c} \qquad (3.6.10)$$

研究表明，不仅对于极限荷载 Q_u 作用下，对于任意荷载 Q_i 作用下，桩身压缩量 s_0 线与三条特征线的相对位置，决定了该荷载作用下基桩的承载性状，因此以下公式中用 Q 代替 Q_u。

3. 特征线的绘制

根据特征线的定义，s_c、s_d、s_z 三条特征线均是以 Q 为自变量的一次函数，其斜率分别为：$L/(2EA)$，$L/(EA)$，$0.75L/(EA)$。据此，可在 Q-s 曲线图上绘制出特征线。

对于任意一根基桩，其对应于某级荷载时决定基桩承载性状的桩身压缩量 s_0 线必定落于 s_c 之上（属界限型）或位于 s_c 与 s_d 之间（属过渡型）。

4. Q-s 曲线上 s_0 线的识别

桩身混凝土材料的弹性模量是近似恒定的，即在应力应变关系图上，应该为一近似的直线，直线的斜率即桩身弹性模量 E。但静载荷试验观测到的沉降是桩顶沉降 s，由桩身压缩量 s_0 和桩端沉降量 s_b 构成。如果不考虑桩端沉降 s_b（即荷载尚未传至桩端），s（与 s_0 相等）与 Q 的关系为：

$$s = s_0 = \frac{L_i}{2AE} \times Q \tag{3.6.11}$$

在荷载传递到桩端以前,式中,L_i 为计算桩长,是个变值,并小于桩长 L。由此可知,当荷载还没有传递到桩端时,Q 与 s 不一定是绝对的线性关系。

荷载传递到桩端时,桩顶沉降可由以下公式表示:

$$s_i = s_0 + s_b = \frac{L}{2AE}(Q_i + Q_p) + s_b \tag{3.6.12}$$

静载荷试验的起始阶段,Q_p、s_b 值近似为 0,在 Q-s 曲线上表现为与侧阻线斜率接近的一段直线或表现为跨越该斜率的两段直线的折点,与侧阻线 s_c 平行的直线起点或折点对应的该级荷载 Q_i 定义为桩端阻力发挥作用的启动荷载。将启动荷载之后的直线段延长,可近似得到桩身压缩量 s_0 线。

若 s_0-Q 线在侧阻线 s_c 之上,属界限型摩擦桩。若 s_0-Q 线位于侧阻线 s_c 和中性线 s_z 之间,属过渡型的端承摩擦桩,据公式(3.6.8)推导可得桩侧摩阻力占承载力的具体比值:

$$\frac{Q_s}{Q_u} = \frac{s_d - s_0}{s_d - s_c} \times 100\% $$

若 s_0-Q 线位于端阻线 s_d 和中性线 s_z 之间,属过渡型的摩擦端承桩,据公式(3.6.7)推导可得端阻力占承载力的具体比值。若某荷载 Q_i 时,s_0-Q 线交于端承线 s_d,基桩属于界限型端承桩,显然这种类型几乎不可能出现,因为桩侧摩阻力通常不可能为 0。

6.4　工程实例分析

6.4.1　过渡型基桩

某地铁站试验桩设计桩长 26m、桩径 1800mm,桩身混凝土强度等级为 C30,混凝土弹性模量 $E=3\times10^4$MPa。S2 号试验桩的竖向抗压静载荷试验 Q-s 曲线如图 3.6.2 所示,并在 Q-s 曲线图上绘制了侧阻线 s_c、端阻线 s_d 及中性线 s_z 三条特征线。根据 Q-s 曲线的变化形态,曲线无明显与侧阻线 s_c 的近似平行段,将第一级荷载及相应的桩顶沉降量($Q_1 = 5496$kN,$s_1 = 1.79$mm)代入公式(3.6.4)中,估算荷载作用的深度:

$$L_1 = 2EA\frac{s_1}{Q_1} = 2 \times 30000000 \times \frac{\pi \times 1.8^2}{4} \times \frac{1.79 \times 0.001}{5496} = 49.7\text{m}$$

L_1 远大于桩长 26m,显然不属于界限型摩擦桩。同理,根据公式(3.6.5)计算的 L_1 也不符合界限型端承桩的特征,初判该桩为过渡型桩,由于第一级荷载已经大于桩端阻力的启动荷载,故用 Q-s 曲线的直线段近似作 s_0 线,人工延长该直线,称为几何作图法求 s_0 线,也可按照 $s_0 = kQ + a$ 的形式采用拟合法求得其线性表达式。

根据 s_0 线与三条特征线之间的相对位置,对基桩的承载性状进行定性分析。当 s_0 线在中性线 s_z 和摩阻线 s_c 之间穿过,属于摩擦型桩;在中性线 s_z 和端阻线 s_d 之间穿过,则属于端承型桩。由图 3.6.2 分析可知,该桩属于摩擦型桩。

按照几何作图法,对基桩的承载性状进行定量分析。量取 Q_u 时 s_d 线与 s_c 线的间距 s_{dc},量取 s_0 线与 s_d 线的间距 s_{od},桩侧摩阻力和桩端阻力占极限承载力的比例由几何法可求得:

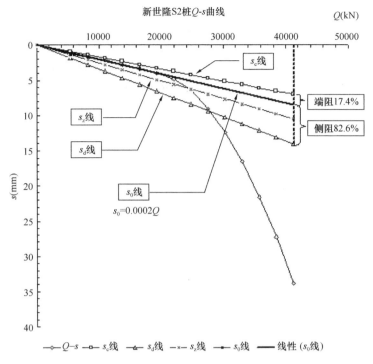

图 3.6.2　S2 桩承载性状分析

桩侧摩阻力占极限承载力比例：$\dfrac{Q_s}{Q_u} = \dfrac{s_{0d}}{s_{dc}} \times 100\% = 82.6\%$

桩端阻力占极限承载力比例：$\dfrac{Q_p}{Q_u} = 1 - \dfrac{Q_s}{Q_u} = 17.4\%$

采用拟合法求 s_0 线，对基桩的承载性状进行定量分析。选取启动荷载以后线性段作线性拟合，本项目实例线性拟合得 $s_0 = 0.0002Q$，代入公式（3.6.8），求得桩侧摩阻力和桩端阻力占极限承载力的比例。

桩侧摩阻力占极限承载力比例：$\dfrac{Q_s}{Q_u} = \dfrac{s_d - s_0}{s_d - s_c} \times 100\% = 82.6\%$

桩端阻力占极限承载力比例：$\dfrac{Q_p}{Q_u} = 1 - \dfrac{Q_s}{Q_u} = 17.4\%$

根据上述基桩承载性状的定性和定量分析结果，该工程实例基桩应为端承摩擦桩。该工程单桩竖向抗压静载荷试验时，桩身埋设了钢筋应力计，桩身应力观测的结果：桩端阻力占比 16.6%，桩侧摩阻力占比 83.4%，与上述特征线参量法分析结果基本一致。

6.4.2　界限型摩擦桩

某机场航管楼试验桩桩长 26.5m、桩径 800mm，桩身混凝土强度等级为 C45，$E = 3.35 \times 10^4$ MPa。3 号试验桩的竖向抗压静载荷试验 Q-s 曲线如图 3.6.3 所示，最大加载量 12000kN，对应沉降 8.95mm，代入公式（3.6.4）中，估算荷载作用的深度：

$$L_1 = 2EA\frac{s_1}{Q_1} = 2 \times 33500000 \times \frac{\pi \times 0.8^2}{4} \times \frac{8.95 \times 0.001}{12000} = 25.1\text{m}$$

L_1 小于桩长 26.5m，表明最后一级荷载作用下该桩仍符合界限型摩擦桩的承载特性，即 $Q_s/Q_u \times 100\% \approx 100\%$。该工程单桩竖向抗压静载荷试验时，桩身埋设了钢筋应力计，桩身应力观测的结果：$Q_s/Q_u \times 100\% = 95\%$，与特征线参量法判断结果基本一致。

根据公式（3.6.6）的计算结果，绘制了桩侧平均侧摩阻力 f 随荷载 Q 的变化曲线，如图 3.6.4 所示。由图可知，随荷载 Q 的增大，桩侧平均侧摩阻力 f 单调增大，当荷载 Q 增大至 12000kN 时，桩侧平均侧摩阻力 f 接近极值点，表明该工程基桩的类型为界限型摩擦桩。

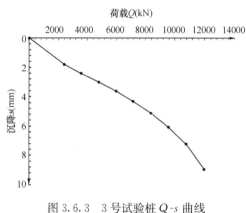

图 3.6.3　3 号试验桩 Q-s 曲线

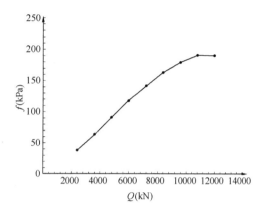

图 3.6.4　3 号试验桩 Q-f 曲线

第7章 桩身压缩量应用研究

7.1 研究的意义及现状

7.1.1 桩身压缩量研究的意义

近年来，基桩在高层建筑、大跨度桥梁、重要的工业建筑等领域应用很广泛。基桩在实际工程中的应用主要体现在其能够提供大的荷载支撑并产生较小的变形，以及沉降相对稳定等特性。基桩能够提供大的支撑荷载和小变形是基于桩身有高于桩周土达千倍的弹性模量差异，如此在桩顶荷载作用下桩土之间的协调变形将转化为桩身应力向更深的地层传递，桩身及深部地层的低压缩性决定了采用基桩可减小建筑物的沉降，这也是基桩被广泛应用于沉降敏感性建筑的主要原因。

事实上，桩土之间的协调变形是以通常所说的桩侧摩阻力和桩端阻力来体现的，人们更喜欢用桩顶荷载和桩身阻力来考察基桩的工作性状，这是传统观念束缚的结果。毕竟，知道桩顶能承受多少荷载似乎已经万事大吉，无须再深究其瑕。在这种观念作用下，众多的试验桩项目花了很大的代价，获得的只有桩的承载力，即使提供了桩身阻力也并清楚该阻力的实际发挥程度，但是有些观点对实测摩阻力仍产生了质疑：为什么实测分层侧摩阻力与勘察资料提供的差异很大？更有甚者，有多年从事基桩工程实践经验的同志对桩顶沉降也想当然地认为就是桩顶周围土的沉降，这是多年来形成的对于基桩重荷载研究而轻变形研究的结果。

随着科技的进步和发展，越来越多的学者开始重视桩土协调作用的研究，桩的工作效率以及经济性已经开始成为试验桩要解决的重要课题，而解决这些问题，一个重要的基桩工作参数——桩身压缩量成为分析研究的重要工具。在弹性力学领域，力和变形是共生的，变形是力作用的结果。对于桩，在工作荷载下其本身材料特性近似弹性，桩顶荷载首先转化为桩身变形，桩身变形引起桩土之间相对位移，该位移又形成土对桩身的摩阻力，因此桩周摩阻力产生的原因之一是桩身的压缩变形，而桩端的大沉降则导致了侧摩阻力的降低。因此研究桩身压缩变形是考察桩身摩阻力变化特征的重要手段，这较仅考察桩的受力特征来计算桩身摩阻力前进了一大步，其工程意义是巨大的。

7.1.2 桩身压缩量研究的现状

对于桩基础的认识经历了从理论到实践再到提高理论认识的过程，很久以来对桩的理论计算以及试验多局限于桩端（桩顶、桩底）工作状态的演算和验证，积累的经验更多地用于完善计算手段。近年来许多学者已经开始进行更深入地研究，以求取得对基桩工作机理的突破性认识，其中基桩的压缩量研究成为其中的一个热门，国内大专院校以及更多的生产单位均开展了这方面的研究和实践，许多有意义的探索使桩身压缩量研究更加深入，目前国内已公布的有代表性的研究成果如下。

任光勇等[2]开展的桩身混凝土在竖向荷载作用下的压缩量试验研究，揭示了不同规格桩在不同荷载水平下的桩身混凝土压缩量和弹塑性变化规律，并分析了桩身压缩量的影响因素。根据 Chen 和 Song（1991）桩身弹性压缩计算方法，该文献对压缩量的计算采用了估算的方法，计算过程中用到综合系数 $\xi = [1 + \alpha(1 - \lambda)]$，在不考虑桩身施工质量因素影响的前提下，计算结果与实际观测值相当。杨龙才等[3]采用实测轴力计算桩身压缩量，并根据试验条件对比了轴力法计算成果与采用综合系数法估算的压缩量结果的差异。陈竹昌等[4]研究了摩阻和端阻影响下桩身压缩量的变化规律，对于规范提供的桩身压缩量计算方法进行了改进。浙江大学辛公锋[5]通过桩身压缩量计算验证了桩身侧阻软化现象的存在，并给出了侧阻软化分析的理论模型和解析解。

上述成果主要集中在桩身压缩量计算原理及合理性的探讨上，缺少对桩身压缩量进行实际工程应用的系统研究。众多的试验桩成果表明，目前桩身应力成果受规范限制，只提供桩身摩阻力计算方法，而该计算方法对于分析桩侧摩阻力的发挥程度是模糊的，甚至是错误的，这是把桩身摩阻力发挥进程等量化（或者过分理想化）的结果，因此工程实践也迫切要求有系统的桩身压缩量分析方法来填充应用上的空白。基于已有学术成果，作者将近年多项工程的实践成果汇总整理并进行创新，使桩身压缩量成为解决工程问题的重要手段。

7.2 桩身弹性压缩量的计算原理及方法

7.2.1 桩身轴力分布形态估算法

现行的铁路、公路及工民建的相关基桩设计和施工规程通常采用轴力形态估算法计算桩身压缩量，之所以叫轴力形态估算法，是因为这种估算方法是假定桩顶在竖向荷载作用下，桩身轴力按照一定的形态分布，如三角形形态、倒梯形形态等，这事实上是对实际桩身轴力形态的简化处理。严格讲，此法计算得到的桩身压缩量通常并非精确结果。具体计算原理如下。

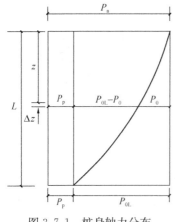

图 3.7.1　桩身轴力分布

桩顶沉降量 s_0 由桩侧摩阻力引起的桩身压缩量 s_{0s} 和桩端阻力引起的桩端沉降量 s_{0p} 组成，三者关系如下：

$$s_0 = s_{0s} + s_{0p} \tag{3.7.1}$$

如图 3.7.1 所示，在桩顶荷载 Q 作用下有如下关系式：

$$Q = Q_s + Q_p \tag{3.7.2}$$

假定桩身为线弹性杆件，对 Δz 段微元进行受力分析得出下面两个计算式：

$$\Delta s_{0p} = \frac{Q_p \Delta z}{EA} \tag{3.7.3}$$

$$\Delta s_{0s} = \frac{(Q_s - Q_i)\Delta z}{EA} \tag{3.7.4}$$

则 s_{0s} 和 s_{0p} 可分别表示为：

$$s_{0s} = \frac{1}{EA} \int_0^L (Q_s - Q_i) \mathrm{d}z = \frac{Q_s}{EA} \int_0^L \left(1 - \frac{Q_i}{Q_s}\right) \mathrm{d}z = \lambda \frac{Q_s L}{EA} \tag{3.7.5}$$

$$s_{0p} = Q_p L / EA \tag{3.7.6}$$

式中：λ——桩侧摩阻力分布系数，当摩阻力随深度为三角形、倒三角形和矩形分布时，λ 值分别为 2/3、1/3 和 1/2。

$$\lambda = \frac{1}{L} \int_0^L \left(1 - \frac{Q_i}{Q_s}\right) \mathrm{d}z \tag{3.7.7}$$

式中：Q——桩顶荷载；

$\quad Q_p$——桩端总荷载；

$\quad Q_i$——地表至深度 z 范围内的桩侧摩阻力之和；

$\quad Q_s$——桩长 L 范围内的总桩侧摩阻力；

$\quad L$——桩长或桩入土深度；

$\quad E$——桩材料的弹性模量；

$\quad A$——桩的横截面积。

令桩端阻力 Q_p 与桩顶荷载 Q 的比值为 α；桩侧摩阻力 Q_s 与桩顶荷载 Q 的比值为 β，且 $\alpha + \beta = 1$，则有：

$$\alpha = Q_p / Q, \beta = Q_s / Q \tag{3.7.8}$$

代入 s_0 关系式，即：

$$s_0 = \lambda \frac{Q_s L}{EA} + \frac{Q_p L}{EA} \tag{3.7.9}$$

则有：

$$s_0 = (\alpha + \beta\lambda)\frac{QL}{EA} = [\lambda + \alpha(1-\lambda)]QL/EA \tag{3.7.10}$$

令：$\xi = \lambda + \alpha(1-\lambda)$，则桩身压缩量就可以用下式表示：

$$s_0 = \xi QL / EA \tag{3.7.11}$$

式中：ξ——综合系数；其他符号意义同前。

对于 ξ 的取值有较大的分歧，有的方法因无法估计工作荷载时桩端阻力的大小而忽略了桩端阻力的影响，有的方法按桩端持力层性质进行修正，而对于多数实际应用仍倾向于取固定的 ξ 值。

不同规范、规程引用的桩身压缩量计算式与公式（3.7.11）大体相同，综合系数 ξ 的取定需要结合桩的类型，其中桩身轴力形态决定了 λ 的取值大小，而对公式（3.7.7）的满足程度直接影响了计算结果的准确性，因此该计算方法受人为因素影响较大。但利用应力形态估算法可对既有长桩 Q-s 曲线进行桩侧摩阻力分析，其工程意义较之估算基桩沉降更明显，分析原理和过程如下。

实践表明，对于长径比较大的基桩（例如 $L/d \geqslant 30$），桩的承载力性状往往表现为纯摩擦桩，极限承载力时伴随桩端大的沉降，桩端阻力通常很小，桩侧摩阻力甚至占到总荷载的 90% 以上。对于这种摩擦桩，在出现极限承载力状态前，桩顶沉降基本由桩身压缩量控制，桩身轴力形态近似于倒三角形分布，公式（3.7.11）中 ξ 近似为 0.5，因此可采用此式分析桩身摩阻力分布。

将公式（3.7.11）整理，可得到对应于 Q_i 的荷载作用深度 L_i，即在施加另一荷载 Q_{i+1} 时，桩身总摩阻力增加量：

$$\Delta Q_i = Q_{i+1} - Q_i \tag{3.7.12}$$

$$L_i = 2EA \frac{s_i}{Q_i} \tag{3.7.13}$$

新增荷载作用下产生的深度增量为 $L_{i+1} - L_i$，对应的面积为 $\Delta B_i = \pi d(L_{i+1} - L_i)$，新增荷载主要由该深度增量范围内桩体以摩阻力的形式承担，区别于实际的桩身摩阻力，将该方法计算的桩身摩阻力称为视摩阻力，即：

$$f_i = \frac{\Delta Q_i}{\Delta B_i} = \frac{Q_{i+1} - Q_i}{\pi d(L_{i+1} - L_i)} \tag{3.7.14}$$

将公式（3.7.13）代入公式（3.7.14），得：

$$f_i = \frac{1}{2\pi dEA} \times \frac{Q_{i+1} - Q_i}{\dfrac{s_{i+1}}{Q_{i+1}} - \dfrac{s_i}{Q_i}} \tag{3.7.15}$$

式中：d ——桩直径（m）；其余符号意义同前。

定义 s_i/Q_i 为荷沉比，当荷载增量为定值时，显然 f_i 与荷沉比的变化量成反比。当荷载传递到桩端时，不再有新增摩阻力加入，因此 f_i 会急剧下降，反应在荷沉比变化上其增量将陡增。可根据该特征判断桩顶荷载何时传递到桩端。

在进行实际应用时，公式（3.7.15）中尚有一未知数 E，为了确定 E，可利用荷沉比增量变化曲线确定桩顶荷载的作用深度为 L（桩长）时的桩顶荷载 Q 及沉降 s，则：

$$E = \frac{1}{2} \frac{QL}{As} \tag{3.7.16}$$

根据公式（3.7.12）～公式（3.7.15）可实现桩身视摩阻力的分布计算，进而分析桩周地层摩阻力分布。

7.2.2　桩身轴力形态实测计算法

桩身轴力形态估算法受人为因素影响较大，限制了桩身压缩量的工程应用。而采用轴力形态实测法则可以避免计算过程的随意性，为桩身压缩量的工程应用奠定了基础，以下是按桩身轴力形态实测法计算桩身压缩量的计算过程推导。

把桩简化为线弹性变形体，则桩顶施加轴向荷载时，桩顶沉降量 s 由两部分组成，即桩端沉降量 s_b 和桩身压缩量 s_0，而 s_0 可用胡克定律表示为轴力的函数，推导过程如下：

规定桩端为 Z 坐标 0 点，向上为正，在桩身任取一小段 dz，假设作用在其上的平均轴向力为 T_z，产生的轴向变形为 ds，根据胡克定律得到：

$$T_z = AE \frac{ds}{dz} \tag{3.7.17}$$

移项变换后得到：

$$ds = \frac{T_z}{AE} dz \tag{3.7.18}$$

两边积分得：

$$s_0 = \int_0^L ds = \int_0^L \frac{T_z}{AE} dz \tag{3.7.19}$$

则桩顶总沉降量 s 为：

$$s = s_b + s_0 = s_b + \int_0^L \frac{T_z}{AE} dz \qquad (3.7.20)$$

式中：s_b ——桩底沉降量（mm）；

$\quad s_0$ ——桩身压缩量（mm）；

$\quad A$ ——计算截面的面积（m^2）；

$\quad E$ ——计算截面的弹性模量（kPa）；

$\quad T_z$ ——计算截面的轴力（kN）；

$\quad L$ ——桩长（m）。

根据轴力观测数据可计算桩身总的压缩量 s_0，其方法为通过计算某一截面上下两段的压缩量求和获得，该截面以下的桩身压缩沉降为自桩端到该截面的算术累加，该累加值记为该截面的桩身压缩沉降；而该截面以上的桩身压缩为该截面至桩顶的压缩量累加，其累加值与该截面以下的累加值之和记为桩顶的桩身压缩值。主要计算过程如下列公式：

$$\begin{cases} s_0 = s_{0,h} + s_{h,L} \\ s_{0,h} = \int_h^L \frac{T_z}{AE} dz \\ s_{h,L} = \int_0^h \frac{T_z}{AE} dz \end{cases} \qquad (3.7.21)$$

式中：$s_{0,h}$ ——为桩顶到计算深度 h 的桩身压缩量；

$\quad s_{h,L}$ ——为计算深度 h 到桩端的桩身压缩量，据此可计算桩身压缩量分布曲线；其他符号意义同前。

显然公式（3.7.21）中，桩身轴力 T_z 的分布及形态决定了桩身压缩量的大小，加载过程中通过实测 T_z 的分布，即可获得桩身的压缩量分布及桩身的总压缩。该方法建立在试验数据基础上，因此避免了估计桩身轴力形态的随意性，从而提高了桩身压缩量的计算精度，为桩身压缩量的工程应用创造了条件。

7.2.3 基于土的弹性-塑性模型的桩身压缩量解析解

以上对于如何应用桩身应力观测数据实现桩身压缩量计算进行了探讨，这对于全面认识桩身压缩量仍显不足，为此本节从引起桩身压缩量变化的另一主要外因——桩周土的特性出发，推导简单条件下的桩身压缩量解析解，并对关键结论进行分析讨论。

根据力的平衡关系，桩顶荷载与桩身任意截面的轴力的关系可表示为：

$$T_z = Q_i - \int_0^z uf dz \qquad (3.7.22)$$

式中：T_z ——距离桩顶 z 深度时桩的轴力（kN）；

$\quad Q_i$ ——桩顶荷载（kN）；

$\quad u$ ——桩的截面周长（m）；

$\quad f$ ——桩身侧摩阻力（kPa）。

将 T_z 对深度 z 求一阶导数得到：

$$\frac{dT_z}{dz} = -uf \qquad (3.7.23)$$

移项变形后得到：

$$f = -\frac{1}{u}\frac{\mathrm{d}T_z}{\mathrm{d}z} \tag{3.7.24}$$

同样在桩身线弹性假定的条件下，桩身一微元 $\mathrm{d}z$ 的轴向压缩 $\mathrm{d}s$ 符合胡克定律即：

$$\frac{\mathrm{d}s}{\mathrm{d}z} = -\frac{T_z}{AE} \tag{3.7.25}$$

因此

$$T_z = -AE\frac{\mathrm{d}s}{\mathrm{d}z} \tag{3.7.26}$$

联立公式（3.7.24）与公式（3.7.26），得：

$$f = \frac{AE}{u}\frac{\mathrm{d}^2 s}{\mathrm{d}z^2} \tag{3.7.27}$$

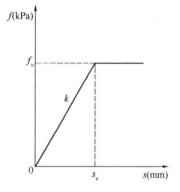

图 3.7.2　桩身轴力分布

设桩周土层为均质、弹性－塑性变化特征，如图 3.7.2 所示，其数学描述为：

$$\begin{cases} f = ks, & s \leqslant s_u \\ f = f_u, & s > s_u \end{cases} \tag{3.7.28}$$

当 $s \leqslant s_u$ 时，公式（3.7.27）变为：

$$\frac{AE}{u}\frac{\mathrm{d}^2 s}{\mathrm{d}z^2} - ks = 0 \tag{3.7.29}$$

求解分别得到 s、T_z 的通解为：

$$\text{通解(1)}\begin{cases} s = c_1\,\mathrm{e}^{\lambda z} + c_2\,\mathrm{e}^{-\lambda z} \\ T_z = -\lambda AE(c_1\,\mathrm{e}^{\lambda z} - c_2\,\mathrm{e}^{-\lambda z}) \end{cases} \tag{3.7.30}$$

式中：$\lambda = \sqrt{\dfrac{ku}{EA}}$。

根据桩顶边界条件：$s_{z=0} = s_i$，$T_{z=0} = Q_i$。

代入公式（3.7.30）得到：

$$\begin{cases} s_i = c_1 + c_2 \\ Q_i = -\lambda AE(c_1 - c_2) \end{cases} \tag{3.7.31}$$

求解方程组得到：

$$\begin{cases} c_1 = \dfrac{1}{2}\left(s_i - \dfrac{Q_i}{\lambda AE}\right) \\ c_2 = \dfrac{1}{2}\left(s_i + \dfrac{Q_i}{\lambda AE}\right) \end{cases} \tag{3.7.32}$$

代入 s、T_z 通解表达式并化简得到：

$$\text{特解(1)}\begin{cases} s = \dfrac{1}{2}\left(s_i - \dfrac{Q_i}{\lambda AE}\right)\mathrm{e}^{\lambda z} + \dfrac{1}{2}\left(s_i + \dfrac{Q_i}{\lambda AE}\right)\mathrm{e}^{-\lambda z} \\ T_z = -\dfrac{\lambda AE}{2}\left[\left(s_i - \dfrac{Q_i}{\lambda AE}\right)\mathrm{e}^{\lambda z} - \left(s_i + \dfrac{Q_i}{\lambda AE}\right)\mathrm{e}^{-\lambda z}\right] \end{cases} \tag{3.7.33}$$

式中：s_i——桩顶总沉降量；

　　　Q_i——桩顶总荷载；

　　　E——桩身等效弹性模量；

A——桩身截面面积；

z——自桩顶起算的深度（假定桩顶与地平）；

k，f_u，s_u——侧阻弹性-塑性模型参数。

同理对于 $s > s_u$ 的情形，可得到通解：

$$通解(2)\begin{cases} s = \dfrac{u}{AE}\left(\dfrac{1}{2}f_u z^2 + c_1 z + c_2\right) \\ T_z = -u(f_u z + c_1) \end{cases} \quad (3.7.34)$$

根据桩顶边界条件：$s_{z=0} = s_i$、$T_{z=0} = Q_i$，解出常数 c_1、c_2。

$$\begin{cases} c_1 = -\dfrac{1}{u}Q_i \\ c_2 = \dfrac{AE}{u}s_i \end{cases} \quad (3.7.35)$$

代入通解表达式并简化：

$$特解(2)\begin{cases} s = \dfrac{u}{2AE}f_u z^2 - \dfrac{Q_i}{AE}z + s_i \\ T_z = Q_i - u f_u z \end{cases} \quad (3.7.36)$$

至此得到桩身侧摩阻力为弹性-塑性变化时以桩顶边界条件确定的两组解，显然根据桩顶边界条件，桩顶 Q-s 数据已知，所求的是桩身任意截面的轴力和沉降，为了直接根据桩周地层特性得到桩顶 Q-s 数据的关键特征，需要对桩端边界条件求解。以下讨论两种情况：一种是桩端轴力和沉降量均为零的情形；另一种是假定桩端持力层符合弹性-塑性变形特征（其他情形可类似推导）。

首先考察一下桩端轴力和沉降都为零时的边界条件，看其是否存在特解。即对于 $s_{z=L} = 0$，$T_{z=L} = 0$，分别求弹性和塑性变形情况下的特解，显然该条件对于通解（1）来说，即当桩端轴力和位移全为零时，让全桩长范围土层处于弹性状态时不存在特解（$c_1 = 0$，$c_2 = 0$），而对于通解（2）存在特解，该解为：

$$特解(3)\begin{cases} s = \dfrac{u f_u}{2AE}(z-L)^2 \\ T_z = u f_u(L-z) \end{cases} \quad (3.7.37)$$

即当桩侧全部土层达到塑性状态时，存在桩底轴力和压缩量为零的特解，令该解同时满足按桩顶荷载和沉降边界条件所确定的特解（2）则得到：

$$特解(4)\begin{cases} s_i = \dfrac{u f_u}{2AE}L^2 \\ Q_i = u f_u L \end{cases} \quad (3.7.38)$$

此即为桩身纯压缩状态下，桩侧极限摩阻力和桩顶沉降量的计算公式。

对比一下特解（4）与前述公式（3.7.11）提供的桩身压缩量公式，显然有：$\xi = 0.5$。

现在考察桩端为弹性-塑性土层提供反力的情形（即桩端位移或反力不为零的情形）。

$$\begin{cases} q_p = k_p \times s_L, & 0 < s_L \leqslant s_{pu} \\ q_p = q_u, & s_L > s_{pu} \end{cases} \quad (3.7.39)$$

对此边界条件分别求通解（1）、通解（2）的特解。

桩侧土全弹性时：

$$\text{特解(5)} \begin{cases} s = \dfrac{q_{\mathrm{p}}}{2}\left[\left(\dfrac{1}{k_{\mathrm{p}}}-\dfrac{1}{\lambda E}\right)e^{\lambda(z-L)}+\left(\dfrac{1}{k_{\mathrm{p}}}+\dfrac{1}{\lambda E}\right)e^{\lambda(L-z)}\right] \\[3mm] T_z = \dfrac{\lambda A E q_{\mathrm{p}}}{2}\left[\left(\dfrac{1}{k_{\mathrm{p}}}+\dfrac{1}{\lambda E}\right)e^{\lambda(L-z)}-\left(\dfrac{1}{k_{\mathrm{p}}}-\dfrac{1}{\lambda E}\right)e^{\lambda(z-L)}\right] \end{cases} \tag{3.7.40}$$

桩侧土全塑性时:

$$\text{特解(6)} \begin{cases} s = \dfrac{u}{AE}\left\{\left[\dfrac{1}{2}f_{\mathrm{u}}(z^2+L^2)+\dfrac{q_{\mathrm{p}}}{u}(L-z)-f_{\mathrm{u}}Lz\right]+\dfrac{q_{\mathrm{p}}}{k_{\mathrm{p}}}\right\} \\[3mm] T_z = -uf_{\mathrm{u}}z+q_{\mathrm{p}}+uf_{\mathrm{u}}L \end{cases} \tag{3.7.41}$$

将桩顶、桩端边界条件获得的解联立,分别得到桩侧土全弹性和全塑性情况下桩顶的 Q_i、s_i 解。

桩侧土全弹性时:

$$\text{特解(7)} \begin{cases} s_i = \dfrac{Q_{si}L}{2AE}+\left(\dfrac{k_{\mathrm{p}}L}{AE}+1\right)s_{\mathrm{L}} \\[3mm] Q_i = \dfrac{\lambda A E k_{\mathrm{p}}}{2}\left[\left(\dfrac{1}{k_{\mathrm{p}}}+\dfrac{1}{\lambda E}\right)e^{\lambda \mathrm{L}}-\left(\dfrac{1}{k_{\mathrm{p}}}-\dfrac{1}{\lambda E}\right)e^{-\lambda \mathrm{L}}\right]s_{\mathrm{L}} \end{cases} \tag{3.7.42}$$

桩侧土全塑性时:

$$\text{特解(8)} \begin{cases} s_i = \dfrac{Q_{si}L}{2AE}+\left(\dfrac{k_{\mathrm{p}}L}{AE}+1\right)s_{\mathrm{L}} \\[3mm] Q_i = q_{\mathrm{u}}+Q_{si} \end{cases} \tag{3.7.43}$$

特解中 $Q_{si}=uf_{\mathrm{u}}L$ 为与荷载 Q_i 对应的极限侧摩阻力。

根据特解(7),桩侧土全弹性时,桩顶沉降由桩身压缩部分(即摩阻力产生的桩身压缩 $\dfrac{Q_{si}L}{2AE}$、端阻力产生的桩身压缩 $\dfrac{q_{\mathrm{p}}L}{AE}$)和桩端沉降 $\dfrac{q_{\mathrm{p}}}{k_{\mathrm{p}}}$ 共同组成,且随桩底沉降的增加而增加;而桩顶承载力则由桩侧土因子 λ 和桩端土因子 k_{p} 共同决定且与桩底沉降成正比,说明当桩侧土未发挥到极限状态时,单桩承载力由桩侧土和桩端土共同承担且随桩底沉降单调增加,桩顶沉降的变化主要由桩底沉降决定。

根据特解(8)沉降的变化规律与特解(7)相同,但桩顶承载力取决于桩侧阻力和桩端极限阻力,与桩顶沉降不再有关系,这与极限承载力时,桩顶荷载不再变化的弹塑性假定是相符的,也是实体桩静载试验桩顶荷载达到极限承载力时,荷载因桩顶沉降持续增加而难以稳定的客观事实的很好印证。

以上探讨了在均质土层中根据桩侧、桩端土弹性-塑性模型导出的理论解。实际的桩周土层为层状非均质,为实现上述解析解的应用,可对实际土层分层简化为弹性-塑性模型,然后采用迭代法实现分层计算。计算思路为:根据均质土层公式计算表层土的层底桩身轴力和压缩量,以此作为下层土的计算输入,然后计算第2层土的桩身轴力,按顺序计算直至桩底。

7.2.4 桩身压缩量可解决的工程问题

相对于桩身承载力和桩周阻力而言,桩身压缩量是力产生的结果,而对于工程应用而言,研究力作用的效果必须研究力作用下桩的变形特征。桩顶荷载作用下桩身变形受摩阻力影响存在不平衡性,通过简单的模型假定无法准确模拟桩身压缩量分布,因此比较确切的方法是实际测试桩身各部位的应力或者应变来获取各考察断面的实际压缩量。运用桩身压缩量可进行如下分析：

（1）计算桩端沉降量：由桩顶沉降量和桩身总压缩量换算而得，即：$s_b = s - s_0$。

（2）分析桩端持力层承载力发挥程度：根据桩端阻力（或者桩端轴力）观测结果和桩端沉降量计算结果，可获得桩端持力层的荷载与沉降的变化特征，据此分析持力层承载力发挥程度。

（3）定量分析桩身极限摩阻力：在桩顶荷载作用下达到桩身极限摩阻力时，桩端会出现明显位移，则计算的桩身总压缩量与观测的桩顶沉降会出现明显偏离，据此特征可实现桩身极限摩阻力的定量分析。

（4）桩身任意截面承载力分析：根据实测桩身轴力分布计算获得的桩身压缩量分布使一次桩顶加载可获得桩身任意截面的轴力和沉降数据，等同于在同一场地对不同桩长进行了一次载荷试验，这对于优化设计及降低试验难度意义重大。

（5）基于轴力形态估算的桩身摩阻力分析：对于长径比较大的基桩（例如 $L/d \geqslant 30$），桩的承载力性状往往表现为纯摩擦桩，极限承载力时伴随桩端大的沉降，桩端阻力通常很小。对于这种摩擦桩，桩身轴力形态近似于倒三角形分布，公式（3.7.11）中 ξ 近似为 0.5，可采用此式定性分析桩身摩阻力分布。

（6）桩身摩阻力发挥程度分析：桩周土对桩身产生摩擦力是桩土协同变形的结果，桩身侧摩阻力的发挥取决于桩土之间相对位移的大小，这一相对位移即桩身压缩量。不同的土质极限侧摩阻力发挥需要的桩土相对位移不同，一般认为介于 2~10mm（淤泥 2~5mm，黏土 5~6 mm，粉土 6~10mm），当桩土之间相对位移随着荷载进一步加大时，桩土之间产生滑移，桩周土提供的摩擦力不再增加甚至将有所降低，即桩身侧阻的发挥随着压缩量的增加出现"软化"现象，产生软化现象时对应的摩阻力为该观测位置的极限侧摩阻力，对应于极限摩阻力的桩身位移为该观测位置的弹性极限位移。对于不同的土层而言，其侧阻软化特征是不同的，实测不同土层的侧阻软化特征可构造出更加准确的侧阻软化模型，进而实现桩身承载力的准确设计计算，这较目前规范通用的分层总合法计算基桩沉降更加科学、有效。

7.3　桩身侧摩阻力和桩身压缩量解释原理的对比

为了阐明桩身压缩量计算方法和现在通用的桩身侧摩阻力计算方法上的差异，作者从原理和方法上进行系统对比，找出二者的共同点和不同，以期产生认识上的统一。

7.3.1　桩身侧摩阻力的观测和解释原理

根据上文推导结果，桩身轴力和桩身摩阻力的理论关系式为：

$$f = -\frac{1}{u}\frac{dT_z}{dz} \tag{3.7.44}$$

实测桩身各截面的轴力分布 T_z 后，通过微分运算可得到桩身的摩阻力分布。

现行检测规范对于摩阻力测试采用的是分段平均摩阻力计算法，即桩身测试元件都安装在土层的分层界面上，根据相邻两层测试元件位置的轴力差值，求得对应两层传感器间的桩侧土总阻力值，进而计算单位面积的桩侧土摩阻力值。各土层的桩侧平均摩阻力 f_i

利用下式计算:

$$f_i = (T_{z(i+1)} - T_{z(i)}) / [u(z_{(i)} - z_{(i+1)})] \qquad (3.7.45)$$

式中: $\quad f_i$ ——第 i 层和第 $i+1$ 层测试元件之间桩侧土平均摩阻力(kPa);

$z_{(i)}$、$z_{(i+1)}$ ——自桩端起始编号的桩身深度坐标(m);

$T_{z(i)}$、$T_{z(i+1)}$ ——距离桩顶分别为 $z_{(i)}$、$z_{(i+1)}$ 深度时桩的轴力(kN);

其余符号含义同前。

显然根据此方法计算的桩侧土分布仅仅是一种对公式(3.7.44)的简化(假定计算段桩身轴力按线性分布)和近似,当地层均匀性差或者层厚较大时,采用公式(3.7.45)计算对于公式(3.7.44)的满足程度变差,造成计算误差增大,因此实践中必须考虑对公式(3.7.44)的满足程度,观测截面之间的距离不宜过大,一般不应超过 $5d$(d 为桩径)。

7.3.2 桩身侧摩阻力和桩身压缩量计算方法的异同

(1)相同之处

对比公式(3.7.21)和公式(3.7.24)可见,两次计算所需要的输入参数是完全相同的,即均需通过测得的钢筋应力转化成桩身轴力,来实现进一步的计算,因此计算桩身压缩量并不需要测试过程的额外投入。

(2)不同之处

两个参数计算过程是不同的,即桩身侧摩阻力计算运用的是微分运算,桩身压缩量计算是积分运算。因此两次计算的输入是相同的,而输出则是截然不同的两个成果,其中摩阻力计算成果是大家共知的,不再赘述,而桩身压缩量计算成果的应用国内尚鲜见报道。

7.4 桩身压缩量的实际计算和分析方法

7.4.1 桩身压缩量的实际计算

桩身压缩量的计算首先需要通过桩身应力测试获得桩身轴力分布,包括钢筋应力转换、混凝土弹性模量标定等过程,计算桩身轴力的原理及过程如下。

(1)计算钢筋应力

以振弦式传感器为例,实际观测值为钢弦的频率 ν,根据钢筋计的出厂标定结果可转换成钢筋力 q,即:

$$q = k(\nu_i^2 - \upsilon_0^2) \qquad (3.7.46)$$

式中:ν_i ——振弦式传感器受力后的读数(Hz);

ν_0 ——振弦式传感器受力前的读数(Hz);

k ——振弦式传感器标定系数(kN/Hz²);

q ——振弦式传感器实测力(kN)。

测试截面的混凝土应变可按下式进行计算:

$$\varepsilon = \frac{q}{A_s E_s} \qquad (3.7.47)$$

式中：ε——应变值；

$\quad A_s$——传感器标称截面面积（m^2）；

$\quad E_s$——传感器标称弹性模量（kPa）；

其余符号含义同前。

（2）标定桩身弹性模量

桩顶施加轴向荷载时，桩体各部位在内力作用下产生压缩，由于桩周摩阻力的作用使桩身内力沿轴向是变化的（通常自上而下逐渐减小），因此相应的压缩变形在轴向也是变化的。混凝土材料受压时，其应力 $\sigma = T_z/A$ 和应变 ε 曲线近似线性，按线性关系标定桩身等效弹性模量 E。

通常标定截面设置在桩顶，桩顶附近的摩阻力可以忽略，根据胡克定律，测点数据按下式拟合计算：

$$\sigma_j = E\varepsilon_{j,z(n)} \tag{3.7.48}$$

式中：$\varepsilon_{j,z(n)}$——j 级荷载对应的标定截面 $z(n)$ 的应变；

$\quad E$——桩身等效弹性模量（kPa）；

$\quad n$——观测截面数，编号自桩端开始递增；

其余符号含义同前。

桩身等效弹性模量按下式计算：

$$E = \frac{\sum\limits_{j=1}^{N} \varepsilon_{j,z(n)}\,\sigma_j - \sum\limits_{j=1}^{N} \varepsilon_{j,z(n)} \sum\limits_{j=1}^{N} \sigma_j}{\sum\limits_{j=1}^{N} \varepsilon_{j,z(n)}^2 - \left(\sum\limits_{j=1}^{N} \varepsilon_{j,z(n)}\right)^2} \tag{3.7.49}$$

式中：N——荷载分级数；

$\quad j$——荷载分级；

其余符号含义同前。

当标定截面失效时，可依据《混凝土结构设计规范》GB 50010 将混凝土弹性模量设定为定值计算桩身轴力。

（3）根据实测钢筋应变按下式计算桩身轴力：

$$T_{z(i)} = E\varepsilon_i A \tag{3.7.50}$$

式中：$T_{z(i)}$——距离桩顶 $z(i)$ 深度时桩顶荷载作用下桩的轴力（kN）；

$\quad \varepsilon_i$——深度为 $z(i)$ 的应变；

其余符号含义同前。

由桩身轴力计算结果可绘制出轴向应力 T_z 沿桩身分布图，其形式如图 3.7.3 所示。

还有一种标定 K 值的方法，确定

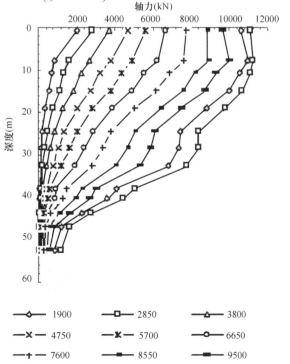

图 3.7.3 S1 号桩分级荷载作用下桩身轴力分布图

桩身轴力，适用于直接测力的方法，在标定截面用下式的线性拟合方式，采用与 E 类似的最小二乘法计算 K 值，再计算桩身各部位的轴力。

$$Q_i = Kq_i \tag{3.7.51}$$

$$K = \frac{N\sum\limits_{i=1}^{N}Q_iq_i - \sum\limits_{i=1}^{N}Q_i\sum\limits_{i=1}^{N}q_i}{N\sum\limits_{i=1}^{N}q_i^2 - \left(\sum\limits_{i=1}^{N}q_i\right)^2} \tag{3.7.52}$$

式中：Q_i——第 i 级荷载（kN）；

$\quad q_i$——与荷载 Q_i 对应的标定截面的钢筋力（kN）；

其余符号含义同前。

（4）桩身压缩量分析计算

桩身压缩量实际计算时首先要将公式（3.7.21）进行离散化处理，离散化处理的过程如下：沿桩身长度方向横向取一小段，轴向长度 Δz_i（实践中可表示为两层应力计之间的距离），在应力 $\sigma = T_z/A$ 作用下产生的应变为 ε，二者关系符合胡克定律即：

$$\varepsilon = \frac{\sigma}{E} = \frac{T_z}{AE} \tag{3.7.53}$$

变换得到桩身某一段 Δz_i 的压缩变形增量：

$$\Delta s_{0,i} = \frac{T_z\Delta z_i}{AE} \tag{3.7.54}$$

则自桩端到 z_i 深度产生的累计压缩量为：

$$s_{0,i} = \sum_{z=L}^{z=z_i}\Delta s_{0,i} \tag{3.7.55}$$

全桩身由于弹性压缩产生的累计沉降 s_0 为：

$$s_0 = \sum_{z=L}^{z=0}\Delta s_{0,i} \tag{3.7.56}$$

式中符号意义同前文。

7.4.2 通过桩身压缩量可实现的分析方法

计算桩身压缩量分布是实现后续分析的前提和基础，根据前述计算原理，计算桩端沉降量的主要过程为：计算桩身分段压缩量，将公式（3.7.54）做变形，变换成如下形式：

$$\Delta s_{0,i} = \frac{500}{AE}(z_{(i)} - z_{(i+1)})(T_{z(i)} + T_{z(i+1)}) \tag{3.7.57}$$

计算结果所代表的位置通常可选在上截面的位置，也可根据需要设计在截面间的中部位置。

式中：$\quad \Delta s_{0,i}$——桩身某级荷载编号为 i 的截面压缩沉降量（mm）；

$\quad z_{(i)}$、$z_{(i+1)}$——自桩端起始编号的桩身深度坐标（m）；

$T_{z(i)}$、$T_{z(i+1)}$——距离桩顶分别为 $z_{(i)}$、$z_{(i+1)}$ 深度时桩的轴力（kN）。

计算桩顶至桩端桩身总压缩量，将公式（3.7.56）变换为：

$$s_0 = \frac{500}{AE}\sum_{i=1}^{n}(z_{(i)} - z_{(i+1)})(T_{z(i)} + T_{z(i+1)}) \tag{3.7.58}$$

式中，n 为截面数，编号自桩端到桩顶递增，其余符号同前。

计算桩身任意截面 m（编号依然从桩端开始递增）的累计压缩量时，只需将公式（3.7.58）中的 n 换成 m 即可。

1. 计算桩端沉降量

桩端沉降即桩顶沉降量与桩身总压缩量之差，由下式计算：

$$s_b = s - s_0 \qquad (3.7.59)$$

式中：s_b——桩端沉降量；

s——桩顶沉降量；

s_0——桩身总压缩量。

显然桩身任意截面 i 的沉降量等于该截面的累计压缩量加上桩底位移量，即：

$$s_i = s_{0,i} + s_b \qquad (3.7.60)$$

2. 桩身摩阻力发挥程度分析

桩周土对桩身产生摩擦力是桩土协同变形的结果，桩身压缩量决定了桩土之间相对位移的大小，随着桩身压缩量的增加，桩周分层摩阻力逐步发挥并最后达到极限，此时随着桩身压缩量的增大，桩身摩阻力不再增大甚至发生软化现象，因此桩周各土层摩阻力的发挥程度可考察对应深度的实测摩阻力随桩身沉降量的变化关系来评价。具体分析过程如下：

（1）根据公式（3.7.60）计算桩顶荷载作用下桩身任意截面相对位移量 s_i。

（2）根据公式（3.7.45）计算桩身分层摩阻力 f_i。

（3）将对应层位的桩身相对位移量 s_i 与分层摩阻力 f_i 绘制成 f_i-s_i 曲线。

（4）分析不同深度曲线的变化趋势，通常桩侧摩阻力发挥充分时，对应的曲线特征是：随着 s_i 的增加 f_i 变化不明显或者有所减小（摩阻力软化）。而桩侧摩阻力发挥不充分时，随着 s_i 的增大 f_i 同步增大。据此可判断各层实测桩侧摩阻力是否充分发挥。

（5）通过实测侧阻随桩身截面相对位移量的变化曲线，可构造符合实际的桩周土侧阻力软化模型，进而可通过该模型进行基桩桩顶加载过程的模拟，这较现行规范的分层总和法更加科学有效。

3. 分析桩端持力层承载力发挥程度

通过桩身压缩量计算，可以间接得到分级荷载作用下的桩端沉降 s_b，桩端的实际荷载可以通过桩端压力盒观测，也可以通过设置在桩身底部的钢筋计测得。实践表明，设置桩端压力盒并不能实质意义上提高桩端荷载的观测精度，这主要是施工工艺原因（桩端非平面及土的过分扰动，造成观测数据畸变），以及桩端阻力的非均匀性（局部荷载作用时桩端应力分布形态是随荷载变化的）。因此采用桩身轴力换算的桩端荷载更容易获得理想效果。因而根据桩端阻力观测结果（桩端轴力计算结果）和桩端沉降量计算结果，可获得桩端持力层的荷载与沉降的变化特征，据此分析持力层承载力发挥程度。具体分析过程如下：

（1）通过计算桩身压缩量得到桩端位移 s_b。

（2）实测桩端轴力 $T_{z(0)}$，则桩端荷载 $P = T_{z(0)}$。

（3）将对应的桩端荷载 P 与 s_b 绘制成桩端持力层 P-s 曲线。

（4）分析曲线。从桩端荷载-沉降曲线形态分析判断桩端承载力是否接近极限，桩端土承载力是否充分发挥。

（5）通过计算端阻力随桩端沉降量的变化曲线，可构造桩端土阻力发挥模型，综合侧摩阻力简化模型可实现同一场地不同桩型的基桩加载模拟，其工程意义明显。

4. 定量分析桩身极限摩阻力

在桩顶荷载作用下达到桩身极限摩阻力时，桩端会出现明显位移，则计算的桩身总压缩量与观测的桩顶沉降会出现明显偏离，据此特征可实现桩身极限摩阻力的定量分析。计算过程如下：

（1）计算桩身总压缩量 s_0。

（2）计算桩顶沉降量与桩身总压缩量差值 $s_b = s - s_0$，根据计算的 s_b 及桩顶荷载 Q，绘制 Q-s_b 曲线。

（3）根据 Q-s_b 曲线进行极限摩阻力判断。Q-s_b 曲线与桩顶 Q-s 曲线出现明显分离的起始点对应的就是桩的极限摩阻力，往往此时桩端轴力开始出现明显增加，表明桩顶荷载已经传递到桩端，桩端发生了明显位移。

5. 桩身任意截面承载力分析

进行桩身压缩量计算可以获得桩身任意截面随荷载的变形特征，实现对桩身任意截面承载力的分析。该分析过程对于考察评价不同部位桩侧土对于单桩承载力的贡献很有帮助。具体分析步骤如下：

（1）根据公式（3.7.60）计算桩顶荷载作用下桩身任意截面相对位移量 s_i。

（2）实测桩身任意截面轴力 $T_{z(i)}$，则桩身任意截面的轴向荷载 $Q_i = T_{z(i)}$。

（3）绘制桩身任意截面 Q_i-s_i 曲线图。

（4）利用 Q_i-s_i 曲线图判断桩身任意截面的承载力状况。考察不同部位 Q_i-s_i 曲线的横向分离程度，当相邻曲线横向分离不明显时，说明两个截面之间土层对于桩身承载力的影响不大；而当相邻曲线出现明显分离时，表明两个截面之间的土层是桩的主要持力层，该部分土层对该桩承载力产生的影响相当于两条 Q_i-s_i 曲线对应特征点的差值。

根据 Q_i-s_i 曲线形态对桩身任意截面的承载力状况进行评价、判断的方法与载荷试验直接得到的 Q-s 曲线承载力判断方法相同，在此不再赘述。

6. 基于轴力形态估算的桩身摩阻力分析

长桩的 Q-s 曲线通常前段接近于线性变化，当前段出现明显的斜率畸变时应做适当平滑处理，可采用样条插值法对试验数据进行拟合和加密采样点。对试验数据预处理后，按如下顺序计算分析桩身摩阻力分布。

（1）计算桩身等效弹性模量。利用公式（3.7.61）进行荷沉比增量计算，并绘制荷沉比增量曲线，利用该曲线陡增点的荷载、沉降依据公式（3.7.16）可计算出桩身等效弹性模量。

$$\delta(s/Q) = \frac{s_{i+1}}{Q_{i+1}} - \frac{s_i}{Q_i} \tag{3.7.61}$$

（2）计算视摩阻力。利用公式（3.7.13）、公式（3.7.15）进行荷载作用深度及视摩阻力计算，并绘制桩身视摩阻力分布曲线。

（3）视摩阻力分析。区别于实测摩阻力，视摩阻力并非完全是桩身的实际摩阻力，因此视摩阻力仅应用于载荷试验曲线的定性辅助分析。

7.5 工程应用实例分析

7.5.1 工程概况

　　某铁路特大桥试验桩检测工作于 2006 年 6 月 25 日开始至 7 月 5 日结束，完成了该组试验桩的单桩竖向抗压静载荷试验、水平静载荷试验、桩身内力测试、低应变桩身完整性检测、声波透射法检测以及锚桩的低应变桩身完整性检测等工作。

　　该组试验桩包括 3 根试验桩和 8 根锚桩，桩径 1000mm，桩长 52.9m，桩身混凝土强度等级 C30。试验桩桩顶以下一倍桩径范围内设 5mm 厚钢护筒围裹，为便于水平载荷试验，试验桩配筋上部 0.0~12.0m 为 30 根直径 20mm 钢筋，下部 12.0m 至桩底为 15 根直径 20mm 钢筋。锚桩配筋为 20 根直径 20mm 钢筋，全桩长等截面配筋率，钢筋等级为 HRB335。

　　试验桩场地为种植棉花的农田，地形平坦。根据本项目岩土工程勘察，地基岩土从上至下划分见表 3.7.1。

试验桩场地工程地质条件　　　　　　　　　　　表 3.7.1

地层编号	层底埋深（m）	层厚（m）	岩土描述
①₂	0.5	0.5	种植土：黄褐色，稍湿，稍密，以粉土为主，含植物根系
②₂	1.8	1.3	粉质黏土：黄褐色，软塑
②₁	3.1	1.3	黏土：褐灰色，坚硬，含贝壳，姜石
②₂	7.8	4.7	粉质黏土：黄灰色，硬塑，含氧化铁，姜石一般粒径为 3~4mm，最大粒径约 8mm，含量约 5%，含云母，其中 4.4~5.2m 为粉土，灰色，稍密，饱和
③₈	9.5	1.7	淤泥质粉质黏土：浅灰色，流塑，含氧化铁，其中 8.3~8.6m 含贝壳碎片
③₃	10.8	1.3	粉土：灰色，中密，潮湿，含云母碎片
③₁	14.8	4	黏土：浅灰色，软塑，含贝壳碎片
④₂	18.9	4.1	粉质黏土：褐黄色，硬塑，夹姜石，含量约 3%，一般粒径为 3~4mm，最大粒径约 20mm，其中，14.8~15.8m 含贝壳碎片
④₃	21	2.1	粉土：褐黄色，密实，潮湿，含云母碎片
④₄	24.4	3.4	粉砂：黄褐色，密实，饱和，主要成分以石英长石为主，含云母
⑤₂	28.4	4	粉质黏土：褐黄色，硬塑，夹姜石，一般粒径为 30mm，最大粒径约 80mm，含量约为 10%，其中，25.0~25.3m 为浅灰色，25.7~26.0m 含螺壳
⑤₂	31.8	3.4	粉质黏土：灰褐色，软塑，含氧化铁，夹姜石，其中 30.0~30.15m 为粉砂夹层，黄褐色，密实，饱和含贝壳碎片，30.18~30.4m 含姜石，一般粒径 4.0~7.0mm，最大粒径为 15.0mm 含量约 30%，31.3~31.7m 为粉土，黄褐色

地层编号	层底埋深（m）	层厚（m）	岩土描述
⑤₄	32.7	0.9	粉砂：黄褐色，密实，饱和，含云母
⑤₁	38.2	5.5	黏土：褐黄色，硬塑，含姜石，含量约为 5%，一般粒径 2.0～5.0mm，最大粒径约 8.0mm
⑤₃	38.8	0.6	粉土：褐黄色，密实，潮湿，含云母
⑤₁	40.2	1.4	黏土：黄褐色，硬塑，含云母
⑥₂	43.9	3.7	粉质黏土：深灰色，硬塑，含姜石，一般粒径为 4.0mm，最大粒径为 20.0mm 含量约 8%，其中 40.2～40.6m 为褐灰色，42.7m 以下为黄灰色
⑥₄	47	3.1	粉砂：灰褐色，密实，饱和，含云母碎片
⑦₂	47.9	0.9	粉质黏土：褐黄色，硬塑，含姜石
⑦₁	50.3	2.4	黏土：褐黄色，硬塑，含姜石
⑦₃	52.5	2.2	粉土：褐黄色，密实，稍湿，含姜石，一般粒径为 2.0～5.0mm，最大粒径约为 20.00mm，含量约 3%，其中 47.0～47.3m 为灰黄色
⑧₂	54	1.5	粉质黏土：黄褐色，硬塑，含姜石，一般粒径为 4.0mm，最大粒径约 20.0mm，含量约 5%
⑧₂	56.5	2.5	粉质黏土：褐黄色，硬塑，含姜石
⑧₃	58.8	2.3	粉土：黄褐色，密实，饱和，含云母
⑧₂	60.7	1.9	粉质黏土：灰褐色，硬塑，含贝壳碎片
⑨₂	65.5	4.8	粉质黏土：黄褐色，硬塑，含云母，夹姜石，一般粒径约 5.0mm，最大粒径约 30.0mm，含量约 10.0%
⑨₄	70.8	5.3	粉砂：黄褐色，密实，饱和，主要成分以石英长石为主，含云母

7.5.2 计算桩身轴力和桩身压缩量分布

（1）钢筋应力转换

当同一截面埋设多个应力感应装置时，一般应将有效观测数据代入事先标定的应力表达公式，计算该应力计的应力值，然后对计算结果进行平均处理，计算实际的钢筋应力。例如：某级荷载下，深度 H_i 位置处 3 个钢筋应力计实测的频率 f_i 分别为 1790、1760、1727，应力计的初始读数 f_0 为 1793、1764、1730。根据 3 个应力计的标定公式计算结果分别为：

$$q_i = 2.0914 \times 10^{-5} \times (f_{02} - f_{i2} - 630) = 0.212 \text{kN}$$

$$q_i = 2.0628 \times 10^{-5} \times (f_{02} - f_{i2} - 630) = 0.289 \text{kN}$$

$$q_i = 2.2064 \times 10^{-5} \times (f_{02} - f_{i2} + 204) = 0.233 \text{kN}$$

取其平均值，$q_i = 0.245 \text{kN}$ 作为该深度应力观测的统计结果。计算时，应根据钢筋应力计的受力状态（压或者拉）分别代入不同的公式进行计算。由于传感器的标定状态和其实际工作状态有一定区别，可能造成其零点的漂移（增大或者缩小），但并不影响其标定关系，因此在其工作状态下必须在受力前测读新的零点 f_0，据此计算 q_i。

（2）混凝土弹性模量标定

根据前述原理，将分级荷载及其对应的钢筋力按线性回归即可获得 E。该工程1号桩标定断面数据回归得到的 $E=25668$ MPa。

（3）桩身轴力计算

将以上计算获得的 E 和 q 代入轴力计算式得到各观测截面的桩身轴力，该工程S1号试验桩部分桩身轴力计算结果，详见表3.7.2。S1～S3号试验桩加载过程中计算的轴力分布，如图3.7.4所示。

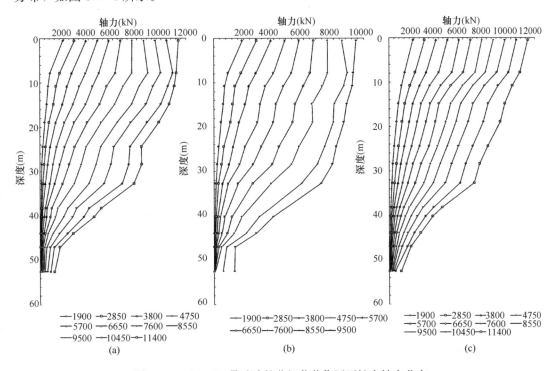

图3.7.4 S1～S3号试验桩分级荷载作用下桩身轴力分布

(a) S1 号桩；(b) S2 号桩；(c) S3 号桩

S1 号试验桩部分桩身轴力计算结果（篇幅所限，仅截取部分数据） 表 3.7.2

T_z（kN）\荷载（kN）	1900	2850	3800	4750	5700	6650	7600	8550	9500
7.8	826.7	1630.7	2621.8	3757.5	4865.6	6203.8	7574.4	8889.6	9943.6
10.8	672.9	1315.8	2233.6	3238.4	4323.4	5494.5	6842.9	8164.1	9302.9
...	...	...	...	...	...	...	...	...	...

（4）桩身压缩量计算

根据前述章节介绍的计算方法，将 T_z 和对应的 E_{cs} 代入对应公式，计算得到任意截面深度的压缩量。具体计算过程限于篇幅，在此不再赘述。该工程S1号试验桩部分桩身压缩量计算结果，详见表3.7.3。根据桩身弹性压缩量计算结果可以绘制出桩身压缩量沿深度分布图，S1~S3 号试验桩桩身压缩量随深度变化曲线，如图 3.7.5 所示。

S1 号试验桩桩身压缩量计算结果（篇幅所限，仅截取部分数据） 表 3.7.3

荷载(kN) 各深度累计压缩量(mm)	1900	2850	3800	4750	5700	6650	7600	8550	9500
桩顶	1.19	2.15	3.17	4.34	5.59	6.85	8.24	9.58	11.08
7.8	1.19	2.07	3.07	4.22	5.45	6.69	8.05	9.38	10.87
…	…	…	…	…	…	…	…	…	…

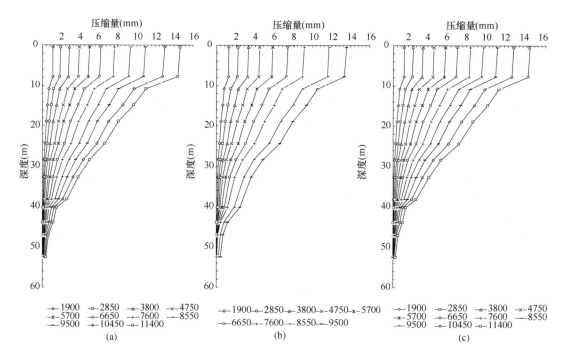

图 3.7.5 S1~S3 号试验桩分级荷载作用下桩身压缩量随深度变化曲线
(a) S1 号桩；(b) S2 号桩；(c) S3 号桩

7.5.3 计算桩侧摩阻力分布

根据前述计算原理计算分段桩身摩阻力，各级荷载作用下侧摩阻力沿桩身分布及各测试层计算侧摩阻力随荷载变化情况，如图 3.7.6、图 3.7.7 所示。图 3.7.7 为用以判断最大摩阻力随深度变化情况的侧摩阻力折线图。

对比 3 根桩计算结果，有几个共同点即：3 根试验桩的桩身轴力形态基本相似，说明桩侧地层提供的摩阻力分布基本相同，30~45m 为主要持力层，软弱层位于 15~30m；随着桩顶荷载的增加，荷载逐渐从上向下传递，亦即上部土层的摩阻力比下部先发挥作用，随着荷载增加，下部土层的侧摩阻力才逐渐发挥出来，其发挥过程并不同步。极限摩阻力小的土层其侧摩阻力容易发挥到极限。

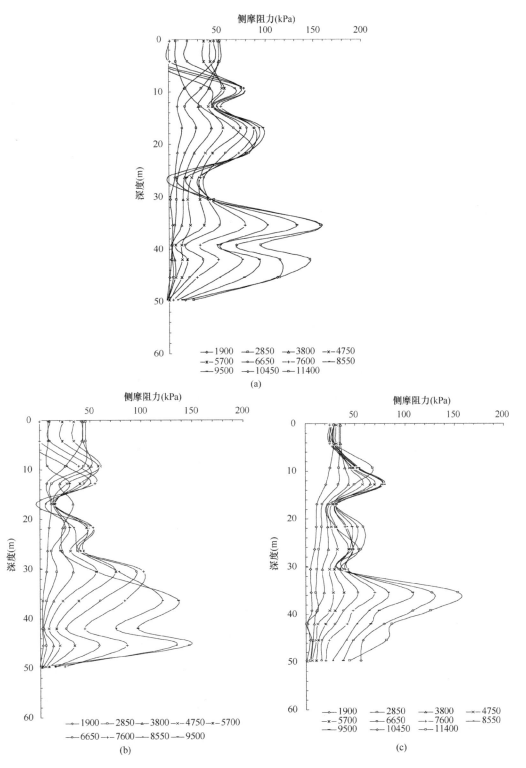

图 3.7.6　S1～S3 号试验桩分级荷载作用下侧摩阻力沿桩身分布

（a）S1 号桩；（b）S2 号桩；（c）S3 号桩

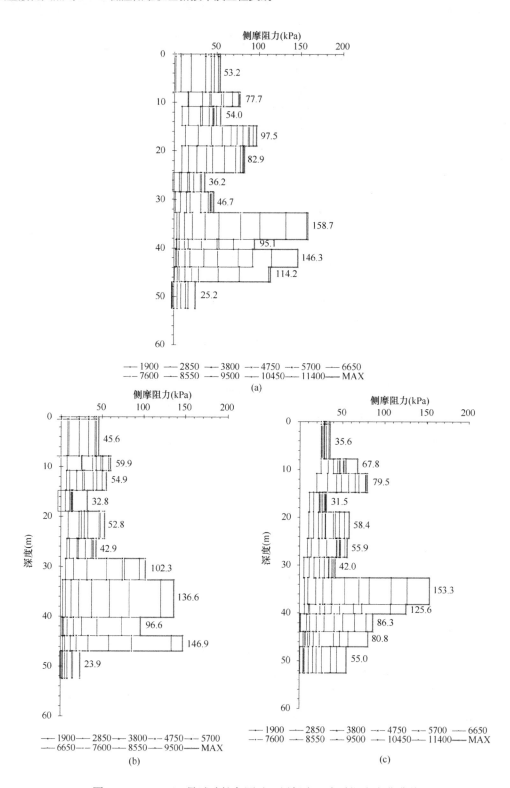

图 3.7.7 S1～S3 号试验桩各测试土层侧摩阻力随深度变化曲线

(a) S1 号桩；(b) S2 号桩；(c) S3 号桩

7.5.4 桩身压缩量成果应用

1. 桩身极限侧摩阻力定量分析

桩身极限侧摩阻力定量分析基于加载时桩身压缩量变化曲线与桩顶加载变形曲线的对比。以往桩的承载力性状通常通过载荷试验中 $Q\text{-}s$ 曲线形态进行判断，尽管不太严谨，但对于陡降型 $Q\text{-}s$ 曲线一般尚能较容易判断桩的极限摩阻力，而对于缓变型曲线则很难准确判定桩的极限摩阻力，通过压缩量随荷载变化曲线与传统桩顶加载曲线的对比，使得桩身极限侧摩阻力的分析变得很容易。

图 3.7.8 为 S1～S3 号试验桩桩身压缩量曲线与实际加载曲线的对比图。显然，当桩

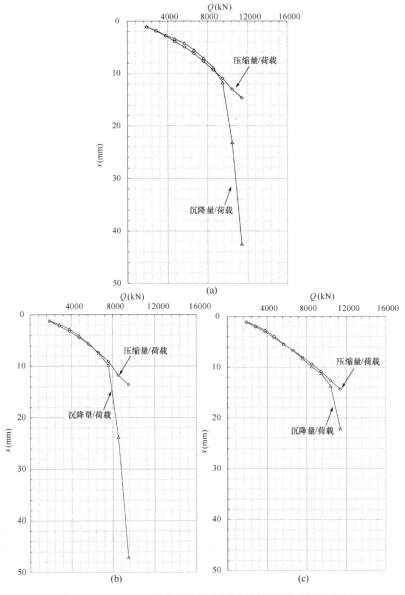

图 3.7.8 S1～S3 号试验桩桩身压缩量与桩顶沉降量对比
(a) S1 号桩；(b) S2 号桩；(c) S3 号桩

顶加载曲线属于明显的陡降型曲线时，压缩量曲线与桩顶加载曲线能够很好地分离，计算的压缩量曲线与加载曲线的分离点对应的荷载即为桩侧极限摩阻力，按此确定的 S1～S3 号试验桩的极限摩阻力分别为 9500kN，7600kN，10450kN。

当桩顶加载曲线不是陡降型的曲线形态时，计算的压缩量曲线是否能够与桩顶加载曲线产生明显的分离呢？为此，对另一试验项目的两根试验桩（桩号 A1、A2）资料进行了演算，演算结果如图 3.7.9 所示。

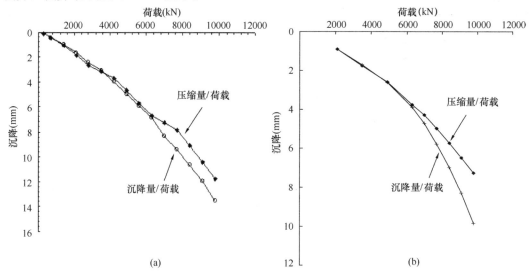

图 3.7.9 桩顶累计沉降与桩身累计压缩量对比
(a) A1 号桩；(b) A2 号桩

通过两根桩的演算结果可以看出，对于缓变型桩顶加载曲线，二者依然能够很好地分离，两根桩曲线分离点对应的荷载均为 6400kN。

当桩身压缩量曲线与桩顶加载曲线产生分离时，一方面桩身压缩范围传递到桩端，造成桩端应力和桩端位移会出现明显的增大；另一方面是桩侧土层摩阻力随桩土之间相对位移的增加并不呈现增长趋势，甚至有所下降（此所谓侧阻软化现象）。因此通常所说的桩侧极限摩阻力，应该是满足这两种情况时所对应的桩顶加载曲线上的特征点。而通过桩身压缩量曲线与桩顶加载曲线的对比恰恰可使这一特征点具体化，这种较简单地根据 Q-s 曲线形态再辅以作图的传统方法，可大大提高判断桩侧极限承载力的精度。

2. 桩端阻力发挥程度分析

实际作用在桩端土层上的荷载既可以用桩端压力盒观测，也可以直接用桩端轴力代替。该工程将两种观测方法进行了对比，证明采用桩端轴力法更方便实用。以下是采用土压力盒观测桩端应力获得的成果应用，如表 3.7.4、图 3.7.10 所示。

3 根试验桩桩端阻力及总的侧摩阻力计算结果 表 3.7.4

桩号	荷载（kN）	1900	2850	3800	4750	5700	6650	7600	8550	9500	10450	11400
S1	端阻力（kN）	2.5	7.5	15.0	25.0	35.1	52.6	65.1	87.7	122.7	984.3	1157.1
	摩阻力（kN）	1897.5	2842.5	3785.0	4725.0	5664.9	6597.4	7534.9	8462.3	9377.3	9465.7	10242.9

续表

荷载（kN） 桩号		1900	2850	3800	4750	5700	6650	7600	8550	9500	10450	11400
S2	端阻力（kN）	5.8	13.7	25.5	43.1	60.8	90.2	139.0	758.1	1313.6		
	摩阻力（kN）	1894.2	2836.3	3774.5	4706.9	5639.2	6559.8	7461.0	7791.9	8186.4		
S3	端阻力（kN）	14.8	37.7	52.5	90.3	120.0	142.9	218.6	286.4	377.3	483.6	958.0
	摩阻力（kN）	1885.2	2812.3	3747.5	4659.7	5580.0	6507.1	7381.4	8263.6	9122.7	9966.4	10442.0

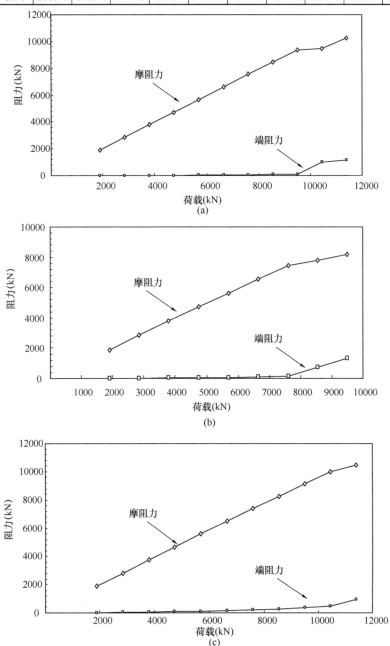

图 3.7.10 桩端阻力及总摩阻力随荷载的变化曲线
（a）S1 号桩；（b）S2 号桩；（c）S3 号桩

根据表 3.7.4 中数据可见，当桩端应力出现明显增大时对应的起始荷载分别为：$Q_1 = 9500kN$，$Q_2 = 7600kN$，$Q_3 = 10450kN$，这与压缩量与桩顶加载曲线的分离点是完全对应的。

根据前述计算原理，通过桩顶加载观测的沉降数据，减去对应荷载计算的桩身压缩量结果，可获得相应荷载下桩端的竖向位移，计算结果如表 3.7.5 和图 3.7.11 所示。

桩端位移的计算结果　　　　　　　　　　　表 3.7.5

桩号	荷载（kN）	1900	2850	3800	4750	5700	6650	7600	8550	9500	10450	11400
S1	端阻力(kPa)	3.2	9.6	19.1	31.9	44.7	67.0	83.0	111.7	156.3	1253.9	1474.0
	桩端位移(mm)	0	0	0	0	0	0	0	0	0.80	10.11	27.84
S2	端阻力(kPa)	7.4	17.5	32.5	55.0	77.4	114.9	177.1	965.8	1673.4		
	桩端位移(mm)	0	0	0	0	0	0.17	0.76	12.12	33.59		
S3	端阻力(kPa)	18.9	48.0	66.9	115.0	152.9	182.1	278.5	364.8	480.7	616.0	1220.4
	桩端位移(mm)	0	0	0	0	0	0.00	0.33	0.55	0.41	1.08	7.82

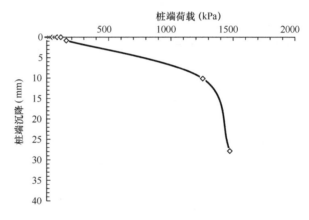

(a)

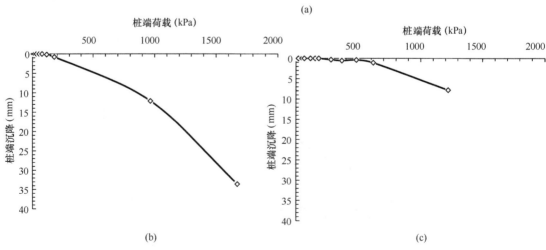

(b)　　　　　　　　　　　　　　　　　　　(c)

图 3.7.11　桩端荷载与桩端沉降的变化关系

(a) S1 号桩；(b) S2 号桩；(c) S3 号桩

对以上数据分析，可得出 3 根试验桩桩端阻力-桩端沉降曲线的主要特征：S1 号试验桩桩端荷载与沉降变化曲线的直线段终点荷载为 984kN（1253kPa），对应沉降 10.11mm；最大加载量 11400kN 时，桩端实际荷载为 1157kN（1473kPa），桩端沉降量为 27.84mm；按照桩端荷载与沉降变化曲线的直线段确定的桩端土承载力为 1253kPa，从桩端荷载-沉降曲线形态看，桩端沉降较大，承载力已经接近极限。S2 号试验桩桩端荷载与沉降变化曲线的直线段终点荷载为 758kN（966kPa），对应沉降 12.12mm；最大加载量 9500kN 时，桩端实际荷载为 1313kN（1672kPa），桩端沉降量为 33.59mm；按照桩端荷载与沉降变化曲线的直线段确定的桩端土承载力为 966kPa，从桩端荷载-沉降曲线形态看，桩端沉降较大，承载力已经接近极限。S3 号试验桩桩端荷载与沉降变化曲线的直线段终点荷载为 958kN（1220kPa），对应沉降 7.82mm；最大加载量 11400kN 时，桩端荷载和沉降均较 S1 号、S2 号桩小，桩端土的承载作用相对前两根桩并不明显，证明该桩端阻力尚未充分发挥。

汇总分析 3 根试验桩的端阻力观测成果，可得到以下结论：

（1）由于桩端荷载大小随桩顶荷载的变化难以准确预知，因此实际观测到的桩端荷载并不像桩顶荷载那样可以等间隔，为此要对桩端 Q-s 曲线进行准确解释有必要结合辅助手段，例如采用双曲线法对原始曲线进行拟合，然后结合拟合曲线特征进行解释。

（2）本例工程桩顶在工作荷载作用下（即极限承载力的 0.5 倍），桩端沉降很小甚至为零，桩顶沉降主要是桩身压缩引起的，只有当桩顶的荷载超过工作荷载并接近极限值时，桩端才开始有沉降并逐渐增大。

（3）端阻力与侧摩阻力的发挥是不同步的，在桩顶竖向荷载作用下，桩顶荷载首先转化为桩身的压缩，且这种压缩区域随荷载的增加逐渐下移，压缩区到达桩端时，桩端持力层才能逐渐发挥其承载力，显然对于摩擦桩而言，桩的承载力取决于桩身可压缩区域的深度，当桩身可压缩区域深度大于桩长时，桩身侧摩阻力发挥到极限；当可压缩区域小于桩长时，桩身侧摩阻力不能发挥到极限，表面上看可以通过延长桩长、延长桩身压缩区域提高桩的摩擦力，但事实上混凝土桩本身的材料特性决定了其可承受的压缩应变是有限的（《混凝土结构设计规范》GB 50010—2010 规定的混凝土应变取值范围为 $0.002 \leqslant \varepsilon \leqslant 0.0033$），因此要提高摩擦桩的承载力，有时并不能简单地通过延长桩长来实现。

3. 桩身任意截面承载力分析

桩身任意截面承载力分析最直接的工程意义包括：提供不同桩身长度的载荷试验成果有助于优化设计；可降低载荷试验造价，例如在地下水埋深较浅时，试验过程基坑的开挖和降水无疑会增加很多费用，而利用桩身压缩量成果可在地表情况下，实现要求深度的单桩承载力分析，可节约成本。

桩身任意截面承载力数据来源于桩身轴力计算结果和桩身任意截面压缩量计算成果，计算桩身任意截面相对位移量时，还要将桩身任意截面压缩量加上桩端沉降量。具体计算过程见 7.2 节，本节省略计算过程只分析结果。本项目实例 3 根试验桩桩身轴力和桩身截面相对位移量计算结果如表 3.7.6～表 3.7.8 所示。根据桩顶沉降观测结果、桩身轴力和桩身任意截面相对位移量的计算结果，绘制试验桩的 Q-s 曲线图，如图 3.7.12 所示，并判断桩身任意截面的承载力状况，如图 3.7.13 所示。

S1 号试验桩桩身轴力和桩身截面相对位移量计算结果 表 3.7.6

桩号	S1 号试验桩										
荷载 (kN)	1900	2850	3800	4750	5700	6650	7600	8550	9500	10450	11400
桩顶沉降 (mm)	1.05	1.83	2.76	3.38	4.21	5.57	7.09	8.83	11.74	23.1	42.46
深度 (m)	计算的桩身轴力 (kN)										
0.5	1900.0	2850.0	3800.0	4750.0	5700.0	6650.0	7600.0	8550.0	9500.0	10450.0	11400.0
7.8	826.7	1630.7	2621.8	3757.5	4865.6	6203.8	7574.4	8889.6	9943.6	10938.2	11227.7
10.8	672.9	1315.8	2233.6	3238.4	4323.4	5494.5	6842.9	8164.1	9302.9	10535.7	11065.8
14.8	557.9	1107.4	1848.5	2726.5	3757.0	4912.4	6164.1	7544.6	8728.3	9959.2	10649.0
18.9	382.2	742.8	1282.0	2003.5	2806.5	3868.9	5036.9	6344.5	7472.7	8820.2	9786.1
24.4	230.0	456.2	825.3	1352.5	2023.6	2849.5	3788.9	4991.4	6080.1	7413.6	8354.5
28.4	148.5	346.0	623.8	1057.9	1621.0	2395.1	3381.4	4606.2	5848.3	7306.9	8371.5
32.7	127.6	242.9	426.7	798.2	1189.4	1849.7	2809.6	4006.1	5269.0	6764.0	7741.2
38.2	61.6	129.6	203.8	415.4	559.4	941.2	1448.6	2250.9	2979.4	4023.4	5024.4
40.2	44.0	108.0	186.5	333.9	517.7	836.7	1247.3	1918.2	2661.6	3583.3	4426.9
43.9	22.5	70.1	121.4	176.2	296.1	429.3	652.7	1037.1	1578.5	2245.6	2727.1
47	17.4	30.5	62.6	111.1	168.7	224.1	369.9	532.9	824.1	1152.8	1615.7
52.5	64.1	64.1	98.7	135.0	173.0	253.9	296.7	387.1	586.0	866.6	1180.1
深度 (m)	桩身各截面相对位移量 (mm)										
0.5	1.07	1.89	2.80	3.87	4.92	6.22	7.65	9.32	11.74	23.10	42.46
7.8	1.07	1.83	2.72	3.78	4.81	6.09	7.51	9.16	11.57	22.90	42.24
10.8	0.68	1.19	1.83	2.61	3.40	4.39	5.50	6.82	8.92	19.83	38.84
14.8	0.55	0.97	1.50	2.18	2.87	3.75	4.74	5.93	7.91	18.65	37.54
18.9	0.40	0.71	1.11	1.67	2.23	2.97	3.81	4.83	6.65	17.20	35.94
24.4	0.28	0.51	0.81	1.25	1.70	2.30	2.99	3.86	5.53	15.90	34.48
28.4	0.18	0.33	0.53	0.84	1.14	1.58	2.10	2.77	4.27	14.41	32.83
32.7	0.13	0.23	0.36	0.58	0.79	1.12	1.51	2.03	3.38	13.34	31.62
38.2	0.08	0.14	0.22	0.36	0.49	0.71	0.96	1.31	2.49	12.26	30.41
40.2	0.05	0.08	0.13	0.20	0.28	0.39	0.52	0.70	1.75	11.33	29.32
43.9	0.04	0.06	0.10	0.15	0.21	0.28	0.37	0.50	1.50	11.02	28.95
47	0.04	0.04	0.06	0.09	0.12	0.17	0.21	0.27	1.18	10.62	28.49
52.5	0.03	0.03	0.05	0.06	0.08	0.11	0.13	0.16	1.02	10.41	28.22

S2 号试验桩桩身轴力和桩身截面相对位移量计算结果　　　　　　　表 3.7.7

桩号	S2 号试验桩								
荷载（kN）	1900	2850	3800	4750	5700	6650	7600	8550	9500
桩顶沉降（mm）	1.19	1.91	2.84	4.14	5.65	7.55	9.86	23.83	47.13
深度（m）	计算的桩身轴力（kN）								
0.5	1900.0	2850.0	3800.0	4750.0	5700.0	6650.0	7600.0	8550.0	9500.0
7.8	942.8	1804.0	2811.6	3980.1	5183.7	6421.5	7600.8	8905.7	9301.5
10.8	705.2	1395.8	2333.8	3415.7	4639.9	5965.2	7237.5	8658.3	9231.6
14.8	617.9	1250.0	2085.9	3081.4	4138.8	5414.8	6548.1	8029.4	8863.3
18.9	473.5	1087.1	1663.5	2904.0	3952.9	5246.1	6597.9	7959.0	8671.8
24.4	313.9	650.4	1277.9	2077.4	3152.2	4336.3	5686.0	7384.1	8167.1
28.4	217.3	505.8	1001.9	1698.7	2613.8	3869.1	5182.6	6891.8	7907.9
32.7	128.6	284.1	563.9	942.3	1600.3	2579.9	3802.0	5842.4	7151.5
40.2	62.9	134.3	245.1	407.4	702.3	1173.6	1837.8	2996.0	3935.3
43.9	38.9	103.0	198.5	305.2	517.3	872.1	1324.6	2129.9	2812.4
47	12.3	47.9	75.3	115.0	189.0	303.3	488.8	826.4	1382.1
52.5	23.5	32.5	32.5	22.3	40.1	40.1	76.5	584.9	1348.3
深度（m）	桩身各截面相对位移量（mm）								
0.5	1.21	2.19	3.25	4.46	5.81	7.55	9.86	23.83	47.13
7.8	1.21	2.13	3.17	4.36	5.70	7.42	9.71	23.66	46.94
10.8	0.78	1.44	2.21	3.12	4.18	5.60	7.58	21.06	44.10
14.8	0.64	1.20	1.86	2.67	3.61	4.90	6.75	20.04	42.95
18.9	0.47	0.91	1.44	2.11	2.91	4.04	5.73	18.80	41.54
24.4	0.33	0.64	1.07	1.56	2.22	3.18	4.69	17.54	40.15
28.4	0.19	0.40	0.67	0.98	1.43	2.18	3.45	15.98	38.41
32.7	0.12	0.25	0.42	0.61	0.93	1.52	2.62	14.92	37.19
40.2	0.07	0.15	0.25	0.36	0.56	0.99	1.91	13.93	36.01
43.9	0.03	0.07	0.10	0.13	0.21	0.47	1.19	12.90	34.74
47	0.02	0.03	0.04	0.04	0.07	0.26	0.91	12.51	34.26
52.5	0.01	0.02	0.02	0.01	0.02	0.19	0.80	12.34	34.02

S3 号试验桩桩身轴力和桩身截面相对位移量计算结果　　表 3.7.8

桩号	S3 号试验桩										
荷载（kN）	1900	2850	3800	4750	5700	6650	7600	8550	9500	10450	11400
桩顶沉降（mm）	1.01	1.84	2.73	3.86	5.43	6.68	8.38	9.93	11.28	13.7	22.16
深度（m）	计算的桩身轴力（kN）										
0.5	1900.0	2850.0	3800.0	4750.0	5700.0	6650.0	7600.0	8550.0	9500.0	10450.0	11400.0
7.8	1235.5	2071.5	2983.7	4029.1	5107.8	6039.2	7031.6	7884.2	8839.2	9794.1	10743.0
10.8	979.4	1651.0	2424.3	3271.0	4178.7	5000.2	5984.1	6816.8	7808.6	8931.0	10104.3
14.8	725.8	1238.9	1882.0	2547.0	3302.8	4028.3	5004.4	5818.3	6840.4	8110.1	9487.6
18.9	580.5	1026.1	1593.4	2230.6	2952.1	3730.9	4598.6	5435.1	6439.2	7718.4	9109.1
24.4	397.7	749.6	1208.6	1782.2	2427.5	3211.5	3915.0	4715.3	5627.5	6814.8	8100.8
28.4	281.4	580.6	923.2	1378.8	1886.2	2540.9	3309.2	4117.9	5072.3	6229.4	7398.2
32.7	218.8	422.9	695.5	1058.2	1495.7	2069.6	2774.6	3551.1	4555.4	5770.3	6942.0
38.2	123.2	246.7	370.7	584.9	836.0	1153.1	1568.0	2124.5	2698.3	3581.0	4294.9
40.2	86.1	172.4	302.0	432.5	650.8	914.9	1271.3	1724.9	2235.8	2907.7	3505.9
43.9	67.6	163.7	203.2	290.5	418.6	575.0	792.9	1132.5	1476.1	1992.1	2503.4
47	29.1	106.7	134.0	190.6	297.8	417.2	564.7	740.7	1015.5	1433.4	1716.7
52.5	14.8	37.7	52.5	90.3	120.0	142.9	218.6	286.4	377.3	483.6	958.0
深度（m）	桩身各截面相对位移量（mm）										
0.5	1.15	2.08	3.07	4.22	5.44	6.68	8.38	9.93	11.28	13.70	22.16
7.8	1.15	2.02	2.99	4.11	5.31	6.53	8.22	9.75	11.09	13.50	21.94
10.8	0.70	1.27	1.93	2.73	3.61	4.58	6.00	7.33	8.45	10.65	18.90
14.8	0.55	1.02	1.58	2.26	3.02	3.89	5.21	6.44	7.46	9.55	17.70
18.9	0.40	0.78	1.21	1.76	2.39	3.13	4.29	5.41	6.27	8.20	16.17
24.4	0.28	0.56	0.88	1.31	1.81	2.41	3.42	4.40	5.12	6.86	14.66
28.4	0.17	0.36	0.55	0.82	1.15	1.56	2.40	3.20	3.73	5.23	12.79
32.7	0.11	0.24	0.36	0.55	0.78	1.07	1.77	2.43	2.80	4.13	11.53
38.2	0.06	0.15	0.21	0.32	0.46	0.63	1.19	1.70	1.89	3.02	10.24
40.2	0.03	0.08	0.11	0.15	0.23	0.31	0.76	1.13	1.17	2.09	9.14
43.9	0.02	0.06	0.07	0.11	0.16	0.22	0.63	0.96	0.95	1.80	8.81
47	0.01	0.03	0.04	0.06	0.08	0.11	0.48	0.75	0.68	1.44	8.35
52.5	0.00	0.01	0.01	0.03	0.04	0.04	0.40	0.63	0.52	1.22	8.09

对图 3.7.12 中各截面承载力分别进行解释：取各曲线首部直线段末端对应荷载为该截面极限承载力，即为图 3.7.13 中的总承载力，并将相邻截面承载力转换成增量形式，即为图 3.7.13 中的分段承载力。根据图 3.7.12 可知，试验桩桩身各截面 Q-s 曲线随深度的变化情况表明，桩身在 30m、40m 左右位置处 Q-s 曲线横向出现了明显的分离，分离宽度最大达 4300kN；根据图 3.7.13 可知，试验桩桩身 30～40m 之间，桩身分段承载力达到最大值；而桩身 30～40m 区间外，图 3.7.12 中曲线分离程度相对较小，图 3.7.13 中

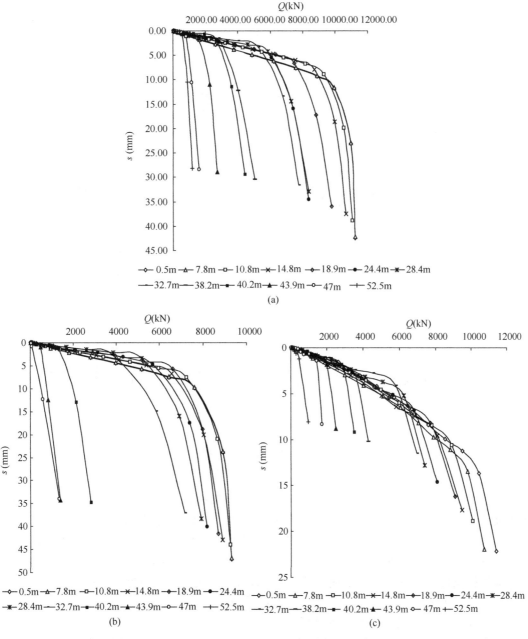

图 3.7.12　试验桩桩身任意截面的 Q-s 曲线图

(a) S1 号桩；(b) S2 号桩；(c) S3 号桩

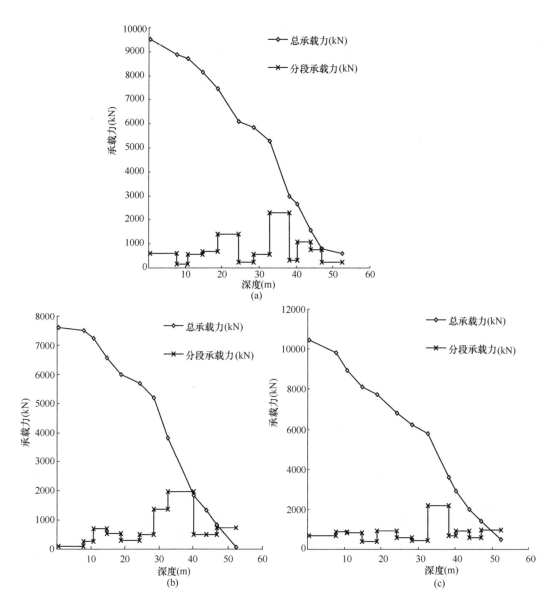

图 3.7.13　试验桩桩身任意截面的承载力

(a) S1 号桩；(b) S2 号桩；(c) S3 号桩

分段承载力也明显较小。这一现象说明 30～40m 地层提供了该桩的承载力的主要部分，该深度范围地层为主要持力层，对比勘探资料可知 30～40m 地层为硬塑状态粉土及密实状态的薄层粉砂，40m 以下尽管同样存在密实程度高的地层，但对该桩型单桩承载力的提高贡献不大，也不均衡，这一分析结果与桩身摩阻力的计算结果是一致的。

显然提供桩身任意截面的承载力对于优化设计是有利的，同时这种方法避免了直接在开挖基坑情况下进行试验，大大降低了深基坑试桩的难度。

4. 桩身分层侧摩阻力发挥程度分析

桩身分层侧摩阻力发挥程度分析同样基于桩身压缩量的计算结果而得出，本项目实例 3 根试验桩桩身分段摩阻力与分段相对位移量计算结果，如表 3.7.9～表 3.7.11 和

图 3.7.14所示。

S1 号试验桩桩身分段摩阻力与分段相对位移量计算结果　　　表 3.7.9

桩号	S1 号试验桩										
荷载（kN）	1900	2850	3800	4750	5700	6650	7600	8550	9500	10450	11400
桩顶沉降（mm）	1.05	1.83	2.76	3.38	4.21	5.57	7.09	8.83	11.74	23.1	42.46
深度（m）	计算的桩身分段摩阻力（kPa）										
0.5	1900.0	2850.0	3800.0	4750.0	5700.0	6650.0	7600.0	8550.0	9500.0	10450.0	11400.0
7.8	46.8	53.2	51.4	43.3	36.4	19.5	1.1	−14.8	−19.4	−21.3	7.5
10.8	16.3	33.4	41.2	55.1	57.6	75.3	77.7	77.0	68.0	42.7	17.2
14.8	9.2	16.6	30.7	40.8	45.1	46.3	54.0	49.3	45.7	45.9	33.2
18.9	13.6	28.3	44.0	56.2	73.8	81.1	87.6	93.2	97.5	88.5	67.0
24.4	8.8	16.6	26.4	37.7	45.3	59.0	72.3	78.3	80.6	81.4	82.9
28.4	6.5	8.8	16.0	23.5	32.0	36.2	32.4	30.7	18.5	8.5	−1.4
32.7	1.5	7.6	14.6	19.2	32.0	40.4	42.4	44.4	42.9	40.2	46.7
38.2	2.8	3.4	2.8	13.0	6.6	16.6	32.1	53.0	50.6	70.1	95.1
40.2	1.9	3.3	5.6	13.6	19.1	35.1	51.2	75.8	93.2	115.1	146.3
43.9	0.5	4.1	6.0	6.7	13.1	21.1	29.1	51.8	77.5	112.3	114.2
47	−2.7	−1.9	−2.1	−1.4	−0.2	−1.7	4.2	8.4	13.8	16.6	25.2
52.5	46.8	53.2	51.4	43.3	36.4	19.5	1.1	−14.8	−19.4	−21.3	7.5
深度（m）	桩身各截面相对位移量（mm）										
7.8	1.07	1.83	2.72	3.78	4.81	6.09	7.51	9.16	11.57	22.90	42.24
10.8	0.68	1.19	1.83	2.61	3.40	4.39	5.50	6.82	8.92	19.83	38.84
14.8	0.55	0.97	1.50	2.18	2.87	3.75	4.74	5.93	7.91	18.65	37.54
18.9	0.40	0.71	1.11	1.67	2.23	2.97	3.81	4.83	6.65	17.20	35.94
24.4	0.28	0.51	0.81	1.25	1.70	2.30	2.99	3.86	5.53	15.90	34.48
28.4	0.18	0.33	0.53	0.84	1.14	1.58	2.10	2.77	4.27	14.41	32.83
32.7	0.13	0.23	0.36	0.58	0.79	1.12	1.51	2.03	3.38	13.34	31.62
38.2	0.08	0.14	0.22	0.36	0.49	0.71	0.96	1.31	2.49	12.26	30.41
40.2	0.05	0.08	0.13	0.20	0.28	0.39	0.52	0.70	1.75	11.33	29.32
43.9	0.04	0.06	0.10	0.15	0.21	0.28	0.37	0.50	1.50	11.02	28.95
47	0.04	0.04	0.06	0.09	0.12	0.17	0.21	0.27	1.18	10.62	28.49
52.5	0.03	0.03	0.05	0.06	0.08	0.11	0.13	0.16	1.02	10.41	28.22

S2 号试验桩桩身分段摩阻力与分段相对位移量计算结果　　　表 3.7.10

桩号	S2 号试验桩								
荷载（kN）	1900	2850	3800	4750	5700	6650	7600	8550	9500
桩顶沉降（mm）	1.19	1.91	2.84	4.14	5.65	7.55	9.86	23.83	47.13
深度（m）	计算的桩身分段摩阻力（kPa）								
7.8	41.8	45.6	43.1	33.6	22.5	10.0	0.0	−15.5	8.7
10.8	25.2	43.3	50.7	59.9	57.7	48.4	38.6	26.3	7.4
14.8	7.0	11.6	19.7	26.6	39.9	43.8	54.9	50.1	29.3
18.9	11.2	12.7	32.8	13.8	14.4	13.1	−3.9	5.5	14.9
24.4	9.2	25.3	22.3	47.9	46.4	52.7	52.8	33.3	29.2
28.4	7.7	11.5	22.0	30.1	42.9	37.2	40.1	39.2	20.6
32.7	6.6	16.4	32.4	56.0	75.1	95.5	102.3	77.7	56.0
40.2	2.8	6.4	13.5	22.7	38.1	59.7	83.4	120.9	136.6
43.9	2.1	2.7	4.0	8.8	15.9	25.9	44.2	74.6	96.6
47	2.7	5.7	12.7	19.5	33.7	58.4	85.9	133.9	146.9
52.5	−0.6	0.9	2.5	5.4	8.6	15.2	23.9	14.0	2.0
深度（m）	桩身各截面相对位移量（mm）								
0.5	1.21	2.19	3.25	4.46	5.81	7.55	9.86	23.83	47.13
7.8	1.21	2.13	3.17	4.36	5.70	7.42	9.71	23.66	46.94
10.8	0.78	1.44	2.21	3.12	4.18	5.60	7.58	21.06	44.10
14.8	0.64	1.20	1.86	2.67	3.61	4.90	6.75	20.04	42.95
18.9	0.47	0.91	1.44	2.11	2.91	4.04	5.73	18.80	41.54
24.4	0.33	0.64	1.07	1.56	2.22	3.18	4.69	17.54	40.15
28.4	0.19	0.40	0.67	0.98	1.43	2.18	3.45	15.98	38.41
32.7	0.12	0.25	0.42	0.61	0.93	1.52	2.62	14.92	37.19
40.2	0.07	0.15	0.25	0.36	0.56	0.99	1.91	13.93	36.01
43.9	0.03	0.07	0.10	0.13	0.21	0.47	1.19	12.90	34.74
47	0.02	0.03	0.04	0.04	0.07	0.26	0.91	12.51	34.26
52.5	0.01	0.02	0.02	0.01	0.02	0.19	0.80	12.34	34.02

S3 号试验桩桩身分段摩阻力与分段相对位移量计算结果 表 3.7.11

桩号	S3 号试验桩										
荷载（kN）	1900	2850	3800	4750	5700	6650	7600	8550	9500	10450	11400
桩顶沉降（mm）	1.01	1.84	2.73	3.86	5.43	6.68	8.38	9.93	11.28	13.7	22.16
深度（m）	计算的桩身分段摩阻力（kPa）										
7.8	29.0	34.0	35.6	31.4	25.8	26.6	24.8	29.0	28.8	28.6	28.7
10.8	24.6	33.4	39.4	44.5	47.8	52.0	51.4	54.3	53.0	47.0	67.8
14.8	20.2	32.8	43.2	57.6	69.7	77.4	78.0	79.5	77.1	65.4	49.1
18.9	11.3	16.5	22.4	24.6	27.2	23.1	31.5	29.8	31.2	30.4	29.4
24.4	10.6	16.0	22.3	26.0	30.4	30.1	39.6	41.7	47.0	52.3	58.4
28.4	9.3	13.4	22.7	32.1	43.1	53.4	48.2	47.6	44.2	46.6	55.9
32.7	4.6	11.7	16.9	23.7	28.9	34.9	39.6	42.0	38.3	34.0	33.8
38.2	5.9	11.8	10.9	24.3	29.5	37.9	47.2	63.6	73.6	107.2	125.6
40.2	1.6	0.7	8.5	12.2	20.0	29.3	41.2	51.0	65.4	78.8	86.3
43.9	4.0	5.9	7.1	10.3	12.4	16.2	23.4	40.3	47.3	57.4	80.8
47	0.8	4.0	4.7	5.8	10.3	15.9	20.0	26.3	37.0	55.0	43.9
52.5	29.0	34.0	35.6	31.4	25.8	26.6	24.8	29.0	28.8	28.6	28.7
深度（m）	桩身各截面相对位移量（mm）										
0.5	1.15	2.08	3.07	4.22	5.44	6.68	8.38	9.93	11.28	13.70	22.16
7.8	1.15	2.02	2.99	4.11	5.31	6.53	8.22	9.75	11.09	13.50	21.94
10.8	0.70	1.27	1.93	2.73	3.61	4.58	6.00	7.33	8.45	10.65	18.90
14.8	0.55	1.02	1.58	2.26	3.02	3.89	5.21	6.44	7.46	9.55	17.70
18.9	0.40	0.78	1.21	1.76	2.39	3.13	4.29	5.41	6.27	8.20	16.17
24.4	0.28	0.56	0.88	1.31	1.81	2.41	3.42	4.40	5.12	6.86	14.66
28.4	0.17	0.36	0.55	0.82	1.15	1.56	2.40	3.20	3.73	5.23	12.79
32.7	0.11	0.24	0.36	0.55	0.78	1.07	1.77	2.43	2.80	4.13	11.53
38.2	0.06	0.15	0.21	0.32	0.46	0.63	1.19	1.70	1.89	3.02	10.24
40.2	0.03	0.08	0.11	0.15	0.23	0.31	0.76	1.13	1.17	2.09	9.14
43.9	0.02	0.06	0.07	0.11	0.16	0.22	0.63	0.96	0.95	1.80	8.81
47	0.01	0.03	0.04	0.06	0.08	0.11	0.48	0.75	0.68	1.44	8.35
52.5	0.00	0.01	0.01	0.03	0.03	0.04	0.40	0.63	0.52	1.22	8.09

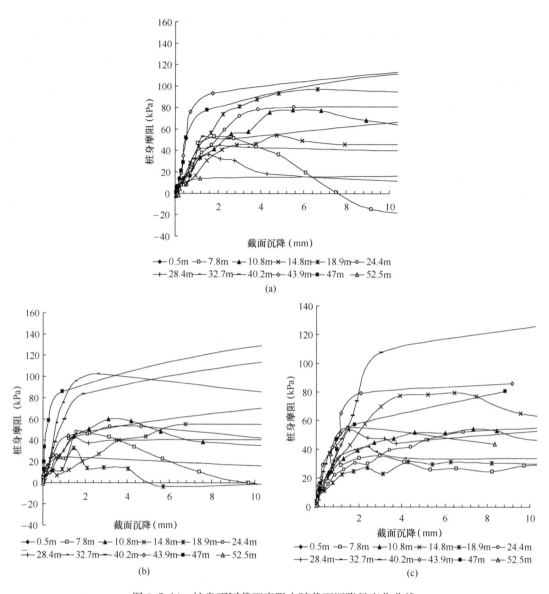

图 3.7.14 桩身不同截面摩阻力随截面沉降量变化曲线
(a) S1 号桩；(b) S2 号桩；(c) S3 号桩

众多研究表明，桩身摩阻力的发挥程度取决于桩土之间的相对位移量大小，而根据以上已经获得的分析结果，证明桩身分段位移量在桩出现极限承载力前主要取决于桩身的分段压缩量，桩身压缩量受桩侧摩阻力的影响自上而下是不均衡的，在桩顶荷载作用下，桩身上部首先被压缩，亦即桩身上部摩阻力首先发挥，其后才到达下部桩身。由于桩周土的非均质性，在摩阻力的发挥过程中，即使是同一土层，其摩阻力的发挥程度有时也不完全相同，因此通过对桩身分段摩阻力发挥程度进行考察显得很重要。

根据本项目实例获得的桩身分段摩阻力随桩身分段相对位移量变化曲线图可以获得如下认识：

(1) 在该工程实例条件下，桩周土层摩阻力发挥同样存在不均衡性，上部桩身分段摩阻力早于下段桩身发挥其承载力。

（2）当桩身分段位移量超过一定值时，会出现侧阻软化现象。侧阻软化现象出现需要的最小位移量多在 1~5mm 且随深度的增加而有所减小，1/2 桩长以上侧阻软化现象更加明显。当桩身压缩范围到达桩端时，全桩长范围内土层摩阻力均已经发挥至极限。

（3）根据计算结果，该工程实例侧阻力软化模型可简化为线弹性-塑性模型，根据公式（3.7.28）其数学表达式为：

$$f = \begin{cases} k \times s & s \leqslant s_u \\ f_u & s > s_u \end{cases}$$

该工程实例在桩身不同深度，决定该模型具体特征的 k、s_u、f_u 参数通常也并不完全相同，k、s_u、f_u 随深度的变化规律如表 3.7.12 所示。显然，随着深度增加，f_u、k 值有增大趋势、而 s_u 有减小趋势，说明对于该场地，浅部地层发挥极限摩阻力时所需要的桩土相对位移量明显高于深部地层，即浅部地层发挥承载力需要大位移量，而深部地层发挥承载力需要的位移量明显变小，这也是基桩能够提供高承载力并降低沉降的重要因素之一。

各土层桩侧摩阻力实测值及侧阻力软化模型参数取值　　　　表 3.7.12

地层编号	层底深度(m)	岩土描述	侧摩阻力测试统计值(kPa)	k(kPa/mm)	s_u(mm)	f_u(kPa)
①₂	0.5	种植土	(86.7, 75.4, 60.5) 60.5~86.7 括号内分别为S1、S2、S3号试验桩实测数据，以下同	7.42	10	74.2
②₂	1.8	粉质黏土				
②₁	3.1	黏土				
②₂	7.8	粉质黏土				
③₈	9.5	淤泥质粉质黏土	(70.8, 66.0, 62.7) 66.0~70.8	13.3	5	66.5
③₃	10.8	粉土				
③₁	14.8	黏土	(56.0, 49.5, 73.3) 49.5~73.3	11.3	5	59.6
④₂	18.9	粉质黏土	(89.1, 42.8, 69.5) 42.8~89.1	13.4	5	67.1
④₃	21	粉土	(65.7, 42.1, 49.1) 42.1~65.7	13.1	4	52.3
④₄	24.4	粉砂				
⑤₂	28.4	粉质黏土	(28.5, 34.2, 47.3) 34.2~47.3	10.5	3.5	36.7
⑤₂	31.8	粉质黏土	(41.0, 74.4, 36.8) 36.8~74.4	16.9	3	50.7
⑤₄	32.7	粉砂				
⑤₁	38.2	黏土	(空, 126.9, 132.1) 126.9~132.1	51.8	2.5	129.5
⑤₃	38.8	粉土	(72.4, 105.7, 110.0) 72.4~110.0	48.0	2	96.0
⑤₁	40.2	黏土				

地层编号	层底深度(m)	岩土描述	侧摩阻力测试统计值(kPa)	建议值		
				k (kPa/mm)	s_u (mm)	f_u (kPa)
⑥₂	43.9	粉质黏土	(108.6, 67.6, 122.4) 67.6~122.4	49.8	2	99.5
⑥₄	47	粉砂	(83.1, 99.9, 16.8) 16.8~99.9	33.3	2	66.6
⑦₂	47.9	粉质黏土	(18.3, 27.6, 49.3) 18.3~49.3	15.9	2	31.7
⑦₁	50.3	黏土				
⑦₃	52.5	粉土				

(4) 分析图 3.7.14 可知,桩上部在达到桩身极限摩阻力时,随着荷载的增加产生的沉降增大,浅部土层分段摩阻力值随相对位移的增加出现下降的现象,较符合三折线模型。根据分段承载力曲线特征,该工程实例基桩承载力主要由 30m 以下土层提供,因此仍可以近似用弹性-塑性模型描述本场地土的工程特性,用此模型进行模拟计算不至于产生过大的计算误差。

5. 基于轴力形态估算的桩身摩阻力分析

本项目实例基桩的长径比较大,桩的承载力性状表现为纯摩擦桩,极限承载力时伴随桩端大的沉降,桩端阻力通常很小。桩身轴力形态近似于倒三角形分布,公式(3.7.11)中 ξ 近似为 0.5,因此可采用此式定性分析桩身摩阻力分布。下面以该工程 S3 号试验桩为例说明该估算方法的工程应用。

(1) S3 号试验桩的基本试验数据

S3 号试验桩的竖向抗压静载荷试验数据及曲线如表 3.7.13、图 3.7.15 所示。

S3 号试验桩的竖向抗压静载荷试验加载数据   表 3.7.13

桩号	S3 号试验桩										
荷载(kN)	1900	2850	3800	4750	5700	6650	7600	8550	9500	10450	11400
桩顶沉降量(mm)	1.01	1.84	2.73	3.86	5.43	6.68	8.38	9.93	11.28	13.7	22.16

(2) 计算桩身等效弹性模量

将 S3 号试验桩的 Q-s 试验数据代入公式(3.7.61),计算荷沉比增量曲线,计算结果如图 3.7.16 所示。由图可知,当荷载大于 9500kN 时,荷沉比曲线出现陡增,因此可以判断,当荷载为 9500kN 时,荷载作用深度接近桩端,可以据此计算桩身等效弹性模量。将 $Q = P_a = 9500$kN,$s = s_0 = 11.28$mm,代入公式(3.7.11)得:

$$E = 0.5 \times 9500 \times 52 / (0.785 \times 11.28) = 2.79 \times 10^4$$

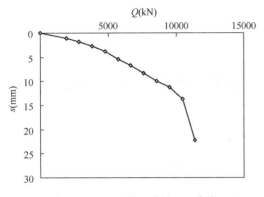

图 3.7.15 S3 号试验桩 Q-s 曲线

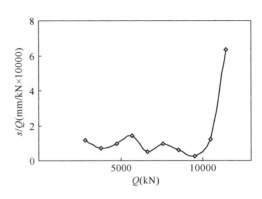

图 3.7.16 S3 号试验桩荷沉比增量曲线

（3）计算视摩阻力与实测摩阻力对比

S3 号试验桩桩身视摩阻力和实测摩阻力取值　　　　　　　　表 3.7.14

深度 （m）	25	35	45	52
实际摩阻力 （kPa）	44	53	55	53
视摩阻力 （kPa）	45	54	60	65
误差 （%）	+2%	+2%	+9%	+23%

根据公式（3.7.13）、公式（3.7.15）可计算得到桩身视摩阻力；S3 号试验桩桩顶加载至 9500kN 时，根据桩身轴力观测资料计算得到实测摩阻力。桩身视摩阻力和实测摩阻力取值及分布曲线，如表 3.7.14、图 3.7.17 所示。两条曲线形态有一定的相似性，但视摩阻力曲线较实际摩阻力分布曲线相应特征点有所下移，这可能与完全忽略桩底位移引起的计算误差有关。用两条曲线计算的加权平均摩阻力随深度的变化见表 3.7.14。

显然视摩阻力在半桩长范围内基本与实际摩阻力相当（略偏大），但越靠近桩底，计算的视摩阻力偏离实测摩阻力越大，因此视摩阻力只适用于对于 Q-s 曲线的定性解释。

（4）应用条件

对于短桩以及端承性质的桩，桩顶荷载很快传递到桩端，桩顶沉降中包含有不能忽略的桩端沉降，简单地采用上述方法进行估算会产生很大的计算误差，因此并不适用。对于长径比过大的

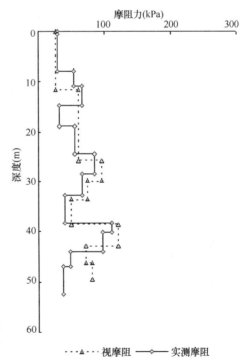

图 3.7.17 实测摩阻力与视摩阻力对比

桩（如 $L/d \geqslant 40$），其破坏形式倾向于桩身强度破坏，根据荷沉比增量变化确定的桩身弹性模量会出现较大异常，这种情况下可近似采用混凝土试块试验确定的弹性模量进行相应计算。

第8章　单桩抗压静载试验分析单桩抗拔摩阻力

8.1　技术原理

通常基桩的抗拔摩阻力主要通过桩的实体抗拔载荷试验确定，设计阶段则根据土层性质分别给出各土层的抗拔系数，然后与各土层的抗压摩阻力相乘累加得到桩的抗拔摩阻力。前文介绍了采用特征线参量分析单桩抗压承载性状的方法，即可以根据抗压载荷试验曲线，分析得到单桩抗压摩阻力和端阻力，故可采用与设计阶段类似的方法将抗压载荷试验得到的 $Q\text{-}s$ 数据，通过桩的承载性状分析得到桩的抗压摩阻力，然后引入土的抗拔摩阻系数，进而得到桩的抗拔摩阻力（忽略桩重时，即单桩抗拔承载力）。引用第6章中图3.6.1（a），一般基桩的侧阻力分布即呈现此种倒三角形形态，在此情况下，可得到下列公式：

$$Q_{\text{bs}} = \pi d \sum_{i=1}^{n} \lambda_i H_i q_i = \lambda(\pi dqL) = \lambda Q_s \qquad (3.8.1)$$

$$\lambda = \frac{\pi d \sum_{i=1}^{n} \lambda_i H_i q_i}{\pi dqL} = \frac{\sum_{i=1}^{n} \lambda_i H_i}{L} \qquad (3.8.2)$$

式中：d —— 桩径；

　　H_i —— 第 i 层土厚度；

　　q_i —— 第 i 层土抗压摩阻力；

　　λ_i —— 第 i 层土抗拔摩阻系数；

　　L —— 有效桩长；

　　Q_s —— 单桩抗压摩阻力；

　　q —— 等效平均摩阻力；

　　Q_{bs} —— 单桩抗拔摩阻力。

即对于分层土的抗拔摩阻系数，可取分层土的抗拔摩阻系数的层厚加权平均值。引入《建筑桩基技术规范》JGJ 94—2008 中表 5.4.6-2，并设 砂土层厚度 $/L = \alpha$，λ 取中间值，则公式（3.8.2）可整理为：

$$\lambda = \frac{\sum_{i=1}^{n}\left[0.6\alpha L + 0.75(1-\alpha)L\right]}{L} = 0.75 - 0.15\alpha \qquad (3.8.3)$$

公式（3.8.1）整理为：

$$Q_{\text{bs}} = \lambda Q_s = (0.75 - 0.15\alpha)Q_s \qquad (3.8.4)$$

基桩的抗拔摩阻力由此得出。

8.2 桩的抗拔摩阻力确定

首先采用特征线法确定桩的侧摩阻力与桩的极限抗压承载力的比值，进而得到桩的抗压摩阻力。采用特征线参量法分析单桩承载性状的方法，可得到单桩抗压摩阻力的表达式：

$$Q_s = \frac{s_d - s_0}{s_d - s_c} \times Q \tag{3.8.5}$$

合并公式（3.8.4）和公式（3.8.5）得到：

$$Q_{bs} = \lambda Q_s = (0.75 - 0.15\alpha) \times \frac{s_d - s_0}{s_d - s_c} \times Q \tag{3.8.6}$$

由于单桩极限抗拔摩阻力与桩的极限抗压摩阻力对应，故需确定与单桩极限抗压摩阻力对应的 Q 值。根据图 3.6.1（a），可得到桩的抗压平均侧阻力的表达式：

$$\frac{Q}{2EA} = \frac{s}{L} \tag{3.8.7}$$

$$q = \frac{Q}{\pi dL} = \frac{1}{2\pi dEA} \times \frac{Q^2}{s} \tag{3.8.8}$$

式中：E——桩身弹性模量；

$\quad\ A$——桩身横截面面积；

$\quad\ s$——桩身压缩量。

绘制 Q-q 曲线，其最大值对应的荷载 Q 即为极限抗压摩阻力时的荷载。由于桩的抗拔承载力既取决于桩的侧摩阻力，又取决于桩的配筋量，故本方法是对桩的极限抗拔摩阻力的最大估值，欲发挥桩的最大抗拔承载力，需核算桩重并调配合适的配筋量。

8.3 工程应用的实现

8.3.1 单桩抗拔摩阻力分析步骤

（1）绘制特征线，识别 s_0 线

在 Q-s 曲线确定的平面坐标内，分别构造以 Q 为自变量的 s_c、s_d、s_z 函数的三条特征线，根据端阻力启动荷载识别 s_0 线起点，并按 Q-s 曲线其后的趋势线性拟合 s_0 线。

（2）绘制 Q-q 线并确定 q 最大值对应的 Q

根据公式（3.8.8）转换计算 Q-q 曲线，寻找 q 最大值，确定其对应的 Q 值，分别计算与 Q 对应的特征线参量 s_0、s_c、s_d。

（3）给定砂土层层厚占比 α，计算单桩抗拔摩阻力

根据桩周砂层总厚度与有效桩长的比值 α，按公式（3.8.6）计算单桩抗拔摩阻力 Q_{bs}。

8.3.2 工程案例分析

某地铁站试验桩设计桩长 26m、桩径 1800mm，桩身混凝土强度等级为 C30，混凝土

弹性模量 $E = 3 \times 10^4$ MPa。S1 号试验桩的竖向抗压静载荷试验 Q-s 曲线如图 3.8.1 所示。

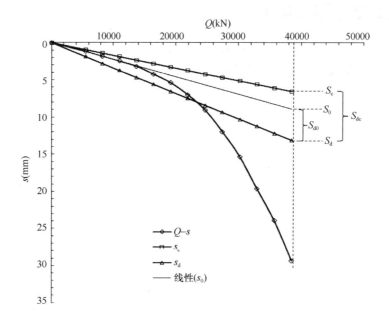

图 3.8.1   S1 号试验桩静载荷试验 Q-s 曲线

（1）确定单桩抗压摩阻力

根据特征线法分析基桩承载性状原理，绘制侧阻线 s_c、端阻线 s_d 等特征线。根据 S2 号试验桩 Q-s 曲线的形态，该 Q-s 曲线无明显与侧阻线 s_c 的近似平行段，用第一级荷载（$Q_1 = 5496$kN，$s_1 = 1.18$mm）估算荷载作用深度为 32.8m，大于桩长，第一级荷载已经大于端阻力的启动荷载，故用 Q-s 曲线首的直线段近似做 s_0 线。

① 几何作图法

量取与 Q_u 对应的 s_d 线与 s_c 线的间距 s_{dc}，量取该荷载下 s_0 线与 s_d 线的间距 s_{d0}，则：

侧阻力占比：$Q_s/Q_u = s_{d0}/s_{dc} \times 100\% = 66.5\%$；

端阻力占比：$Q_p/Q_u = 1 - Q_s/Q_u \times 100\% = 33.5\%$。

② 拟合 s_0 线法

选取端阻力启动荷载以后线性段，作线性拟合得到形如 $s_0 = kQ + a$ 的表达式，S1 号试验桩拟合后侧阻线表达式为 $s_0 = 0.00023Q - 0.098$，代入公式（3.6.8）得：

侧阻力占比：$Q_s/Q_u = 66.5\%$；

端阻力占比：$Q_p/Q_u = 1 - Q_s/Q_u \times 100\% = 33.5\%$。

绘制 Q-q 曲线，如图 3.8.2 所示，抗压平均侧阻力 q 最大值对应的荷载为 $Q = 21984$kN。

（2）桩的抗拔摩阻力的确定

取 $\alpha = 0.5$，并将前述 3.8.1 节计算结果代入式（3.8.6），得到：

$$Q_{bs} = \lambda Q_s = (0.75 - 0.15 \times 0.5) \times 0.665 \times 21984 = 9864\text{kN}$$

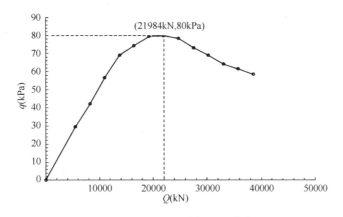

图 3.8.2　S1 号试验桩 Q-q 曲线

8.3.3　成果验证

为验证该方法的分析效果，现场进行了 1 根 PHC 管桩的施工与检测，桩径为 500mm，桩长为 15m，桩身强度等级为 C80，检测项目为抗压静载荷试验和抗拔静载荷试验。根据 PHC 管桩抗压静载荷试验 Q-s 曲线，可知 $\alpha = 0.5, Q = 3600\text{kN}$，并计算得：

$$Q_{bs} = (0.75 - 0.15\alpha) \times \frac{s_d - s_0}{s_d - s_c} \times Q = 0.675 \times 0.31 \times 3600 = 753\text{kN}$$

实测 PHC 管桩的极限抗拔承载力为 770kN，二者的偏差为 $(753 - 770)/770 \times 100 = -2.2\%$。PHC 试验管桩的抗压静载荷试验、抗拔静载荷试验的数据及曲线如图 3.8.3、表 3.8.1 所示。

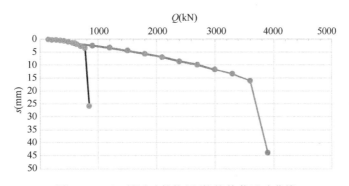

图 3.8.3　S1 号试验桩抗压/抗拔静载试验曲线

PHC 管桩抗拔极限承载力计算值与实测值的对比　　　　　　表 3.8.1

桩型	桩径（mm）	桩长（m）	抗压数据分析抗拔 极限承载力（kN）	实测单桩抗拔 极限承载力（kN）
PHC	500	15	753	770

该技术的可靠性尚需进一步积累更多的原体桩抗压承载力和抗拔承载力对比数据，由于抗压静载试验和抗拔静载试验需在同一根桩先后完成试验才能获得对比结果，故欢迎有兴趣的同志继续补充对比试验结果，以使该项技术趋于成熟。

参 考 文 献

[1] 沈保汉. 评价桩工作特性的新方法 P/P_u-s/s_u 曲线法[J]. 建筑技术开发，1994(2)：11-21.

[2] 任光勇，张忠苗，宋仁乾. 桩身混凝土在竖向荷载作用下的压缩量试验研究[J]. 岩石力学与工程学报，2004(2)：168-174.

[3] 杨龙才，周顺华，高强. 基于单桩轴力实测的桩身压缩变形计算与分析[J]. 工程勘察，2004(4)：44-48.

[4] 陈竹昌，宋荣. 单桩桩身压缩量的分析计算[J]. 中国公路学报，1992(1)：71-77.

[5] 辛公锋. 竖向受荷超长桩承载变形机理与侧阻软化研究[D]. 杭州：浙江大学，2003.

【第4篇】 储罐桩基工程实践

第9章 广东某LNG储罐区岩土工程勘察、场地回填、试验桩、工程桩及检测

9.1 项目概述

9.1.1 基本情况

广东某LNG接收站项目位于广东省揭阳市，建设内容包括3座储存容积为16万 m^3 的LNG全容储罐，储罐包括内罐、外罐、拱顶、内部吊顶、内外罐底等其他结构；内罐直径82m，高39m，材料4GrX7Ni9；外罐内径84m，高43.7m，为预应力钢筋混凝土结构；外罐内壁衬结构钢。设计压力29kPa（G）/－0.5kPa（G），设计标准（内罐/外罐）API 620/ EN 14620，介质密度478kg/ m^3 。

9.1.2 项目规模

本项目岩土工程技术服务内容包括 TK-01～TK-03 储罐罐区的岩土工程勘察、TK-04 储罐物探、试验桩、土方回填、工程桩及工程检测等工作内容，项目实施的时间跨度为 2011 年 11 月至 2013 年 11 月。

9.1.3 复杂程度

项目所在地的构造体系主要包括东西向构造体系、早期新华夏体系、北西向构造体系、新构造运动体系，区域存在断块运动造成本区山盆、海陆分界明显，勘察区地层主要为第四系残坡积层、淤积层、孤石及燕山期花岗岩层，地层结构复杂。根据储罐区桩基设计资料，每个罐布置试验桩 4 根，TK-01～TK-03 储罐共计 12 根试验桩，分别进行竖向抗压静载荷试验、水平静载荷试验、竖向抗拔静载荷试验；每个储罐布置 356 根工程桩，3 座储罐共计布置 1068 根。项目的复杂程度主要体现在以下几方面。

（1）岩土工程勘察评价方法和技术的合理性

场地地层结构复杂，场地表层分布有第四系土层，且基岩上部分布有大量成层的大块孤石，如图 4.9.1 所示。建（构）筑物荷载大，变形控制要求严格，采用桩基础，确定勘察手段，准确查明岩土层的空间分布特征，以及地基岩土物理力学性质是本项目的难点。

（2）多种勘探方法勘探结果的解译与印证

为了准确查明地层的空间结构特征，采用了钻探和物探相结合的手段进行勘察，对于采用地震方法的高密度地震映像成果，如何解释其物探信息与钻探揭露地层的对应关系，如何从同相轴、振幅、频率和反射波的反射情况等几个方面建立地层的解释标准，是本项目一个勘察的关键点。

图 4.9.1　建设场地及海边裸露的花岗岩孤石

（3）地质复杂，桩基成孔难度大

建设场地原地貌由低矮的侵蚀残丘、台地和凹地组成，地层中孤石含量大，部分区域孤石成层分布，遇孤石的桩基占比 40% 以上。工程桩最大孔深 51.62m，最小孔深 7.5m，岩面起伏较大，造成了部分桩基施工过程中发生斜孔、S 孔现象。桩端持力层为中风化花岗岩（MWG）或微风化花岗岩（SWG），饱和单轴抗压强度最高值为 98.65MPa，最低值为 61.92MPa，桩端入岩深度最小 1.2m，最大 4.5m。

（4）桩身配筋复杂，制作难度大

设计钢筋等级为 HRB500E 型，主筋直径 32mm、箍筋直径 16mm，箍筋间距分别为 60mm、150mm、200mm，内圈桩主筋数量为 40 根、最外圈桩主筋数量为 60 根，主筋采用机械接头连接，箍筋与主筋采用绑扎连接，不设置加劲箍筋，整体钢筋笼无焊点。单节钢筋笼重量达到 14t，对钢筋笼制作、起吊、安装提出了非常大的挑战。

（5）减小基岩约束的短桩施工

工程桩最大桩长约 51m，最小桩长约 7m，每座储罐基础下桩长差别比较大。相对于长桩而言，短桩入岩较早，水平荷载作用下水平位移量较长桩小，为避免水平地震作用下储罐基础下短桩提前失效，从而引起"多米诺骨牌效应"的发生，设计要求通过施工措施人为"延迟"桩端进入基岩，减少基岩对桩基的水平约束，增加水平荷载作用下短桩变形的能力。因此，人为"延迟"短桩桩端进入基岩的措施是施工的难点。

（6）设计基桩承载力高，检测难度大

根据试验桩检测要求，设计单桩竖向抗压承载力特征值 7000kN，要求试验最大加载量不少于 21000kN；设计单桩抗拔承载力特征值 3200kN，要求试验最大加载量不少于 9600kN；设计要求单桩水平载荷试验最大加载量不少于 3200kN。

单桩竖向抗压承载力检测采用堆载法，桩基检测规范要求堆载重量不少于 25200kN。考虑地基表层为近期场地整平堆填形成的素填土，结构较松散，承载力较低，不均匀，如何通过安全、可靠、经济的配载方式和堆载方法解决软土地基堆载问题，以满足"压重施加于地基的压应力不宜大于地基承载力特征值的 1.5 倍"的规范要求，是本次试验的一个难点问题。

抗拔试验桩钢筋主筋直径为 32mm，主筋数量为 60 根，主筋采用 3 根钢筋合并为一股进行布置，单股主筋呈三角形异形截面，由于试验桩单桩抗拔试验最大加载量不少于 9600kN，采用何种加载连接装置，使每股钢筋能够均匀地发挥拉力、均匀地传递，是本项试验的一个难点。

9.2　岩土工程勘察

9.2.1　勘察目的与任务

本次勘察为详勘阶段，工程重要性等级为一级、场地复杂程度为一级、地基复杂程度为二级，综合确定该工程的岩土工程的勘察等级为甲级。本次勘察的主要目的和任务如下：

（1）查明储罐场地勘探深度内的地层埋藏分布规律，并提供各工程地质层的主要物理力学性质指标。查明场地不良地质作用的类型、成因、分布、规模、发展趋势和危害程度，并对场地的稳定性做出评价。查明埋藏的河道、沟浜、墓穴、孤石等对工程不利的埋藏物。

（2）对建筑地基做出岩土工程评价，并对地基类型、基础形式和不良地质作用的防治提出建议。提供岩土层物理力学性质指标，天然地基承载力特征值，抗剪强度特征值，压缩模量，对含有机质的土层测定有机质含量。对不良地基及软弱地基的地基处理提出建议及可能采用的基础类型，并提供相应的设计参数。

（3）对场地的地震效应做出评价。划分场地类别，明确设计地震分组及场地的特征周期值。划分抗震有利、一般、不利和危险地段，判明场地土液化的可能性。

（4）查明水文地质情况，地下水的类型、稳定地下水位、变化幅度，判定地下水对建筑材料的腐蚀性。

（5）探明储罐下中风化与微风化基岩的埋深、完整性等，并绘制储罐下中风化与微风化基岩顶面等高线图。

（6）提供桩基原体承载性能的相关资料。对上部结构和地基基础设计、施工中应注意的问题提出建议。

9.2.2　工程勘察的特色

1. 综合勘探岩土工程特性

采用双管单动钻探取芯技术、高密度地震映像探测技术、岩石饱和单轴抗压强度试验、水土腐蚀性试验、土壤电阻率测试、1200kPa 固结试验等有针对性的岩土试验，分析了岩土层的空间分布特征和物理力学性质，提供了科学、准确的岩土工程设计参数。在基岩中通过双管单动确保 90% 以上岩芯采取率，准确判定划分基岩风化程度和完整性程度，通过饱和单轴抗压强度试验，对基岩完整性及力学指标给出了科学合理的建议值。根据钻探鉴别和物探分析，查明了各个储罐下地基岩土层空间分布特征，为设计提供了客观真实的依据。

本次详细勘察钻探钻孔 96 个，钻孔中取土标贯钻孔 36 个、标准贯入试验孔 27 个、鉴别孔 33 个，其中 6 个鉴别孔是依据跨孔波速测试要求布置的钻孔。钻探深度为 9.0～54.0m，钻探总进尺 1777.3m。为判定场地土类型及建筑场地类别，在 3 组钻孔中采用跨孔检测法进行波速测试，以获得地层的剪切波速资料。室内土工试验包括含水量试验、界限含水量试验、相对密度试验、天然密度试验、直接剪切试验、固结试验（最大压力1200kPa）、砂土筛分试验、有机质含量、地下水及场地腐蚀性分析试验等；室内岩石试验为饱和单轴抗压强度试验。本次勘察工作量详见表4.9.1。

勘察工作量明细表 表4.9.1

工作布置	勘探点			
类型	取土标贯钻孔	标准贯入试验孔	鉴别孔	总计
孔数×孔深 （个×m）	15×(9.0—15.0) 8×(15.3—20.0) 7×(20.4—24.0) 5×(26.3—29.9) 1×44.3	8×10.0 5×(10.2—14.2) 9×(16.4—19.6) 3×(22.5—35.5) 1×41.6 1×48.8	4×(10.0) 11×(10.1—14.5) 8×(16.0—19.5) 5×(20.2—27.5) 1×35.8 3×(41.4—44.4) 1×54.0	
累计孔数（个）	36	27	33	96
自然进尺（m）	656.4	474.0	646.9	1777.3
取样及原位测试				
项目	原状样	扰动样	岩样	标准贯入试验	跨孔波速测试
数量	117件	11件	45件	215次	3组
岩石及土工试验				
试验项目	常规试验	400/1200kPa 固结试验	直剪试验	岩石饱和单轴 抗压强度试验	筛分试验
数量	117件	83/34件	43件	21件	11件
试验项目	水的腐蚀 性试验	土的腐蚀 性试验	渗透试验	有机质含量试验	土壤电阻率测试
数量	6件	6件	8件	4件	3点

2. 物探与钻探综合探明孤石分布

本次勘察高密度地震映像测试10条，总测试长度2550.0m。通过物探信息与钻探信息比对，分析了高密度地震映像同相轴变化和地层变化的对应关系，得到了较好的分析效果，总结了其规律；对于可塑—流塑的淤泥质土、松散稍密的细砂层，在高密度地震映像测试图中，同向轴具有较好的规律性；在高密度地震映像中，同相轴突变为低振幅，特性与下部完整基岩相似，并产生绕射，可判为花岗岩孤石。据此，建立本场地不同地层的高密度电法测试成果解释标准，成功地查明了岩土层及孤石的空间分布规律。

9.2.3 工程地质条件

1. 地形、地貌

建设场地为海蚀平原，原始地貌由低矮的侵蚀残丘、台地和凹地组成，残丘海拔十几到二十几米。场地内地势较低，地形除残丘外起伏不大，总体上北高南低，东西两侧较多花岗岩巉岩。目前场地已整平，勘察范围高程为 8.130～11.540m。

2. 地层简述

地层主要为第四系残坡积层、淤积层及燕山期花岗岩层。54.0m 深度范围，根据其岩性及物理力学性质自上而下分为 4 层，分述如下。

① 层：填土，根据成因及岩性分 3 个亚层，分别为①$_1$ 层素填土、①$_2$ 层细砂及①$_3$ 层碎石层，地层特性分述如下：

①$_1$ 层：素填土，褐红色或褐黄色，湿，可塑状态。近期场地整平堆填形成，结构较松散，不均匀。主要成分为残积的砂质黏性土和全风化花岗岩，局部混杂少量碎石和块石，母岩为花岗岩。统计标准贯入试验 43 次，实测击数 5.0～17.0 击，平均 10.0 击。

①$_2$ 层：细砂，褐黄色—浅黄褐色，湿，稍密—中密。近期冲填形成，主要成分为石英、长石颗粒，分选较好，局部含少量粉土。统计标准贯入试验 17 次，实测击数 9.0～20.0 击，平均 13.0 击。

①$_3$ 层：碎石层，灰白色，结构较松散，一般块径 8～40cm，可见 80cm 块石，混少量黏性土。

② 层：淤泥质粉质黏土，灰色—灰黑色，软塑—流塑。土质较均匀，切口稍光滑，干强度及韧性较高，局部含少量细砂。该层分布于原有鱼塘位置，属高压缩性土。统计标准贯入试验 8 次，实测击数 3.0～5.0 击，平均 3.5 击。

③ 层：砂质黏性土，褐红色或褐黄色，一般可塑状态。该层为风化残积层，切口稍光滑，干强度及韧性较高。土质一般不均匀，含粗砾砂，局部土质较均匀为粉质黏土，以及孤石全风化块体，呈含黏性土粗砾砂。属中压缩性土。统计标准贯入试验 118 次，实测击数为 7.0～33.0 击，平均 17.2 击。该层中孤石划为③$_1$ 层。

③$_1$ 层：孤石（花岗岩），灰白色，一般呈微风化，中粗粒结构，块状构造。该层存在于③层砂质黏性土中。

④ 层：花岗岩，矿物成分主要为长石、石英和少量角闪石。中粗粒结构，块状构造。根据风化程度划为④$_1$ 层全风化花岗岩、④$_2$ 层强风化花岗岩、④$_3$ 层中风化花岗岩和④$_4$ 层微风化花岗岩。

④$_1$ 层：全风化花岗岩，灰褐色或褐红色，密实。呈粗砾砂状或粗砾砂含次生黏土，原岩结构基本破坏，风化残余矿物主要为石英、长石及次生黏土。该层统计标准贯入试验 21 次，实测击数 23.0～50.0 击，平均击数 33.4 击。

④$_2$ 层：强风化花岗岩，褐黄色—灰白色，密实。原岩结构大部分破坏，岩芯呈碎块状或粗砾砂状，主要成分为石英、长石及角闪石，可见少量次生黏土。风化裂隙非常发育，填充物为次生黏土。

④$_3$ 层：中风化花岗岩，灰白色。粒状结构，块状构造，主要成分为石英、长石及角闪石。岩芯呈短柱状，结构部分破坏，沿节理面有次生黏土矿物，风化裂隙发育。钻探取芯率一般大于 95%，RQD 大于 90%。

④$_4$ 层：微风化花岗岩，灰白色。粒状结构，块状构造，主要成分为石英、长石及角闪石。岩芯呈长柱状，结构基本未变，仅节理面有渲染或稍有变色，有少量风化裂隙。钻探取芯率一般大于 90%，RQD 大于 95%。

9.2.4 地基土物理力学性质指标

1. 原位测试指标

（1）标准贯入试验

标准贯入试验实测击数可参见9.2.3节第2条"地层简述"，对各层土的试验实测值、修正值（杆长）分别进行了分层统计，并剔除了异常值。

（2）波速测试

波速测试方法为跨孔检层法，现场试验仪器采用SWS-3型多波列数字图像工程勘探与工程检测仪、三分量探头及震源等附属设备，利用计算机对现场采集的数据进行分析，结果详见"波速成果表"，计算等效剪切波速值汇总见表4.9.2。

土层计算等效剪切波速一览表 表 4.9.2

序号	孔号	等效剪切波速（m/s）	序号	孔号	等效剪切波速（m/s）
1	G026	247.7	3	G066	282.6
2	G057	239.8			

（3）土壤电阻率测试

完成3点电阻率测试，参考对应钻孔资料，每点测试电阻率数据汇总结果见表4.9.3。

各测试点电阻率汇总表 表 4.9.3

测试点号	地层编号	视电阻率（Ω·m）
D10	①$_1$	273.23
	①$_2$	121.87
	②	70.51
D11	①$_1$	29.24
	③	29.59
	③	43.26
D12	①$_1$	169.96
	③	159.75

2. 室内试验

（1）岩石试验

本次勘察分别在④$_3$层中风化花岗岩和④$_4$层微风化花岗岩中采取岩样56件，选择有代表性的21件样品进行了室内饱和单轴抗压强度试验，④$_3$层中风化花岗岩指标剔除1个大于79MPa和2个小于15MPa的值进行统计，④$_4$层微风化花岗岩指标剔除2个大于100MPa的值进行统计，统计结果详见表4.9.4。结合现场钻探及基岩节理裂隙发育情况综合考虑，④$_3$层及④$_4$层饱和单轴抗压强度推荐值分别为20.0MPa和69.0MPa。

岩石单轴抗压强度统计一览表 表 4.9.4

地层编号及岩性	统计项目	饱和单轴抗压强度（MPa）
④₃层中风化花岗岩	统计个数	7
	最大值	44.87
	最小值	18.64
	平均值	29.38
	标准差	9.25
	变异系数	0.315
	标准值	22.54
④₄层微风化花岗岩	统计个数	9
	最大值	98.65
	最小值	61.92
	平均值	82.92
	标准差	10.35
	变异系数	0.125
	标准值	76.44

（2）渗透系数

室内对 8 件土样进行了渗透试验，按层进行汇总、统计，结果详见表 4.9.5。

地层渗透系数（$\times 10^{-6}$ cm/s） 表 4.9.5

地层编号	统计个数（个）	最大值	最小值	平均值
①₁	3	1.50	0.37	0.87
②	10	4.84	0.18	1.32
③	16	253.00	1.83	117.71

3. 地基承载力特征值

按照现行国家标准《建筑地基基础设计规范》GB 50007、广东省标准《建筑地基基础设计规范》DBJ 15-31 中的有关规定，根据外业钻探、原位测试及室内土工试验，并结合本地区工程实践经验，综合确定各层地基土的承载力特征值见表 4.9.6。

地基土承载力特征值一览表 表 4.9.6

地层编号及岩性	承载力特征值（kPa）
①₁层填土	不宜作为天然地基持力层
①₂层细砂	130
②层淤泥质粉质黏土	90
③层砂质黏性土	220
④₁层全风化花岗岩	320
④₂层强风化花岗岩	800
④₃层中风化花岗岩	3000
④₄层微风化花岗岩	4500

4. 各压力段压缩模量指标

根据室内固结试验，给出地基土各压力段压缩模量推荐值，对砂土按其密实度并结合本区建筑经验给出压缩模量推荐值，详见表4.9.7。

压缩模量推荐值（MPa）　　　　　　　　　　表4.9.7

地层编号及岩性	$E_{s0.1-0.2}$	$E_{s0.2-0.4}$	$E_{s0.4-0.6}$	$E_{s0.6-0.8}$	$E_{s0.8-1.0}$	$E_{s1.0-1.2}$
①₁层素填土	4.29	5.98	8.29	12.65	15.33	18.83
①₂层细砂	7.00*					
②层淤泥质粉质黏土	2.46	3.85	5.16	7.55	9.78	13.74
③层砂质黏性土	4.69	7.77	9.41	12.31	16.09	20.48
④₁层全风化花岗岩	5.48	8.43	14.51	21.14	30.75	33.82

注：表中带 * 为经验值。

9.2.5　物探成果的地质解释

1. 物探测试的目的

按照设计单位要求，对TK-01～TK-04储罐范围进行物探测试工作，本次物探工作采用了高密度地震映像勘探。本次工程物探所采用的高密度地震映像法均属弹性波勘探范畴，它是通过接收和分析人工地震产生的波动场特征来获得地下地质信息，是一种间接勘查地下地质构造的方法。利用物探测试成果解释基岩顶板的埋深及起伏，并对场地孤石进行解释。

2. 场区地层地球物理学特征

通过地质条件调查，该地区内具备进行高密度地震映像勘探的地球物理条件有：

（1）砂质黏性土残积层与基岩之间有明显的波阻抗差异和波速差异，同时受风化、剥蚀作用，浅部基岩又可分为全分化至弱风化的不同物性差异层面，可形成反射界面。

（2）孤石一般为巨块花岗岩，与围岩砂混黏性土会有明显的波阻抗差异和波速差异，可形成地震波反射或绕射。

3. 数据采集及工作量

在此次工作中使用的是我国SWS-6型多功能数字地震仪，固有频率为30Hz检波器接收激发信号，大锤激发震源，道间距1m，采样间隔0.5ms，采样点数1024个，记录长度512ms。根据多次试验测试分析，最终确定20.0m为最优偏移距。为避免周围振动的影响，现场测试在夜晚进行。在逐点测试时，检波器插好，所有人员停止走动后，进行信号触发，尽最大可能减少噪声，提高信噪比，取得准确的第一手资料。本次高密度地震映像勘探采集参数及工作量见表4.9.8。

高密度地震映像勘探参数及工作量一览表　　　　　　　表4.9.8

储罐号	测线号	物探方法	道数（道）（道距1m）	偏移距（m）	测线起始方向
TK-04	Ⅰ	高密度地震映像	101	20.0	自西北向东南
	Ⅱ	高密度地震映像	101	20.0	自东南向西北
	Ⅲ	高密度地震映像	101	20.0	自西北向东南
	Ⅳ	高密度地震映像	101	20.0	自东南向西北
	Ⅴ	高密度地震映像	101	20.0	自西北向东南

储罐号	测线号	物探方法	道数（道）（道距1m）	偏移距（m）	测线起始方向
TK-01 TK-02 TK-03	VI	高密度地震映像	409	20.0	自东南向西北
	VII	高密度地震映像	409	20.0	自东南向西北
	VIII	高密度地震映像	409	20.0	自西北向东南
	IX	高密度地震映像	409	20.0	自东南向西北
	X	高密度地震映像	409	20.0	自东南向西北
合计				2550m	

4. 物探成果处理与地质判译

高密度地震映像勘探数据处理：高密度地震映像数据在计算机上进行压缩、拼接和滤波处理后即可得到反映波动场特征的映像图，如图4.9.2～图4.9.5所示。本次高密度地震映像采用了反射波和面波两种有效波进行分析，以20.0m等偏移距的形式实现对地层的连续扫描，物探成果判译的依据有：

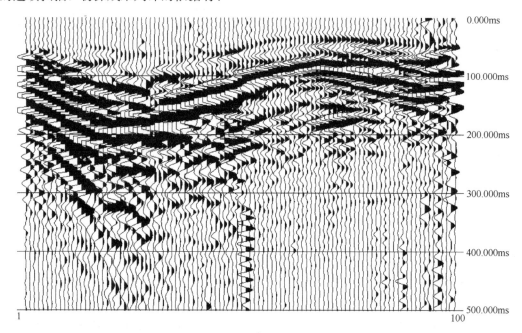

图4.9.2 VII测线高密度地震映像解释图（一）

（1）当地层水平展布时，高密度地震映像上表现为同相轴的水平展布，地层的尖灭（或分叉）表现为同相轴的尖灭（或分叉）。

（2）同向轴连续性较好，层位清晰，振幅大、低频率为上覆土层的反映，大面积的振幅稳定揭示上覆土层地层的良好连续性。

（3）下部没有反射反映了纵向上基岩整体性好、厚度较大、裂隙不发育、无层理。

（4）土层与基岩接触面附近同相轴错乱、连续性差，为土混碎石或土质不均匀的反映。

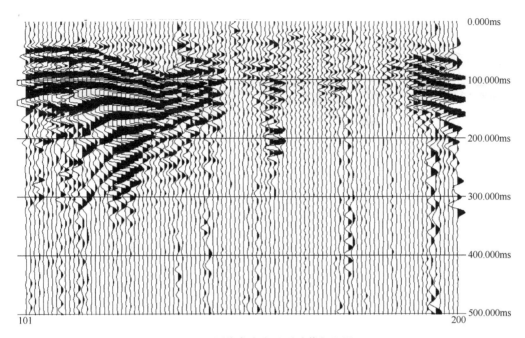

图 4.9.3 Ⅶ测线高密度地震映像解释图（二）

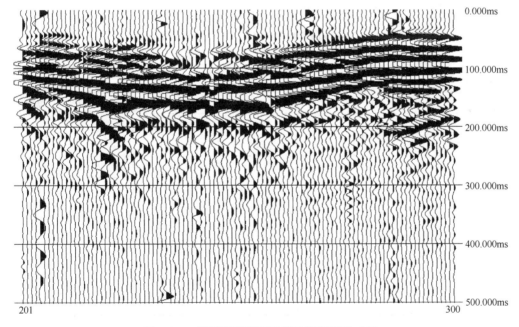

图 4.9.4 Ⅶ测线高密度地震映像解释图（三）

（5）结合本场地工程地质特点，同相轴突变为低振幅，特性与下部完整基岩相似，并产生绕射，为花岗岩孤石的反映。

5. 物探结果判译

本次高密度地震映像采用了反射波与面波两种有效波进行分析，这样分析解释就有更充分的依据，结合地质钻探资料，得到了较好的地质效果。物探判译出的孤石与高密度地

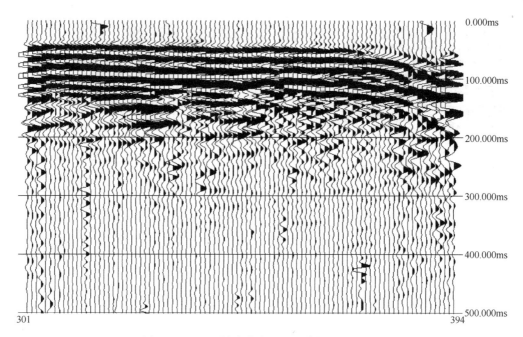

图 4.9.5　Ⅶ测线高密度地震映像解释图（四）

震映像线上的钻孔资料对比见表 4.9.9。

TK-01～TK-03 储罐物探判译孤石与钻探结果对比表　　表 4.9.9

高密度地震映像线编号	物探判译	钻探结果	备注
Ⅳ线	30～42 道有孤石反映	G002 钻孔 6.4～9.8m 揭露孤石	G002 在 39 道位置
Ⅳ线	176～190 道有孤石反映	G032 钻孔 4.4～5.1m 揭露孤石 G032 钻孔 5.4～8.5m 揭露孤石	G032 在 185 道位置
Ⅶ线	10～22 道有孤石反映	G012 钻孔 4.5～5.6m 揭露孤石	G012 在 11 道位置
Ⅶ线	233～250 道有孤石反映	G034 钻孔 3.6～6.8m 揭露孤石	G034 在 235 道位置
Ⅷ线	335～345 道有孤石反映	G027 钻孔 4.1～6.0m 揭露孤石 G027 钻孔 6.2～6.4m 揭露孤石	G027 在 340 道位置
Ⅷ线	165～180 道有孤石反映	G047 钻孔 2.9～3.2m 揭露孤石 G047 钻孔 3.6～6.4m 揭露孤石 G047 钻孔 7.4～10.6m 揭露孤石	G047 在 173 道位置
Ⅹ线	40～55 道有孤石反映	G008 钻孔 4.6～6.0m 揭露孤石	G008 在 53 道位置

9.2.6　水文地质条件

1. 地下水埋藏条件

该场地地下水类型为潜水，含水层主要分布于覆盖层、全风化及中风化花岗岩裂隙中。场地地下水主要补给方式为大气降水，主要排泄方式为地下径流和蒸发。地下水受季节性影响变化较大。钻探期间为测定稳定地下水位，对部分钻孔进行清洗处理后，测定稳定地下水位为 4.70～6.40m（标高 1.92～3.67m）。

2. 水、土的腐蚀性

采取水样 6 件，其中 7～9 号水样于钻孔内采取，5 号、6 号和 10 号水样分别在场区北门西边及东边路边压水井内采取，按土层对 6 件土样进行了室内易溶盐分析。根据部分地下水腐蚀性及场地土易溶盐的分析报告结果，按《岩土工程勘察规范》GB 50021—2001 的相关规定，场地环境类型按 II 类综合分析，对其腐蚀性综合评价，地下水对混凝土结构具弱腐蚀性，在干湿交替条件下对钢筋混凝土结构中的钢筋具中腐蚀性，在长期浸水条件下对钢筋混凝土结构中的钢筋具微腐蚀性；根据场地临近抽水井内水样的腐蚀性分析报告，地下水对混凝土结构具中腐蚀性，建议场地地下水对混凝土结构的腐蚀性按中等考虑。

场地土对混凝土结构的腐蚀性一般为微—弱，对钢筋混凝土结构中的钢筋具中腐蚀性，对钢结构具微腐蚀性。

9.2.7 场地地震效应

1. 液化判别

场地内南部的 $①_2$ 层细砂局部在地下水位以下，呈饱和状态。统计标准贯入测试深度 4.45～9.25m，水位按埋深 4.7m 考虑，依据《建筑抗震设计规范》GB 50011—2010 中第 4.3.4 条的有关规定及公式，计算得饱和细砂的液化判别标准贯入锤击数临界值为 5.6～8.3 击，相应深度标准贯入锤击数均大于其对应深度的标准贯入锤击数临界值，该层细砂不液化。

2. 场地类别

根据《建筑抗震设计规范》GB 50011 中的有关规定，拟建场地的抗震设防烈度为 7 度，设计基本地震加速度值为 0.10g，设计地震分组为第一组。建筑设计特征周期值为 0.35s。根据本次 3 组钻孔内测试的波速资料，等效剪切波速为 239.8～282.6m/s，依据《建筑抗震设计规范》GB 50011—2010 中第 4.1.6 条判定，场地土为中软—中硬土，建筑场地类别为 II 类。由于场地内基岩起伏较大，局部为原有鱼塘内淤泥质粉质黏土，故场地属对建筑抗震不利地段。

9.2.8 地基基础方案分析及建议

1. 地基基础方案分析

根据拟建建（构）筑物特点，考虑场地地层特性，基础方案考虑如下：

（1）①层填土及②层淤泥质粉质黏土工程性能差，厚度差异大，不宜作为天然地基持力层。③层砂质黏性土工程性能一般，可作为一般轻型荷载拟建建（构）筑物天然地基持力层。

（2）$④_1$ 层全风化花岗岩和 $④_2$ 层强风化花岗岩工程性能较好，一般埋深较大，分布不均匀，厚度差异大，不适宜作天然地基持力层。$④_3$ 层中风化花岗岩工程性能较好，厚度一般不大，场地东端缺失，储罐荷载大且集中，采用桩基，该层不适宜作桩基的桩端持力层；$④_4$ 层微风化花岗岩工程性能良好，场地内分布稳定，适宜作为储罐桩基的桩端持力层。设计时应考虑 $④_4$ 层顶板埋深差异大的影响，避免长短桩间临空面的影响。

2. 试桩设计参数及单桩承载力估算

根据现行行业标准《建筑桩基技术规范》JGJ 94 及广东省标准《建筑地基基础设计规范》DBJ 15-31，参照原位测试、土工试验指标综合给出桩基试验桩设计参数，详见表 4.9.10。

试验桩设计参数表   表 4.9.10

地层编号及岩性	极限侧阻力标准值（kPa）	岩石饱和单轴抗压强度标准值（MPa）
①层填土	—	—
②层淤泥质粉质黏土	10	—
③层砂质黏性土	50	—
④₁层全风化花岗岩	65	—
④₂层强风化花岗岩	95	—
④₃层中风化花岗岩	—	20.0
④₄层微风化花岗岩	—	69.0

依据《建筑地基基础设计规范》DBJ 15-31—2016 中第 10.2.4 条的规定及区域施工经验，对桩径为 800mm、1000mm、1200mm 和 1500mm 的桩型进行单桩竖向承载力估算，结果见表 4.9.11。桩基设计时应根据实际设计条件进行验算，基桩单桩竖向承载力特征值应试桩，通过静载试验确定。

单桩竖向极限承载力估算   表 4.9.11

参考钻孔编号	桩长（m）	桩端持力层	桩径（mm）	单桩极限承载力估算值（kN）
G004	17.5	④₄层	800	19720
			1000	27900
			1200	37390
			1500	54050
G088	33.0	④₄层	800	22740
			1000	31680
			1200	41920
			1500	59720

9.3 工程设计及要求

9.3.1 试验桩设计

设计试验桩桩径 1200mm，桩型为嵌岩桩，成孔采用泥浆护壁冲击钻进施工工艺。试桩区域为 TK-01、TK-02 和 TK-03 储罐，每个罐布置试验桩 4 根，其中每个储罐竖向抗压静载荷试验桩 2 根、水平静载荷试验桩 1 根、竖向抗拔静载荷试验桩 1 根，共计 12 根试验桩,分散布置于储罐周围相应勘探孔位置,试验桩与储罐边缘的径向距离不小于 4.0m。试验桩桩端持力层为④₃层中风化花岗岩(MWG)或④₄层微风化花岗岩 (SWG)。从设计桩顶标高到桩端持力层层顶(④₃层或④₄层)的估计深度详见 表 4.9.12。

试验桩桩端持力层层顶埋深一览表 　　　　　　　　　　表 4.9.12

试验桩	TK-01		TK-02		TK-03	
	钻孔号	从设计桩顶标高到持力层层顶深度(m)	钻孔号	从设计桩顶标高到持力层层顶深度(m)	钻孔号	从设计桩顶标高到持力层层顶深度(m)
TP-1(竖向抗压)	G070	18.0	G032	9.4	G011	4.4
TP-2(竖向抗压)	G067	39.4	G042	3.3	ZK57	9.7
TP-3(竖向抗拔)	G070	18.0	G032	9.4	G011	4.4
TP-4(水平承载)	G070	18.0	G042	3.3	ZK57	9.7

注:本项目设计试验桩桩顶标高为 8.318m,即建设场地地面标高。

当桩端持力层层顶(MWG/SWG)处于设计桩顶标高以下大于或等于 5m 的位置时, 试验桩(TP-1、TP-2 和 TP-4)应嵌入持力岩(④₃层或④₄层)1 倍桩径(1.2m)的深 度。用于上拔试验的试验桩(TP-3)嵌入持力层的深度应符合表 4.9.13 的要求。

抗拔试验桩(TP-3)桩端进入持力层深度要求 　　　　　　表 4.9.13

④₃层(MWG)或④₄层(SWG)层顶以上桩长范围(m)	④₃层或④₄层的嵌入深度(m)
$5.0 \leqslant L < 7.0$	8.50
$7.0 \leqslant L < 12.0$	8.00
$12.0 \leqslant L < 16.0$	7.50
$16.0 \leqslant L < 20.0$	7.00
$20.0 \leqslant L < 25.0$	6.50
$25.0 \leqslant L < 28.0$	6.00
$28.0 \leqslant L < 32.0$	5.50
$L \geqslant 32.0$	5.00

注:L 指自地面标高 8.318m(桩顶标高)起算至④₃层(MWG)或④₄层(SWG)层顶的长度。

当桩端持力层层顶(MWG/SWG)处于设计桩顶标高以下小于 5m 的位置时,应预 先进行扩孔施工,在试验桩桩位预先钻出直径至少为 1800mm 的钻孔,直至达到设计桩 顶标高以下 5m 的深度,然后采用松软细砂回填直径 1800mm 钻孔,最后再在该桩位进行 直径 1200mm 试验桩施工,TP-1、TP-2 和 TP-4 试验桩桩端应嵌入持力层 1 倍桩径(即 1.2m)的深度,TP-3 试验桩桩端嵌入持力层的深度应符合表 4.9.13 的要求。

试验桩施工于 2012 年 9 月 3 日正式开工,2012 年 11 月 9 日完工,试验桩实际施工参 数详见表 4.9.14。

试验桩实际施工参数一览表 表 4.9.14

罐号	桩号	工作类型	桩径(m)	桩顶标高(m)	持力层层顶标高(m)	嵌入持力层深度(m)	桩长(m)	岩层钻进效率(cm/h)	持力层
TK-01	TP-1	抗压试验	1.2	8.39	−12.58	1.25	22.22	22.22	MWG
	TP-2	抗压试验	1.2	8.39	−39.88	1.36	49.63	7	MWG
	TP-3	抗拔试验	1.2	8.59	−11.67	6.54	26.8	11.7	MWG
	TP-4	水平试验	1.2	8.36	−10.86	1.2	20.42	10.7	MWG
TK-02	TP-1	抗压试验	1.2	8.74	−2.49	1.21	12.44	3	MWG
	TP-2	抗压试验	1.2	8.8	2.07	1.24	7.97	5.4	SWG
	TP-3	抗拔试验	1.2	8.71	−8.83	7.04	24.58	5.9	MWG
	TP-4	水平试验	1.2	8.67	0.16	1.23	9.74	10.4	MWG
TK-03	TP-1	抗压试验	1.2	8.48	−5.6	1.23	15.31	13.3	MWG
	TP-2	抗压试验	1.2	8.83	−3.6	1.2	13.63	11.1	MWG
	TP-3	抗拔试验	1.2	8.88	−16.52	3.05	28.45	8.9	MWG
	TP-4	水平试验	1.2	8.81	−2.41	1.39	12.61	13.7	MWG

注：1. TK-03-TP-3 号桩施工过程中，设计调整了入岩深度。

2. 试验桩配筋参考工程桩。

9.3.2　储罐区回填砂设计

考虑到工程桩施工正处于雨期，以及整平后场地承载力低，要求罐区回填砂。回填层顶面标高为 10.218m，回填层顶直径为 102.53m，回填砂坡角为 30°，其中 1 号罐区回填前地面平均标高为 7.76m，回填高度为 2.45m，回填层底直径为 111.04m；2 号罐区回填前地面平均标高为 7.864m，回填高度为 2.35m，回填层底直径为 110.67m；3 号罐区回填前地面平均标高为 7.796m，回填高度为 2.422m，回填层底直径为 110.92m，如图 4.9.6 所示。罐区顶面 0.5m 采用山皮土回填，其余部分回填砂，压实系数不小于 0.90。

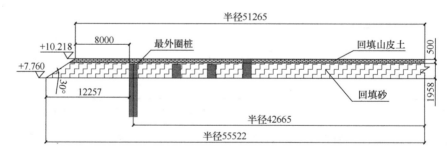

图 4.9.6　储罐区回填示意图（mm）

9.3.3　工程桩设计

1. 桩型及布桩

储罐基础采用嵌岩桩，每个储罐布置 356 根嵌岩桩，其中罐区中间呈正方形布置，罐区边缘沿环形布置，布置4圈，3座储罐共计布置1068根。嵌岩桩桩径为1.2m，桩端进入④₃层中风化花岗岩（MWG）或④₄层微风化花岗岩（SWG）。依据试验桩施工与检测结果，设计对部分嵌岩桩的桩端进入持力层深度进行了优化，要求内圈桩桩端进入持力层深度不小于1.2m，最外圈桩桩端进入持力层深度根据桩长按照表4.9.15确定。

最外圈（68根/储罐）桩桩端进入持力层深度 表4.9.15

序号	桩长范围（m）	入岩深度（m）	备注
1	$5 \leqslant L < 13$	4.5	
2	$13 \leqslant L < 17$	4	
3	$17 \leqslant L < 25$	3.5	
4	$25 \leqslant L < 32$	3	桩长 L 指自地面标高 8.318m
5	$32 \leqslant L < 37$	2.5	起算直到入岩面长度
6	$37 \leqslant L < 39$	2	
7	$39 \leqslant L < 42$	1.5	
8	$42 < L$	—	

工程桩设计桩顶标高为8.318m，对于在标高3.318m以上遇有④₃层中风化花岗岩（MWG）或④₄层微风化花岗岩（SWG）的短桩，应按照试验桩设计要求预先进行直径1.8m扩孔施工，孔底标高达到3.318m后，采用细砂或黏土进行桩孔回填，然后再施工直径为1.2m的桩孔，自标高3.318m以下入岩不小于1.2m或表4.9.15的要求。本项目TK-01罐区没有出现短桩，TK-02罐区短桩集中于西北侧，数量为48根，TK-03罐区短桩集中于西北侧和东南侧，数量为41根，总计短桩数量为89根。

2. 混凝土

混凝土强度等级为C45，硅酸盐水泥中硫酸盐和铝酸钙含量不得超过5%，最大水胶比为0.40，可掺加大量矿物掺合料，其中粉煤灰应为Ⅱ级，矿粉应为S95；粗骨料最大允许粒径为20mm，碎石针片颗粒含量≤15%，由新鲜岩石粉碎而成，具有较高强度；细骨料不得采用海砂，中粗砂必须为河砂，氯离子含量不得大于0.06%，砂泥团含量≤1%；混凝土坍落度范围为180~220mm，坍落度不满足要求时不得向混凝土中加水。浇筑混凝土的温度不得超过35℃，以免造成坍落度损失、快速凝固或虚缝产生的问题。

各批次混凝土原材料在装入混合机时，应在加入水泥和骨料之前先加部分水，使水流保持一段时间，直至达到预定拌和时间的25%为止。1m³或以内混凝土的拌和时间不得低于80s，每增加1m³或能力额外增加1个分数，拌和时间应增加20s。浇筑混凝土的温度不得过高，以免造成坍落度损失、快速凝固或虚缝产生的问题，传统混凝土浇筑温度不得超过32℃，采用泥浆置换法桩基中的混凝土浇筑温度不得超过35℃。当混凝土温度超过32℃时，应执行承包商批准的预防措施，当钢筋温度超过49℃时，在浇筑混凝土之前，应在钢筋上洒水。

3. 配筋

钢筋规格：本项目钢筋等级为HRB500E，直径分别采用32mm、16mm两种。

主筋配置：主筋直径为32mm，内圈桩主筋数量为40根、最外圈桩（68根/储罐）主筋数量为60根，主筋采用机械连接，机械接头应符合现行行业标准《钢筋机械连接技术规程》JGJ 107 中Ⅰ级或Ⅱ级要求，同一截面不大于 50％ 的连接比例。除最外圈桩相邻两节钢筋笼在孔口位置采用机械连接外，其余区域桩采用点焊加搭接连接方式，搭接连接时最小搭接长度是 2200mm，点焊不少于 3 点，采用 E606 型电焊条。

箍筋配置：箍筋直径为 16mm，且不设置加强圈。最外圈桩桩顶以下 12m 范围内箍筋间距 60mm，桩顶以下 12～18.85m 桩身范围箍筋间距 150mm，桩顶以下 18.85m 至桩底桩身范围箍筋间距 200mm，连续的箍筋搭接应在桩的四边按照 0°、180°、90°、270° 的顺序错开。其他区域桩桩顶以下 12m 范围内箍筋间距 75mm，桩顶以下 12～18.85m 桩身范围箍筋间距 200mm，桩顶以下 18.85m 至桩底桩身范围箍筋间距 250mm，连续的箍筋搭接需在桩的另一侧 180° 位置错开。所有箍筋搭接需要在端部设置弯钩，且搭接长度不小于 650mm。箍筋与主筋采用绑扎的连接方式，必须满绑。

声测管：10％ 的工程桩安装 3 根通长的内径 60mm 的声测钢管，检测桩身完整性。

4. 施工允许偏差

（1）水平位置：桩头的水平测量允许偏差值应在 50mm 内；

（2）垂直度：桩顶到桩端的直线垂直度偏差不得超过 1％；

（3）桩顶标高：桩基中心的截桩高度偏差不得超过 12mm；

（4）桩顶水平度：桩头应水平切断，它和桩基中心线标高的偏差不得超过 6mm；

（5）承重水平度：最终承重面的倾斜度不得超过 5°。

5. 承载力要求

单桩竖向承载力要求 表 4.9.16

区域	单桩竖向承载力特征值（kN）	单桩竖向承载力极限值（kN）
内圈桩基	5400	10800
外圈桩基	6870	13740

6. 其他要求

（1）灌注桩底部沉渣厚度不得大于 50mm，不得超过底部面积的 10％；

（2）灌注桩成孔完成后应在 5h 内完成钢筋笼安装、二次清孔和混凝土浇筑工作；

（3）钢筋保护层厚度为 70mm，从箍筋外侧算起。

9.3.4 工程检测

1. 检测项目

试验桩检测项目及加载量 表 4.9.17

桩号	荷载特征值（kN）	最大加载量（kN）	估计水平极限荷载（kN）	声波透射检测	低应变
TP-1 和 TP-2	7000（竖向压载）	21000（竖向压载）	无	是	是
TP-3	3200（上拔载荷）	9600（上拔载荷）	无	是	是
TP-4	无	无	3200	是	是

工程桩检测项目及加载量　　　　　　表 4. 9. 18

区域	荷载特征值（kN）	极限荷载（kN）	声波透射检测	低应变
内圈桩基：290 根	5400	10800	10%	100%
外圈桩基：68 根	6870	13740		

2. 其他检测要求

（1）水平荷载试验需应一直进行到桩身断裂，或者横向位移达到 100mm 为止。

（2）每座储罐都要求选取 4 根工程桩进行竖向抗压静载试验，其中内圈桩 2 根、外圈桩 2 根。

（3）静载试验要求采用堆载慢速法。

9.4　工程特色及实施

9.4.1　工程特色

本项目岩土工程技术综合服务内容包括：TK-01～TK-03 储罐罐区的岩土工程勘察、试验桩、土方回填、工程桩、工程检测等，项目实施的时间跨度为 2011 年 11 月至 2013 年 11 月，工程重要性等级高、场地复杂、基础设计标准高、施工难度大，工程特色主要体现在以下几个方面。

1. 旋挖钻机与冲击钻机接力成孔工艺

本项目原地貌由低矮的侵蚀残丘、台地和凹地组成，地层主要为第四系残坡积层、淤积层及燕山期花岗岩层，③层砂质黏性土中存大量成层部分的中风化或微风化花岗岩孤石，场地经过整平后厂区内东西两侧可见较多花岗岩巉岩，如图 4.9.7 所示。储罐区进行了回填砂和山皮土作业，回填高度为 2.35～2.45m，回填后罐顶直径为 102.53m，嵌岩桩施工作业面狭小。

综合地层情况、项目工期要求和施工作业条件等因素，嵌岩桩成孔方法采用泥浆护壁旋挖钻机与冲击钻机接力成孔施工工艺，采用旋挖钻机进行护筒下设、①层～③层土层成孔钻进，遇到孤石或基岩后采用冲击钻机进行成孔钻进，该种工艺具有以下两点优势：

图 4.9.7　建设场地中裸露的孤石

（1）与仅采用冲击钻进施工工艺相比，该种工艺可以大大提高成孔效率，减少冲击钻机的投入，解决施工作业场地不足的问题。

（2）旋挖钻机成孔施工产生的废弃泥浆少，泥浆可循环利用，施工现场整洁干净。

2. 减小基岩对短桩水平约束的实施方法

水平地震作用下，为达到储罐基础下群桩水平变形的协调，避免水平变形较小的短桩提前失效，从而引起"多米诺骨牌效应"的发生。设计要求中风化或微风化花岗岩岩面标高大于3.318m的嵌岩桩，应先进行扩孔施工，扩孔孔底标高为3.318m，并扩孔回填砂或黏土，然后再进行嵌岩工程桩施工。工程实施过程中，TK-01罐区没有出现短桩，TK-02罐区短桩集中于西北侧，数量为48根，TK-03罐区短桩集中于西北侧和东南侧，数量为41根，总计短桩数量为89根。

减小基岩约束的短桩采用泥浆护壁双护筒冲击钻进施工工艺，配备直径1800mm、1200mm的十字形凿岩钻头。

3. 复合式堆载法进行竖向抗压静载荷试验

设计试验桩竖向承载力极限值不低于21000kN，单桩竖向抗压承载力检测采用堆载法，堆载重量不少于25200kN。桩基检测规范要求压重施加于地基的压应力不宜大于地基承载力特征值的1.5倍，要求地基土提供的承载力不小于：

3456kN（支座混凝土块）＋1000kN（设备自重）＋21744kN（堆载）＝26200kN。

26200kN÷96m²（堆载块占地有效面积）＝272.9kPa＞130kPa×1.5＝195kPa。

然而，勘察资料显示地基表层土承载力特征值仅为130kPa，且结构较松散，不均匀。为此，对静载试验场地进行了碎石换填，换填厚度不少于50cm，压实系数不小于0.93。同时，单桩竖向抗压静载荷试验采用复合式堆载技术，将支座混凝土块与堆载平台连接形成一体，达到配重兼做堆载平台的支座，从而降低实际的堆载重量，解决了软土地基堆载的技术难题。该工艺可使堆载体的整体重心下移，堆载体的抗倾覆稳定性得到明显提高。

4. 组合式传力筒进行大吨位抗拔桩试验

试验抗拔桩要求单桩抗拔载荷达9600kN，考虑到抗拔试验桩配筋率较高，主筋采用3根钢筋合并为一股进行均匀布置，单股主筋呈三角形异形截面，与传力筒连接难以实施，为此研制了组合式传力筒，如图4.9.8所示，其两端分别与试验的吊篮和试验桩的抗拔钢筋焊接，从而将异形不规则焊接界面转化为普通焊接界面，解决了超大吨位抗拔桩钢筋的连接问题、保证了抗拔力的有效传递，试验获得了成功。

图4.9.8 改进后的传力筒

9.4.2 工程实施

1. 嵌岩桩施工

（1）成孔工艺选择

考虑到工程工期非常紧、施工作业面位于回填土平台上，如若采用冲击钻进成孔施工工艺，必须投入80～90台冲击钻机才能满足工期要求，然而施工作业面狭小，不允许投入如此多的施工设备。综合地层情况和工期要求，采用"旋挖钻机＋冲击钻机"联合接力的成孔施工工艺，投入3台SR220C型旋挖钻机，并配备机锁钻杆、挖泥钻头、挖砂钻头、截齿钻头；投入54台CZ系列的冲击钻机，并配备多翼抽筒式钻头和十字形凿岩钻头。

（2）泥浆系统的布置

冲击钻机施工时，常规方法需在每台冲击钻机附近挖设泥浆池和排浆沟，由于现场场地狭小、设备多、环保要求高不允许按照常规方法操作。

采用集中供浆法，每个储罐周围设置 2 个 15m（长）×8m（宽）×2.5m（深）大型泥浆池。储罐周围及中间十字形布置泥浆供浆管，泥浆供浆管与泥浆池的供浆池相连，并在供浆管上等间距设置三通，可实现给每个机台供应泥浆，如图 4.9.9 所示。采用集中供浆，不在机台附近挖设泥浆池和排浆沟，可有效保证工作面，方便钢筋笼安装和混凝土灌注，同时保证了现场的文明施工。

冲击钻机钻进时，采用掏渣桶进行孔底岩屑及稠泥浆的清理。掏渣桶沉入孔底后桶底活门打开，岩屑连同泥浆一同进入掏渣桶，上提掏渣桶时活门自动关闭，岩屑连同

图 4.9.9 现场布置的供浆管

泥浆一同提出孔口，然后由铲车清运到泥浆池中的沉淀池，经过沉淀和除砂器除砂处理，再排放到供浆池，实现泥浆再利用。混凝土灌注时，在孔口位置布置泥浆泵，将泥浆直接泵送至沉淀池，泥浆经沉淀池沉淀和除砂器除砂处理，将合格泥浆泵入供浆池循环使用。

（3）孤石、斜孔的预防与处理

TK-01～TK-03 储罐共设计 1068 根嵌岩桩，有 400 余根桩遇有孤石，遇孤石率达 40%以上，部分桩基遇多层孤石，其中在 TK-02 罐区东侧 40 余根桩遇有 3 层孤石，TK-03 罐区北侧 50 余根桩遇有 2 层孤石。孤石成分为中风化或微风化花岗岩，饱和单轴抗压强度最高值为 98.65MPa，最低值达到 61.92MPa。本项目最大孔深 51.62m，最小孔深 7.5m，地层岩面倾斜较大。地层中的大量孤石、倾斜的岩面，造成了桩基施工过程中斜孔、S 形孔现象普遍发生，为解决孤石钻进、岩面倾斜的问题，采取了如下措施。

① 钻头选择及维修

鉴于孤石较多、岩面倾斜较大，采用十字形凿岩钻头进行岩层的冲击钻进，钻头重量不小于 4.6t，每 3 台冲击钻机备用一个十字形凿岩钻头，以保证功效。考虑到钻头磨损比较厉害，现场配备 20 名专职电焊工，专门负责钻头补焊和维修。

② 钻机作业场地平整、牢固

由于存在大量孤石、岩面倾斜导致单桩成孔时间较长，钻机就位前将钻机作业场地进行平整、压实，钻进过程中保持钻机底座牢固、平稳。

③ 优化冲程选择

在地层分界面处钻进或钻进中遇到孤石等软硬不均地层时，采用小冲程手动冲击，将孤石破碎，钻头最大断面进入下层 1 倍冲程长度后，再采用正常冲程自动钻进；同时在遇到孤石或者倾斜岩面时采用吊打法小冲程施工，确保孔位垂直度在 1% 以内。

④ 斜孔、S 形孔处理

钻进过程中发现斜孔、S 形孔时立即停止钻进，往孔内填入石块等硬质材料至倾斜面以上至少 1m 位置处，然后重新冲击钻进。对于斜孔严重的桩孔，采用浇筑强度等级不低于 C45 混凝土的措施进行纠偏，并现场留置同条件试块，待强度等级达到 C45 时再进行钻进纠偏。

⑤ 无法成孔位置采用补桩的办法处理

本项目个别桩位的桩孔一半位于岩层，另一半位于黏土层，偏孔极为严重，无法成孔，根据设计确定采用变换桩位或补桩的方法解决，其中 TK-01 储罐区增补 3 根桩、TK-02 储罐区增补 2 根桩、TK-03 储罐区增补 1 根桩。

（4）减小基岩约束的短桩施工

根据岩面埋深的实际深度，TK-01 储罐区没有出现短桩，TK-02 储罐区短桩集中于西北侧，数量为 48 根，TK-03 储罐区短桩集中于西北侧和东南侧，数量为 41 根，总计短桩数量为 89 根。

短桩施工工艺流程为：根据勘察报告判定岩面深度→测量放线→下设直径 2000mm 的护筒→泥浆制备→直径 1800mm 桩孔冲击钻进→判定岩面→下设直径 1400mm 护筒→直径 1400mm 护筒外侧封底与回填→直径 1200mm 桩孔冲击钻进→判岩、终孔→一次清孔→钢筋笼制作及安放→导管安放→二次清孔→混凝土浇筑→护筒提拔。

（5）内撑法钢筋笼制作

钢筋笼主筋直径 32mm，内圈桩主筋数量为 40 根、最外圈桩主筋数量为 60 根，主筋采用机械连接，箍筋为 16mm，不设置加劲箍筋，配筋率较高、单节钢筋笼较重、整体稳定性较差、制作难度较大。为减少钢筋笼制作的难度，增强钢筋笼的稳定性，保证钢筋笼制作偏差满足设计要求，设计、制作了钢筋笼内支撑法制作工装，如图 4.9.10 所示，具体结构和制作工艺如下：

(a)　　　　　　　　　　(b)

图 4.9.10　内支撑法钢筋笼制作

(a) 安装钢筋笼模板；(b) 钢筋笼骨架成型

① 内撑法工装加工

工装外径为桩径－保护层厚度－箍筋直径：1200mm－75mm×2－16mm×2＝1018mm，采用5mm厚钢板切割成圆形工装。将工装按照主筋位置进行切割主筋槽，槽宽2d、槽深d（适用内圈桩）或2d（适用最外圈桩），d为主筋直径。钢板制作完成后，将钢板进行4等分，然后用螺栓锚固，方便拆装。

② 钢筋笼制作

连接好的钢筋按照相邻次序水平在枕木上摆放整齐，钢筋接头位置按照设计要求错开，钢筋笼顶要整齐，每组钢筋位置要准确。摆上工装，同时将工装固定，将钢筋依次摆放到工装上面，摆放时确定位置准确。把外箍筋从钢筋笼骨架上穿入，然后将箍筋与主筋进行满绑。绑扎时注意搭接长度和搭接位置错开的方向。最外圈箍筋搭接位置按照0°、90°、270°、360°错开，其他钢筋笼按照0°、180°错开，箍筋的搭接长度不小于0.64m。

(6) 混凝土浇筑

混凝土灌注采用导管法，导管直径为300mm，丝扣连接，导管单节长度为2.6m，底管长度4.0m，另配备若干0.5～1.0m短节，以便调配导管。灌注导管使用前进行了压水密封性试验，试验压力0.6～1.2MPa，导管底端距离孔底0.3～0.5m。采用气举反循环技术进行二次清孔，以保证孔底沉渣厚度不大于50mm。

钢筋笼上部12m为箍筋加密区，对于桩长小于12m的桩，全长为加密区。最外圈桩的上部12m箍筋净间距仅为45mm，内圈桩的箍筋净间距也仅为60mm，为保证混凝土流到钢筋笼外，保证保护层混凝土质量满足要求，采取了以下措施：

① 内圈桩混凝土拌和用粗骨料粒径为10～20mm，最外圈桩混凝土拌和用粗骨料粒径为5～10mm，为细石混凝土。

② 对桩头下5m范围内混凝土用振捣棒进行轻微振捣。振捣时振捣棒放入钢筋笼内侧，紧贴钢筋笼，间距约40cm，快插慢拔均匀振捣。

2. 工程检测

(1) 试验桩单桩竖向抗压静载荷试验

① 荷载分级

根据最大加载量21000kN进行分级，分为15级，每级荷载为1400kN，首级加载量为2倍分级荷载。

② 稳定和终止加载标准

每级加载的下沉量，在1h内如不大于0.1mm时，且连续出现两次即可视为稳定。当出现下列情况之一时，即可终止加载：

a. 总位移量大于或等于40mm，本级荷载的下沉量等于或大于前级荷载的下沉量5倍时，加载即可终止。

b. 某级荷载作用下，桩顶沉降量大于前一级荷载作用下沉降量的2倍且经24h尚未达到相对稳定标准。

c. 已达到设计要求的最大加载量即21000kN。

d. 当荷载-沉降曲线呈缓变型时，可加载至桩顶总沉降量60～80mm；在特殊情况下，可根据具体要求加载至桩顶累计沉降量超过80mm。

③ 检测结果分析

试桩 TK-01-TP-01 单桩竖向抗压静载试验于 2012 年 11 月 19 日开始加压，2012 年 11 月 21 日结束，共历时 2490min。加载至设计承载力特征值 7000kN 时，桩顶沉降量 2.65mm；加载至设计承载力特征值的 2 倍即 14000kN 时，桩顶沉降量 6.43mm；加载至最大荷载 21000kN 时，桩顶沉降量 10.86mm；卸载后残余变形 1.32mm；回弹量 9.54mm，回弹率 87.89%。全部加载过程中，单级荷载稳定时间最短 120min，最长 300min；最长稳定时间只出现 1 次，在第 8 级 12600kN 时。试验过程中 Q-s 曲线呈缓变状态，未出现陡降；s-lgt 曲线呈平缓直线状态。综上所述，试桩 TK-01-TP-01 在试验过程中未破坏，单桩竖向抗压极限承载力不低于 21000kN。

试桩 TK-01-TP-02 单桩竖向抗压静载试验于 2012 年 11 月 12 日开始加压，2012 年 11 月 14 日结束，共历时 2640min。加载至设计承载力特征值 7000kN 时，桩顶沉降量 4.99mm；加载至设计承载力特征值的 2 倍即 14000kN 时，桩顶沉降量 15.50mm；加载至最大荷载 21000kN 时，桩顶沉降量 25.60mm；卸载后残余变形 6.91mm；回弹量 18.69mm，回弹率 73%。全部加载过程中，单级荷载稳定时间最短 120min，最长 240min；最长稳定时间出现 1 次，在第 8 级 12600kN 时。试验过程中 Q-s 曲线呈缓变状态，未出现陡降；s-lgt 曲线呈平缓直线状态。综上所述，试桩 TK-01-TP-02 在试验过程中未破坏，单桩竖向抗压极限承载力不低于 21000kN。

试桩 TK-02-TP-01 单桩竖向抗压静载试验于 2012 年 12 月 11 日开始加压，2012 年 12 月 13 日结束，共历时 2220min。加载至设计承载力特征值 7000kN 时，桩顶沉降量 1.32mm；加载至设计承载力特征值的 2 倍即 14000kN 时，桩顶沉降量 2.99mm；加载至最大荷载 21000kN 时，桩顶沉降量 5.06mm；卸载后残余变形 0.70mm；回弹量 4.36mm，回弹率 86.16%。全部加载过程中，单级荷载稳定时间均为 120min。试验过程中 Q-s 曲线呈缓变状态，未出现陡降；s-lgt 曲线呈平缓直线状态。综上所述，试桩 TK-02-TP-01 在试验过程中未破坏，单桩竖向抗压极限承载力不低于 21000kN。

试桩 TK-02-TP-02 单桩竖向抗压静载试验于 2012 年 12 月 16 日开始加压，2012 年 12 月 18 日结束，共历时 2280min。加载至设计承载力特征值 7000kN 时，桩顶沉降量 1.18mm；加载至设计承载力特征值的 2 倍即 14000kN 时，桩顶沉降量 2.89mm；加载至最大荷载 21000kN 时，桩顶沉降量 5.27mm；卸载后残余变形 0.88mm；回弹量 4.39mm，回弹率 83.30%。全部加载过程中，单级荷载稳定时间最短 120min，最长 180min；最长稳定时间出现 1 次，在第 7 级时。试验过程中 Q-s 曲线呈缓变状态，未出现陡降；s-lgt 曲线呈平缓直线状态。综上所述，试桩 TK-02-TP-01 在试验过程中未破坏，单桩竖向抗压极限承载力不低于 21000kN。

试桩 TK-03-TP-01 单桩竖向抗压静载试验于 2012 年 12 月 3 日开始加压，2012 年 12 月 5 日结束，共历时 2220min。加载至设计承载力特征值 7000kN 时，桩顶沉降量 1.63mm；加载至设计承载力特征值的 2 倍即 14000kN 时，桩顶沉降量 3.04mm；加载至最大荷载 21000kN 时，桩顶沉降量 4.72mm；卸载后残余变形 0.09mm；回弹量 4.63mm，回弹率 98.09%。全部加载过程中，单级荷载稳定时间均为 120min。试验过程中 Q-s 曲线呈缓变状态，未出现陡降；s-lgt 曲线呈平缓直线状态。综上所述，试桩 TK-03-TP-01 在试验过程中未破坏，单桩竖向抗压极限承载力不低于 21000kN。

试桩 TK-03-TP-02 单桩竖向抗压静载试验于 2012 年 11 月 26 日开始加压，2012 年 11 月 28 日结束，共历时 2520min。加载至设计承载力特征值 7000kN 时，桩顶沉降量 3.00mm；加载至设计承载力特征值的 2 倍即 14000kN 时，桩顶沉降量 7.61mm；加载至最大荷载 21000kN 时，桩顶沉降量 14.21mm；卸载后残余变形 4.65mm；回弹量 9.56mm，回弹率 67.28%。全部加载过程中，单级荷载稳定时间最短 120min，最长 180min；最长稳定时间出现 4 次，分别在第 1、6、8、11 级时。试验过程中 Q-s 曲线呈缓变状态，未出现陡降；s-$\lg t$ 曲线呈平缓直线状态。综上所述，试桩 TK-03-TP-02 在试验过程中未破坏，单桩竖向抗压极限承载力不低于 21000kN。

（2）试验桩单桩竖向抗拔静载荷试验

① 荷载分级

根据最大加载量 9600kN 进行分级，分为 15 级，每级荷载为 640kN，首级加载量为 2 倍分级荷载。

② 稳定和终止加载标准

相对稳定标准：每小时的上拔量小于 0.1mm 且连续出现两次（由 1.5h 内连续 3 次观测值计算），则认为已经达到相对稳定，此时可以施加下一级荷载。终止加载条件：当出现下列情况之一时，即可终止加载。

a. 某级荷载作用下，桩顶上拔量大于前一级上拔荷载作用下上拔量的 5 倍；

b. 按桩顶的上拔量控制，当累计桩顶上拔量超过 100mm 时；

c. 按钢筋抗拉强度控制，桩顶上拔荷载达到钢筋强度标准值的 0.9 倍；

d. 达到最大上拔荷载值 9600kN。

③ 检测结果分析

试桩 TK-01-TP-03 单桩竖向抗拔静载试验于 2012 年 11 月 15 日开始加压，2012 年 11 月 17 日结束，共历时 2460min。加载至设计承载力特征值 3200kN 时，桩顶上拔量 1.16mm；加载至设计承载力特征值的 2 倍即 6400kN 时，桩顶上拔量 5.09mm；加载至最大荷载 9600kN 时，桩顶上拔量 12.98mm；卸载后残余变形 3.91mm；回弹量 9.07mm，回弹率 69.87%。全部加载过程中，单级荷载稳定时间最短 120min，最长 210min；最长稳定时间出现 1 次，出现在第 7 级时。试验过程中 U-δ 曲线呈缓变状态，未出现陡降；δ-$\lg t$ 曲线呈平缓直线状态。综上所述，试桩 TK-01-TP-03 在试验过程中未破坏，单桩竖向抗拔极限承载力不低于 9600kN。

试桩 TK-02-TP-03 单桩竖向抗拔静载试验于 2012 年 11 月 29 日开始加压，2012 年 12 月 1 日结束，共历时 2460min。加载至设计承载力特征值 3200kN 时，桩顶上拔量 0.42mm；加载至设计承载力特征值的 2 倍即 6400kN 时，桩顶上拔量 2.67mm；加载至最大荷载 9600kN 时，桩顶上拔量 8.27mm；卸载后残余变形 1.80mm；回弹量 6.47mm，回弹率 75.24%。全部加载过程中，单级荷载稳定时间最短 120min，最长 240min；最长稳定时间出现 1 次，出现在第 8 级时。试验过程中 U-δ 曲线呈缓变状态，未出现陡降；δ-$\lg t$ 曲线呈平缓直线状态。综上所述，试桩 TK-02-TP-03 在试验过程中未破坏，单桩竖向抗拔极限承载力不低于 9600kN。

试桩 TK-03-TP-03 单桩竖向抗拔静载试验于 2012 年 11 月 23 日开始加压，2012 年 11 月 25 日结束，共历时 2460min。加载至设计承载力特征值 3200kN 时，桩顶上拔量

1.59mm；加载至设计承载力特征值的2倍即6400kN时，桩顶上拔量4.60mm；加载至最大荷载9600kN时，桩顶上拔量8.75mm；卸载后残余变形2.41mm；回弹量6.34mm，回弹率72.46%。全部加载过程中，单级荷载稳定时间最短120min，最长240min；最长稳定时间出现1次，出现在第8级时。试验过程中U-δ曲线呈缓变状态，未出现陡降；δ-$\lg t$曲线呈平缓直线状态。综上所述，试桩TK-03-TP-03在试验过程中未破坏，单桩竖向抗拔极限承载力不低于9600kN。

（3）试验桩单桩水平静载荷试验

① 荷载分级

采用单向多循环加卸载法进行试验。水平荷载试验值按200kN的增量逐级加载，每级荷载施加后，恒载4min测读水平位移，然后卸载至零，停2min后测读残余水平位移，至此完成一个加卸载循环，如此循环5次便完成一级荷载的试验观测，加载时间尽量缩短，测量位移的间隔时间应严格准确，试验中途不得停歇。

② 终止加载标准

检测实施时，设计对终止条件进行了调整，调整后终止加载条件为：

a. 桩身折断；

b. 水平位移超过150mm。

③ 检测结果分析

试桩TK-01-TP-04单桩水平静载试验于2012年11月3日开始加压，2012年11月7日结束。第一次加载至2400kN时，最大位移量107.94mm，超过100mm，暂停加载。经设计方分析考虑，于11月6日继续加载，当加载到2800kN时，水平位移量158.38mm，超过150mm，终止试验；加载至1400kN时，最大位移量45.61mm，超过40mm。根据《建筑基桩检测技术规范》JGJ 106—2014，单桩水平承载力极限值判定为1200kN。

试桩TK-02-TP-04单桩竖向抗拔静载试验于2012年12月7日开始加压，2012年12月8日结束。最大加载3200kN时，最大位移量91.20mm。加载到2200kN时，水平位移量44.80mm，超过40mm。根据《建筑基桩检测技术规范》JGJ 106—2014，单桩水平承载力极限值判定为2000kN。

试桩TK-03-TP-04单桩竖向抗拔静载试验于2012年11月8日开始加压，2012年11月9日结束。最大加载3200kN时，水平位移量48.96mm，超过40mm。根据《建筑基桩检测技术规范》JGJ 106—2014，单桩水平承载力极限值判定为3000kN。

9.5　工程实施效果

9.5.1　勘察与嵌岩桩施工

本次勘察综合多种勘察手段的优势，科学、准确地查明了场地岩土层的空间分布规律、岩土层的工程性质。根据地下岩土层对弹性波的反射规律，总结了物探信息判断岩土地层分布的判别方法，科学准确地判断了地层的空间分布特征，通过钻探、物探相结合的方式准确探明了孤石的分布情况，使后续嵌岩桩施工措施的制定做到了有的放矢。通过高密度地震映像勘探，既查明了岩土层的空间分布特征，又节省了约1/3的钻探工作量。

综合地层情况、项目工期要求和施工作业条件等因素,本项目采用泥浆护壁旋挖钻机与冲击钻机接力成孔施工工艺,提高了施工效率,减少了废弃泥浆对环境的污染,保证了施工现场整洁干净。并通过优化各工序的施工做法,成功解决了泥浆系统布置、孤石层穿越、斜孔与 S 形孔处理、减小基岩约束短桩成孔施工、钢筋笼加工等施工难题。

该项目的成功实施,受到了业主单位、总承包单位、设计单位和监理单位的一致好评,取得了良好的经济效益和社会效益,为以后类似复杂项目建设的实施提供了非常宝贵的经验。

9.5.2 工程检测

本项目依据《建筑基桩检测技术规范》JGJ 106 的要求,采用了 5 种检测方法对基桩进行了检测,试验桩:单桩竖向抗压载荷试验法、单桩水平载荷试验法、单桩抗拔载荷试验法、声波透射法和低应变法;工程桩:单桩竖向抗压载荷试验法、单桩水平载荷试验法、声波透射法和低应变法。项目试验检测时,通过采用先进的复合式堆载技术、优化抗拔试验传力筒等措施,解决了超大吨位单桩竖向抗压载荷试验、竖向抗拔试验的难题。工程桩的检测结果如下。

TK-01 储罐:经单桩竖向抗压荷载试验,所检测的 2 根内圈桩单桩竖向抗压极限承载力不低于 10800kN,2 根外圈桩单桩竖向抗压极限承载力不低于 13740kN,均满足设计要求;经超声波抽样检测桩身完整性,共检测 36 根,均为 Ⅰ 类桩,占抽样桩总数的100%;通过低应变法检测,Ⅰ 类桩为 96.9%,Ⅱ 类桩为 3.1%。

TK-02 储罐:经单桩竖向抗压荷载试验,所检测的 2 根内圈桩单桩竖向抗压极限承载力不低于 10800kN,2 根外圈桩单桩竖向抗压极限承载力不低于 13740kN,均满足设计要求;经超声波抽样检测桩身完整性,共检测 37 根,均为 Ⅰ 类桩,占抽样桩总数的100%;通过低应变法检测,Ⅰ 类桩为 93.6%,Ⅱ 类桩为 6.4%。

TK-03 储罐:经单桩竖向抗压荷载试验,所检测的 2 根内圈桩单桩竖向抗压极限承载力不低于 10800kN,2 根外圈桩单桩竖向抗压极限承载力不低于 13740kN,均满足设计要求;经超声波抽样检测桩身完整性,共检测 37 根,均为 Ⅰ 类桩,占抽样桩总数的100%;通过低应变法检测,Ⅰ 类桩为 95.2%,Ⅱ 类桩为 4.8%。

9.5.3 沉降观测

1. 监测项目

为了分析和评价建筑物的安全状态、验证设计参数、反馈设计施工质量,本项目进行了储罐工后沉降观测,主要监控指标包括:(1)竖向位移速率、点最大沉降速率、基本稳定时间;(2)环墙对径点最大沉降差;(3)罐周边相邻点最大沉降差。

2. 监测成果

自 2016 年 11 月 11 日进行第一次观测,至 2019 年 5 月 18 日共对 3 个 LNG 罐进行了8 次观测,3 个 LNG 罐的水平位移和垂直位移监测数据分别见表 4.9.19～表 4.9.21,表中水平位移列中,X 位移"+"表示向北位移,"-"表示向南位移;Y 位移"+"表示向东位移,"-"表示向西位移。

210A 罐垂直位移和水平位移监测数据　　　　　　表 4.9.19

罐号	点号	垂直位移			水平位移	
		初测高程 (m)	最终高程 (m)	累计沉降 (mm)	X 累计位移 (mm)	Y 累计位移 (mm)
210A	1	10.4978	10.4898	8.0	2.5	0.0
	2	10.4133	10.4043	9.0	−0.3	2.1
	3	10.4139	10.4067	7.2	4.0	0.7
	4	10.4194	10.4124	7.0	1.6	−0.2
	5	10.3856	10.3782	7.4	−0.6	4.3
	6	10.4404	10.4337	6.7	2.9	5.0
	7	10.4114	10.4042	7.2	−0.8	2.1
	8	10.4408	10.4324	8.4	4.2	−1.7
	9	10.4151	10.4067	8.4	2.1	5.9
	10	10.2465	10.2387	7.8	3.5	0.5
	11	10.2626	10.2551	7.5	3.4	−4.8
	12	10.2545	10.2462	8.3	−0.4	0.9
	13	10.2082	10.2006	7.6	1.0	6.0
	14	10.2918	10.2840	7.8	1.6	3.5
	15	10.2640	10.2562	7.8	1.5	−0.8
	16	10.2278	10.2203	7.5	1.1	0.0
	17	10.1978	10.1875	10.3	1.6	0.6
	18	10.1579	10.1503	7.6	1.2	0.2
	累计沉降平均值			7.9	X 累计位移 平均值	1.7
	相邻点最大沉降点号			16~17		
	差异沉降量			2.8	Y 累计位移 平均值	1.4
	对径点最大沉降点号			8~17		
	差异沉降量			1.9		

210B 罐垂直位移和水平位移监测数据　　　　　　表 4.9.20

罐号	点号	垂直位移			水平位移	
		初测高程 (m)	最终高程 (m)	累计沉降 (mm)	X 累计位移 (mm)	Y 累计位移 (mm)
210B	1	10.4641	10.4594	4.7	1.7	−1.9
	2	10.4500	10.4440	6.0	1.1	0.2
	3	10.4228	10.4179	4.9	0.4	3.7
	4	10.4143	10.4093	5.0	3.3	−0.2
	5	10.4223	10.4178	4.5	3.9	−0.5
	6	10.4202	10.4151	5.1	−1.8	1.6
	7	10.4272	10.4225	4.7	3.0	5.9

续表

罐号	点号	垂直位移			水平位移	
		初测高程 (m)	最终高程 (m)	累计沉降 (mm)	X 累计位移 (mm)	Y 累计位移 (mm)
210B	8	10.4525	10.4479	4.6	0.5	3.2
	9	10.4413	10.4365	4.8	0.0	0.1
	10	10.4811	10.4761	5.0	−0.9	1.4
	11	10.2318	10.2275	4.3	0.7	5.2
	12	10.2589	10.2548	4.1	−0.2	−1.5
	13	10.2400	10.2359	4.1	−5.6	3.1
	14	10.2746	10.2701	4.5	2.0	0.2
	15	10.2896	10.2853	4.3	2.9	−2.3
	16	10.2764	10.2722	4.2	0.2	−1.3
	17	10.2788	10.2735	5.3	1.9	2.5
	18	10.1470	10.1413	5.7	1.7	3.7
	累计沉降平均值		4.8		X 累计位移 平均值	0.8
	相邻点最大沉降点号		1~2			
	差异沉降量		1.4		Y 累计位移 平均值	1.3
	对径点最大沉降点号		2~11			
	差异沉降量		1.8			

210C 罐垂直位移和水平位移监测数据　　　　表 4.9.21

罐号	点号	垂直位移			水平位移	
		初测高程 (m)	最终高程 (m)	累计沉降 (mm)	X 累计位移 (mm)	Y 累计位移 (mm)
210C	1	10.5036	10.4978	5.8	−3.0	3.4
	2	10.4755	10.4699	5.6	−1.0	1.3
	3	10.5001	10.4941	6.0	3.7	1.5
	4	10.4776	10.4717	5.9	2.0	1.9
	5	10.4820	10.4764	5.6	2.5	1.1
	6	10.4916	10.4877	3.9	3.8	2.6
	7	10.4462	10.4408	5.4	5.8	−1.3
	8	10.4276	10.4223	5.3	1.8	−1.0
	9	10.4463	10.4410	5.3	−4.4	3.5
	10	10.4183	10.4129	5.4	0.1	1.6
	11	10.2629	10.2579	5.0	−3.0	−1.1
	12	10.2662	10.2610	5.2	−0.2	0.8
	13	10.2691	10.2633	5.8	2.3	0.6
	14	10.2758	10.2707	5.1	2.5	−0.1

罐号	点号	垂直位移			水平位移	
		初测高程 （m）	最终高程 （m）	累计沉降 （mm）	X 累计位移 （mm）	Y 累计位移 （mm）
210C	15	10.2528	10.2478	5.1	−0.1	1.6
	16	10.3031	10.2976	5.5	−0.5	−0.3
	17	10.2537	10.2481	5.6	2.4	2.2
	18	10.1570	10.1510	6.0	1.1	0.7
	累计沉降平均值			5.4	X 累计位移 平均值	0.9
	相邻点最大沉降点号			5～6		
	差异沉降量			1.7	Y 累计位移 平均值	1.1
	对径点最大沉降点号			6～15		
	差异沉降量			1.1		

经过数据对比，210A、210B、210C 罐的变形监测结果显示现阶段各建筑物的沉降是基本均匀的，各建筑物的累计沉降量和沉降差、水平位移和相邻测点位移差均在规范允许范围内。

第10章 广东某 LNG 项目新增 BOG 压缩机桩基工程及振动监测

10.1 项目概述

10.1.1 基本情况

随着广东省对天然气的需求与日俱增，广东某液化天然气有限公司作为广东省液化天然气接收站和输气干线项目的建设与经营实体，接收站现有的两台 BOG 压缩机无法满足生产工艺的要求，因此将在西面的预留场地拟建第 3 台 BOG 压缩机，基础形式为冲孔灌注桩基础，共布置 4 根直径 1200mm 的嵌岩桩。新增 BOG 压缩机同时为规划中的 4 号天然气储罐的配套设施。

10.1.2 项目规模

本项目岩土工程技术服务内容包括新增 BOG 压缩机的冲孔灌注桩施工、施工过程中振动监测、桩基检测等工作。项目实施的时间为 2012 年 3 月至 2012 年 4 月。

10.1.3 复杂程度

施工场地位于正在运行的天然气运营区内，运营区包括 3 座 16 万 m³ 的 LNG 大型储罐、8 万～21.7 万 m³ LNG 货船停泊卸料码头、槽车灌装站、9 套 LNG 气化装置，周围环境复杂。距离施工区域最近的装置为处于运行中的 BOG 压缩机及天然气输送管线，需施工的冲孔灌注桩距离已建 BOG 压缩机厂房基础承台中心线最近为 6.9m，最远为 16.3m。

根据厂区生产运营要求，卡塔尔天然气卸船时现场不允许桩基施工，澳大利亚天然气卸船时允许桩基施工，但是必须保证冲击成孔振动不导致运行中 BOG 压缩机出现因振动自动停机的事故发生。根据厂区运营计划，每个月不卸船桩基施工的窗口期很小。根据 BOG 压缩机日本供应商的要求，业主多次召开了"冲击成孔振动影响"专题论证会，提出冲击振动在已建 BOG 设备处产生的水平速度不应超过 0.98cm/s，管线边缘距离冲击钻头净距大于 2 倍桩径且不小于 3m 时，冲击振动在管线处产生的水平速度不应超过 2.5cm/s。因此，冲孔灌注桩施工的振动监测与防护成为本项目实施的重点和难点。

10.2 工程地质和水文地质条件

10.2.1 工程地质条件

拟建场地原地貌类型为海陆交互带的滩涂。原地形地势较低，后经人工堆填整平，现地形平坦。根据业主提供的场地平面图，拟建 BOG 区域现状地面标高约为 5.00m。根据钻孔揭露，场地内地层由上到下依次为人工填土层（Q_4^{ml}）、第四系海陆交互相沉积层（Q_4^{mc}）和泥盆系碎裂砂岩（D）。各岩土层分布情况及岩性特征自上而下分述如下：

（1）第四系人工填土层（Q_4^{ml}）

①层人工填土：灰白、灰黄色。主要由中、微风化花岗岩碎块石或中、微风化碎裂砂岩碎块石组成，直径 2～20cm，个别块石直径可大于 50cm，局部地段顶部 50cm 填充有大量黏性土，该层人工填土经分层碾压后呈中密状态。该层分布于全场地，揭露层厚 9.90～13.00m；底板埋深 9.90～13.00m，底板标高 −8.00～−4.90m。

（2）第四系海陆交互沉积相层（Q_4^{mc}）

②层粉砂：灰黑色，含少量有机质和贝壳残骸。饱和，稍密状态，局部中密—密实状态。该层分布于全场地，揭露层厚 6.30～9.50m；顶板埋深 9.80～13.00m，顶板标高 −8.00～−4.90m；底板埋深 18.50～19.60m，底板标高 −14.60～−13.50m。在该层进行标准贯入试验 9 次，锤击数 12.0～32.0 击，平均值 14.38 击，标准值 13.18 击。

（3）泥盆系碎裂砂岩（D）

③$_1$层强风化碎裂砂岩：褐黄色、灰褐色，风化裂隙很发育，岩芯多呈土状，局部夹碎块，岩芯手折可断，合金易钻进。该层分布于全场地，揭露层厚 5.90～10.60m。顶板埋深 3.50～16.50m，顶板标高 −14.60～−13.50m；底板埋深 25.50～30.00m，底板标高 −25.00～−20.50m。在该层进行标准贯入试验 6 次，经杆长修正后的锤击数 62.3～68.6 击，平均值 65.6 击，标准值 63.3 击。

③$_2$层中风化碎裂砂岩：灰色，裂隙较发育，裂面被铁质浸染，岩芯呈短柱状或块状，需金刚石钻进。该层各钻孔均有揭露。顶板埋深 25.50～30.00m，顶板标高 −25.00～−20.50m。

10.2.2 水文地质条件

1. 地下水埋藏条件

勘察期间，各钻孔均见地下水，测得稳定地下水埋深 4.10～4.30m，标高 0.70～0.90m。场地内的粉砂层为强透水性地层，场地内的人工填土层也为强透水性地层，场地基岩裂隙发育且连通性好处亦为强透水地层。

2. 水、土的腐蚀性

为查明地下水和土的腐蚀性，在 ZK2 和 ZK5 号钻孔中取地下水试样各一组，并在场地近海取海水水样一组进行了水质分析试验，在 ZK1 和 ZK4 号钻孔中取地下水位以上的土样各一组进行易溶盐分析试验。按《岩土工程勘察规范》（2009 年）GB 50021—2001 中有关规定：场地环境类型为Ⅱ类，场地地下水对混凝土结构具弱腐蚀性，在长期浸水条件下对钢筋混凝土结构中钢筋具弱腐蚀性，在干湿交替条件下对钢筋混凝土结构中钢筋具强腐蚀性；场地近海的海水对混凝土结构具弱腐蚀性，在长期浸水条件下对钢筋混凝土结构中钢筋具弱腐蚀性，在干湿交替条件下对钢筋混凝土结构中钢筋具强腐蚀性；场地地下水位以上的土层对混凝土结构具弱腐蚀性，对钢筋混凝土结构中的钢筋具微腐蚀性。

10.2.3　场地地震效应评价

根据《建筑抗震设计规范》GB 50011 的有关规定综合判定，当遇地震烈度为 7 度的地震时，本场地不存在可液化的土层。遇地震烈度为 8 度的地震，设计基本地震加速度为 0.2g 时，本场地的砂层在局部地段存在轻微液化的可能性；遇地震烈度为 8 度的地震，设计基本地震加速度为 0.3g 时，本场地的砂层在局部地段存在轻微—中度液化的可能性。

10.3　工程设计及要求

10.3.1　冲孔振动要求

新增 BOG 压缩机施工场地位于正在运行的天然气运营区内，场地周围生产装置多，环境复杂，为防止冲击成孔产生的振动对厂区的安全运行造成影响。业主会同 BOG 压缩机日本供应商、各参建单位、外部专家多次召开了"冲击成孔振动影响"专题论证会，讨论确定了冲孔振动的具体要求：

（1）提出冲击振动在已建 BOG 设备处产生的水平速度不应超过 0.98cm/s。

（2）管线边缘距离冲击钻头净距大于 2 倍桩径且不小于 3m 时，冲击振动在管线处产生的水平速度不应超过 2.5cm/s。

（3）冲孔桩施工前先进行冲击振动监测试验，确定合理的施工参数，制定相应的预防措施。

10.3.2　工程桩设计

1. 桩型及布桩

新增加的 BOG 压缩机基础采用冲击灌注桩，正方形布置冲孔灌注桩 4 根，桩径 1200mm，桩长约 30m，桩端持力层为中风化碎裂砂岩，设计桩长要求进入持力层深度不少于 1.5m，属于端承桩。

2. 混凝土

混凝土采用商品混凝土，强度等级为 C40，混凝土坍落度范围为 180～220mm。

3. 配筋

钢筋规格：主筋采用 HRB400 级钢筋，直径 20mm，箍筋采用 HPB300 级钢筋，直径 10mm。

桩身配筋：本项目钢筋笼分两节制作，钢筋笼直径为 1060mm，共制作钢筋笼 4 套，共计 8 节。钢筋笼主筋采用 16 根直径 20mm 钢筋，加强筋采用 20@2000mm 布置，螺旋箍筋在桩顶 5m 范围内为 10@100mm 布置，其他范围按照 10@200mm 布置。钢筋笼主筋焊接采用双面搭接焊，主筋焊接接头施工时相互错开 0.7m，保证了 35d 长度范围内焊头的数量不超过钢筋总根数的 50％；加强箍筋采用双面搭接焊，搭接长度大于 5d（d 为主筋直径）。

钢筋笼成型：加强筋与主筋采用点焊连接，螺旋箍筋与主筋采用绑扎方式成型。钢筋笼孔口采用单面搭接焊的连接方式，搭接长度大于 10d（d 为主筋直径）。

4. 承载力要求

设计要求单桩竖向抗压极限承载力为 8800kN。

5. 其他要求

（1）灌注桩底部沉渣厚度不得大于 50mm；

（2）钢筋保护层厚度为 70mm，从箍筋外侧算起。

10.4 工程特色及实施

10.4.1 工程特色

该项目新增 BOG 压缩机的岩土工程技术综合服务任务，包括新增 BOG 压缩机的冲孔灌注桩施工、施工过程中振动监测、桩基检测等工作内容，工程特色如下：

施工场地位于正在运行的天然气运营区内，周围运行装置较多，管线林立，施工环境比较复杂。根据"冲击成孔振动影响"专题论证会的要求，新增 BOG 压缩机桩基工程施工前，现场进行了冲击成孔振动监测试验，以拟施工的 4 根灌注桩为振源点，以运行的 BOG 压缩机基础及厂房基础为监测点，监测了不同冲程、不同距离、不同工况条件下冲击振动对运行中 BOG 设备及钢结构厂房的影响。

10.4.2 工程实施

1. 振动监测

（1）设备的选择

试验以计划施工的 4 根灌注桩作为振源点，采用 CZ-6 型冲击钻机冲孔作业作为振动源，钻头为十字形凿岩钻头，重 4t。监测设备选用中国地震局生产的量程为 20g 的水平向和竖向 941B 型拾振器、G01USB16 型数据采集分析系统、IBM 笔记本。

（2）振源点及监测点的选取

以拟建 4 根灌注桩作为振源点，测试冲击钻机分别在 4 根灌注桩桩位处冲孔作业时，在已建 BOG 厂房基础和 BOG 压缩机基础处产生的水平和竖向的振动速度值，共设计 Y1～Y4 振源点 4 个，C1～C7 监测点 7 个，如图 4.10.1 所示。

（3）试验步骤

第一步：冲击钻机首先在 Y1 振源位置就位，接通电源，调试钻机。

第二步：在某一监测点位置布置 941B 型拾振器，拾振器通过数据传输线与数据采集系统相连接，最后将数据采集系统直接与笔记本连接。试验过程中将数据采集系统和笔记本放在不受振动影响的区域，以保证采集数据的真实可靠性，如图 4.10.2 所示。

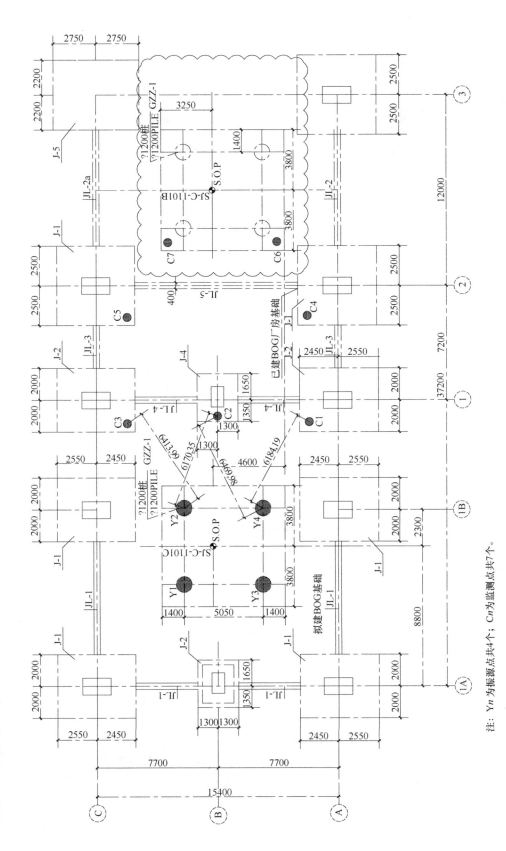

图 4.10.1 振源点与监测点平面布置图

注：Yn 为振源点共4个；Cn 为监测点共7个。

图 4.10.2　941B 型拾振器和 G01USB16 型数据采集分析系统

第三步：开启钻机，使钻机分别以 0.5m、1.0 m、1.5 m、2.0 m、2.5 m、3.0 m、3.5 m、4.0m、4.5m、5.0m 的冲程冲击施工。钻机每冲击施工一次，通过数据采集系统立即记录、保存所采集到的数据，并当场对其进行分析，以指导下次的试验。

第四步：设置落距为 1m，使钻机进行连续冲击；每冲击一次，通过数据采集系统立即记录、保存所采集到的数据，并对其进行分析。

第五步：将拾振器移至下一监测点进行振动监测，根据设备的重要性和厂房基础距离振源点的距离，监测点的监测顺序为 C2、C1、C3、C4、C5、C6、C7。确定钻机冲程，找出振动最强点继续重点进行监测。

第六步：当地层发生变化时，重复第五步，直至完成振源点处钻孔施工。

第七步：将钻机移至下一振源点 Y2 进行振动监测。

第八步：重复第三步至第六步，完成所有桩基施工。

（4）监测数据分析

冲孔振动监测试验实施过程中，由于 C7 监测点受场地限制无法实施，本次振动监测试验仅对 C1～C6 监测点进行振动监测，监测数据及分析结果如下：

① 不同冲程工况下 C2 点监测结果

根据现场振源点、监测点平面布置可知，监测点 C1 距离最近振源点 Y4 的直线距离为 6.2m，监测点 C2 距离最近振源点 Y2 的直线距离为 6.2m，监测点 C3 距离最近振源点 Y2 的直线距离为 6.4m，其他监测点距离振源点较远，因此本次仅对监测点 C2 在不同冲程工况下的冲击振动响应进行监测，监测数据如图 4.10.3 所示。

图 4.10.3 为冲程 0.5m、1.0m、1.5m、2.0m、2.5m、3.0m、3.5m、4.0m、4.5m、5.0m 时，各振源点在监测点 C2 处产生的水平振动速度。由图可知，各振源点冲程在 0.5～5m 变化时，最大水平振动速度的峰值为 6.8mm/s，远远小于设备允许的速

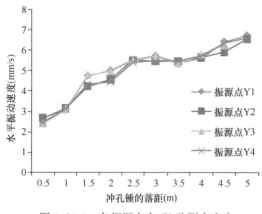

图 4.10.3　各振源点在 C2 监测点产生的水平振动速度

度值 0.98cm/s。当冲程较大或较小时，各振源点在 C2 监测点产生的水平振动速度趋于一致。冲程 3.5～5.0m 试验是在模拟冲孔过程中遇到孤石时，通过大冲程穿越孤石的冲孔施工工况。

② 冲程 1m 连续冲击时的检测结果

为了模拟正常冲孔施工时各监测点的水平振动速度，本次选取冲程 1m、连续冲击的正常施工工况，并对 Y1～Y4 振源点在 C1～C6 监测点产生的水平振动速度进行了监测，监测结果如图 4.10.4～图 4.10.7 所示。

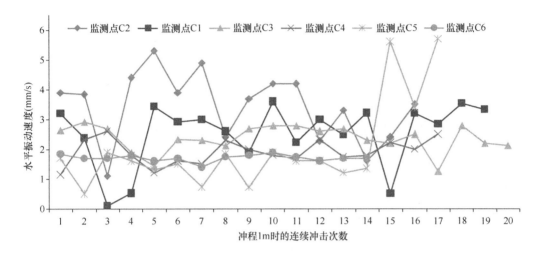

图 4.10.4　冲程为 1m 时振源点 Y1 在各监测点产生的水平振动速度

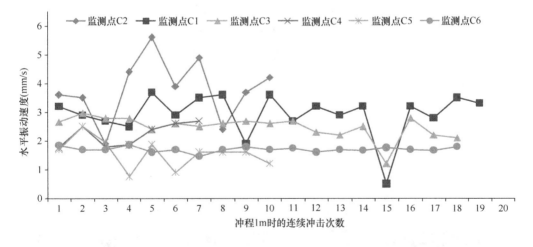

图 4.10.5　冲程为 1m 时振源点 Y2 在各监测点产生的水平振动速度

由图 4.10.4～图 4.10.7 可知，距离振源点的距离越大，水平振动速度逐渐减弱。当钻机冲程为 1m、连续冲击成孔施工时，最大水平振动速度在 C2 和 C5 监测点出现，分别为 5.63mm/s、5.7mm/s，远远小于设备允许的速度值 0.98cm/s，其中振源点 Y1 连续冲击振动时，C5 监测点出现的水平振动速度最大值为异常值，可不予考虑。

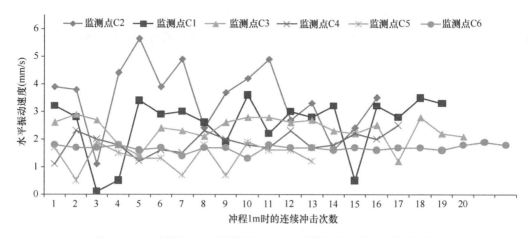

图 4.10.6　冲程为 1m 时振源点 Y3 在各监测点产生的水平振动速度

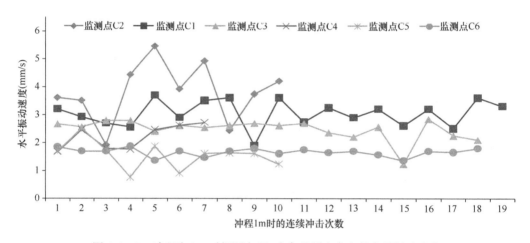

图 4.10.7　冲程为 1m 时振源点 Y4 在各监测点产生的水平振动速度

2. 工程桩施工

（1）施工机械设备选择

本项目桩径 1200mm，共计 4 根，桩长约 30m，选用 CZ-6A 型冲击钻机进行成孔施工，在施工过程中配备管钻和十字形凿岩钻头，如图 4.10.8 所示。

(a) (b) (c)

图 4.10.8　施工机械设备

(a) CZ-6A 型冲击钻机；(b) 多翼抽筒式钻头；(c) 十字形凿岩钻头

（2）冲击钻进

护筒用 8mm 厚钢板卷制而成，内径为 1.35m，顶部焊接两个吊环，供提拔护筒时使用，护筒长度为 1.6m。采用集中供浆法，设置 1 个泥浆池，泥浆池断面尺寸 10m×8m×2m，采用膨润土造浆。护筒下设好后开孔时冲击钻机选用不大于 0.6m 的小冲程进行开孔作业，低锤勤击，缓慢开孔。人工回填土层钻进时，采用 0.8m 的冲程钻进，泥浆相对密度为 1.20～1.25、黏度为 22～24s；粉砂层、强风化碎裂砂岩和中风化碎裂砂岩层钻进时，采用 0.8m 的冲程钻进，泥浆相对密度为 1.15～1.20、黏度为 18～22s。钻机入岩后每钻进 50cm 判岩一次。判岩分为初判、一判、二判……终孔，一般入岩深度 1.5m 桩共计 4 判。

（3）钢筋笼安放与混凝土灌注

钢筋笼分两节制作，钢筋笼直径为 1060mm，共制作钢筋笼 4 套，共计 8 节，钢筋笼的规格严格按设计要求制作。混凝土灌注设备有 25t 汽车吊、导管、2.0m³ 大料斗和小料斗等附属机具。导管直径为 300mm，丝扣连接，导管单节长度为 0.5m、1.0m、2.6m，底管长度为 4.0m，导管使用前进行了隔水球通过试验及压水密封性试验。导管下设完成后，利用空压机采用气举反循环工艺进行二次清孔，确保孔底沉渣厚度不大于 50mm。桩顶超灌量大于 1.0m，满足设计要求。

10.5 工程实施效果

10.5.1 冲孔振动监测

施工场地位于正在运行的天然气运营区内，冲击成孔产生的振动对施工区周围运行的设备和管线会产生影响，为此，业主召开了多次"冲击成孔振动影响"的专题论证会，提出了冲击振动在已建设备基础及管线位置产生振动的允许要求，并要求施工前进行冲孔振动试验，试验结果如下：

（1）在距振源点 6.2m，最大冲程为 5m 时，最大水平振动速度 6.8mm/s；在冲程为 3m 时，最大水平振动速度 5.7mm/s，远小于已建成 BOG 设备 0.98cm/s 的要求。

（2）当冲程为 1m、连续冲击时，各振源点在各监测点引起的最大振动水平速度发生在 C2 监测点，为 5.63mm/s，远小于已建成 BOG 设备 0.98cm/s 的要求。

（3）冲孔灌注桩施工时，冲击振动的大小与距离振源点的距离、冲程和地质条件有很大的关系，距离振源点的距离越大，振动速度逐渐减弱。

10.5.2 工程检测

本项目依据设计要求，对灌注桩均采用了低应变法、高应变法进行检测。检测工作委托深圳某检测公司进行，其中低应变 4 根，抽检率为 100%，全为 I 类桩；设计图纸要求高应变 4 根，抽检率为 100%，实际施工时由于场地条件的限制，经与业主单位、监理单位和设计单位协商沟通，仅抽检 2 根，结果单桩承载力特征值均大于 4400kN，均为 I 类桩，均满足设计要求。

第11章 天津某 LNG 储罐项目桩基工程

11.1 项目概述

11.1.1 基本情况

天津某 LNG 储罐项目位于天津市滨海新区，该项目规划 2 座 3 万 m^3 浮式罐、10 座 16 万 m^3 全容储罐，本期建设投产 2 座（A、B 罐）3 万 m^3 浮式罐。浮式 LNG 项目是通过带气化功能的装置（FSRU）停靠在码头上，通过船上气化设施将 LNG 气化为天然气，通过管道直接外输给用户；陆域修建一定数量小罐为 LNG 槽车运输提供储存。该项目是中国第一个浮式 LNG 项目，是国家试点的重点能源供应项目，为中国 LNG 发展探索出新路子，为国内船舶制造业的升级改造提供借鉴。

11.1.2 项目规模

本项目岩土工程技术服务内容包括 A、B 罐区的试验桩施工、振冲碎石桩施工、工程桩施工等工作。根据试验桩检测结果，需要采用振冲碎石桩对桩基周围地基土进行加固处理，消除①$_1$层冲填土、②$_1$层粉细砂层新近陆域形成的不稳定性，消除地震液化，改善钻孔灌注桩的水平承载力。项目实施的时间为 2012 年 10 月至 2013 年 3 月。

11.1.3 复杂程度

建设场地位于南疆港区南防波堤北侧陆域回填区域，该区域多数泥面绝对高程已吹填至 5.800～6.400m，勘察区地貌主要表现为河口水下三角洲，主要分布于海河口，系海河入海泥砂沉积形成的水下扇形地，滩地以淤积为主。该项目采用真空预压法对吹填土进行了预处理。A、B 储罐共设计试验桩 12 根，工程桩 432 根，桩径 1000mm，桩长 55m，A 罐要求桩端进入⑤$_5$层粉质黏土，B 罐要求桩端进入⑤$_4$层粉细砂，桩型设计为摩擦桩；A、B 储罐共设计试验振冲碎石桩 32 根，A、B 罐共布置振冲碎石桩 2380 根，桩径 1000mm，桩长 7m。项目的复杂程度主要体现在以下几方面。

（1）桩基水平承载力的有效改善

本项目设计单桩水平极限承载力初始设计值为 3000kN，经过现场水平载荷试验，单桩水平承载力极限值仅能达到 600～960kN，远远达不到 3000kN。针对该情况，业主组织召开了"试桩水平推力问题专题讨论会"，专家讨论决定将单桩水平极限承载力调整为 1200kN，并需要结合地质条件采取合理措施对桩基周围土体进行有效加固。

（2）真空预压"盲点"区成孔难度大

建设场地是沿海地区新近陆域形成的，上层为新近吹填砂层，厚 5.8～7m，吹填砂层下为海相沉积地层，一般厚度为 6.3～11.3m，以淤泥类土和淤泥质粉质黏土为主，可塑性和流塑性强。吹填完成后采用真空预压法对软基进行了处理。由于真空预压施工是分区域进行的，每个区均需进行密封压膜，因此在两个真空预压法施工区间形成了未处理的"盲点"，导致压膜沟区域没有进行软基处理，形成了压膜沟软弱条带横穿 A、B 罐区。真空预压"盲点"区域成孔施工时，淤泥层出现塌孔现象，试验桩成孔施工近 10h，无法进尺，桩基穿越淤泥层的难度较大。

11.2 工程地质和水文地质条件

11.2.1 工程地质条件

施工场地位于南疆港区南防波堤北侧陆域回填区域，储罐回填区域多数泥面标高已吹填至 5.8～6.4m。地貌主要表现为河口水下三角洲，主要分布于海河口，系海河入海泥砂沉积形成的水下扇形地。滩地以淤积为主。现自上而下，将本区揭示地层的主要特征分述如下。

①$_1$ 层冲填土：灰黄色、灰色，松散—稍密状，很湿—饱和，主要成分为细砂，局部为中砂，主要由石英、长石及暗色矿物组成，为近期人工冲填形成。该层在场地内均有揭示。中低压缩性，水平方向上分布连续。一般层厚 4.1～7.3m，层顶标高即为场地现地坪标高。

②$_1$ 层粉质黏土：灰色，软塑，含有机质和贝壳碎片，局部夹淤泥质粉质黏土薄层。切面稍有光泽，干强度中等，韧性中等。中高压缩性，水平方向上分布不连续。一般厚度为 3.2～6.6m，最厚处约 8.6m，层顶标高一般为 -0.7～1.9m。

②$_2$ 层淤泥质黏土：灰色，流塑，含有机质和贝壳碎片，局部夹淤泥、黏土和淤泥质粉质黏土薄层及 ②$_2$ 层粉土透镜体。切面有光泽，干强度高，韧性高。高压缩性，水平方向上分布连续。受 ②$_1$ 层粉质黏土局部缺失的影响，顶板起伏和厚度变化较大，一般厚度为 6.3～11.3m，在北侧罐区和南侧罐区分布较厚，为 14.3～15.9m，层顶标高一般为 -7.3～1.5m。

②$_3$ 层粉质黏土：灰色，软塑，含有机质和贝壳碎片，局部夹粉土薄层。切面稍有光泽，干强度中等，韧性中等。中高压缩性，水平方向上分布连续。一般厚度为 1.0～4.2m，层顶标高一般为 -15.4～-11.8m。

③$_1$ 层粉土：灰色，中密—密实，饱和，土质不均，摇振反应明显，干强度低，韧性低。中低压缩性，水平方向上分布较连续。一般厚度为 0.5～2.9m，层顶标高一般为 -16.4～-14.1m。

③$_2$ 层粉质黏土：浅灰，软塑，顶部夹泥炭层，切面稍有光泽，干强度中等，韧性中等。中压缩性，水平方向上分布连续。一般厚度为 2.1～4.0m，最厚处约 5.9m，层顶标高一般为 -17.6～-16.1m。

④$_2$ 层粉土：灰黄，密实，饱和，含铁质，土质不均，摇振反应明显，干强度低，韧性低。低压缩性，水平方向上分布较连续。一般厚度为 1.0～4.0m，层顶标高一般为 -22.4～-19.2m。

④₄层粉细砂：灰黄，密实，饱和，主要由石英、长石及暗色矿物组成，含铁质。低压缩性，水平方向上分布连续。一般厚度为 4.2～7.0m，最厚处约 8.9m，层顶标高一般为-24.0～-21.3m。

⑤₁层粉细砂：灰色，密实，饱和，主要由石英、长石及暗色矿物组成，偶见贝壳，局部夹⑤₁层粉土透镜体。低压缩性，水平方向上分布连续。一般厚度为 13.4～17.5m，最厚处约 20.5m，层顶标高一般为-31.5～-28.8m。

⑤₂层粉质黏土：灰绿，可塑，切面稍有光泽，干强度中等，韧性中等。中压缩性，水平方向上分布不连续。一般厚度为 1.1～3.2m，层顶标高一般为-46.3～-43.8m。

⑤₃层粉土，灰色，密实，饱和，摇振反应明显，干强度低，韧性低。低压缩性，水平方向上分布不连续，在缺失处渐变为⑤₂层粉质黏土。顶板起伏和厚度局部变化较大，一般厚度为 0.6～4.1m，层顶标高一般为-47.4～-44.5m。

⑤₄层粉细砂：灰—浅灰色，密实，饱和，主要由石英、长石及暗色矿物组成。低压缩性，水平方向上分布不连续。本层未揭穿，仅在北侧罐区局部和南侧罐区揭露，层顶标高为-47.9～-44.5m，最大揭露厚度约 16.8m，揭露最低标高为-64.0m。

⑤₅层粉质黏土：灰黄—浅灰色，密实，饱和，主要由石英、长石及暗色矿物组成，低压缩性。本层未揭穿，仅在北侧罐区揭露，受⑤₃层粉土和⑤₄层粉细砂局部缺失的影响，顶板局部起伏较大，层顶标高一般为-47.9～-46.4m，最大揭露厚度约 17.4m，揭露最底标高为-63.9m。

11.2.2 水文地质条件

1. 地下水埋藏条件

地下水位埋深 0.5～0.9m，标高 5.8～6.1m，稳定水位埋深一般为 0.1～0.3m，标高 5.3～5.7m。地下水类型为潜水，主要赋存在填土、砂类土中。据场地地质条件判断，地下水位受海水涨退潮的影响，与海水具有一定的水力联系，地下水主要由地表水和海水补给。水位随潮汐的改变而发生改变。

2. 水、土的腐蚀性

本场地地下水对混凝土结构具中腐蚀性，腐蚀介质为 SO_4^{2-}；土对混凝土结构具弱腐蚀性，腐蚀介质为 SO_4^{2-}；地下水对钢筋混凝土结构中的钢筋在长期浸水条件下具弱腐蚀性，腐蚀介质为 Cl^-；在干湿交替条件下具强腐蚀性，腐蚀介质为 Cl^-；土在强透水条件下对钢筋混凝土结构中的钢筋具中腐蚀性；地下水对钢结构具中腐蚀性，腐蚀介质为 $Cl^- + SO_4^{2-}$；土对钢结构具强腐蚀性。

11.2.3 场地地震效应评价

（1）根据《中国地震动参数区划图》，本区域抗震设防烈度为 7 度，设计基本地震加速度值为 0.15g。设计地震分组为第二组，建筑的设计特征周期 0.75s，相当于地震基本烈度值为 7 度。根据《建筑工程抗震设防分类标准》GB 50223—2008 划分规定，工程抗震设防类别为乙类。

（2）本项目场地淤泥类土较厚，场地土的类型为软弱场地土，为抗震不利地段。

（3）按照《建筑抗震设计规范》GB 50011—2010 对场地内饱和粉土及砂土进行液化

评价，区域内①₁层冲填土（主要由细砂组成）均为可液化土层，场地平均液化指数为
2.94，液化等级为轻微。

11.3 工程设计及要求

11.3.1 试验桩设计

本项目共分 A、B 两个储罐，每个罐布置试验桩 6 根，其中每个储罐竖向抗压静载试
验桩 3 根、水平静载试验桩 3 根，共计 12 根试验桩，试验桩的具体设计参数如表 4.11.1
所示。

试验桩施工参数一览表　　　　　　　　　　　表 4.11.1

桩号	罐号	工作类型	根数（根）	桩径（mm）	桩长（m）	极限荷载（kN）	调整后（kN）
SZ-1	A罐	抗压试验	1	1.0	55	10000	
SZ-2		水平试验	1	1.0	55	3000	1200
SZ-3		抗压试验	1	1.0	55	10000	
SZ-4		水平试验	1	1.0	55	3000	1200
SZ-5		抗压试验	1	1.0	55	10000	
SZ-6		水平试验	1	1.0	55	3000	1200
SZ-7	B罐	抗压试验	1	1.0	55	10000	
SZ-8		水平试验	1	1.0	55	3000	1200
SZ-9		抗压试验	1	1.0	55	10000	
SZ-10		水平试验	1	1.0	55	3000	1200
SZ-11		抗压试验	1	1.0	55	10000	
SZ-12		水平试验	1	1.0	55	3000	1200

注：1. 试验桩配筋同工程桩；
　　2. 桩顶标高为+6.3m。

设计要求单桩水平极限承载力不低于
3000kN，由于 A、B 储罐区域是新近吹填形
成，试验桩检测结果说明水平承载力未能满
足设计要求，经专家论证后，将单桩水平承
载力设计值调整为 1200kN，并要求在 SZ-5
号、SZ-6 号试验桩周围采用振冲碎石挤密桩
进行加固，以此来减小表层土对基桩的水平
约束力，有效增加基桩的水平位移，SZ-5 号
桩作为反力桩，SZ-6 号桩作为检测桩，如图
4.11.1 所示。SZ-5 号、SZ-6 号试验桩周围
共布置振冲碎石桩 32 根，桩径 1000mm，桩

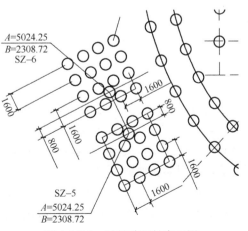

图 4.11.1　试桩碎石桩布置图

长 7m，正方形布置，桩间距 1600mm。

11.3.2 工程桩设计

1. 桩型及布桩

A、B 储罐基础采用混凝土灌注桩，每个储罐布置 216 根灌注桩，罐区中间呈正方形布置，桩间距 3.0m，共布置 120 根；罐区边缘桩基沿环形均匀布置，第一圈（最外圈）布置 48 根桩，第二圈布置 48 根，共布置 96 根；两台储罐共计布置 432 根。桩径为 1000mm，桩长 55m，桩顶标高为＋6.30m，钢筋笼锚固段 1.2m，钻孔灌注桩 A 罐要求桩端进入⑤₅层粉质黏土，B 罐要求桩端进入⑤₄层粉细砂，属摩擦桩。

2. 混凝土

桩基础的混凝土强度等级为 C35，抗渗等级不低于 P6，水灰比不超过 0.5，28d 立方体抗压强度为 35MPa，弹性模量为 31.5GPa，抗拉强度为 2.20MPa，混凝土泊松比为 0.2，热膨胀系数为 $10 \times 10^{-6}/℃$。水泥采用普通硅酸盐水泥，水泥的温度应低于 40℃，以尽可能减少水化热。骨料的最大粒径 32mm，不得使用海砂。拌和混凝土的骨料、水中可能的氯离子和水泥中氯离子含量不超过水泥总重的 0.2%。可能腐蚀预应力筋的成分的含量应小于水泥总重的 0.2%，含硫成分硫酸盐的含量不得超过水泥总重的 3.75%。表 4.11.2 中列出了设计对于混凝土立方体抗压强度、最小水泥用量、最大水胶比及骨料的最大公称粒径的要求。加入搅拌机的水，温度应尽可能低，保持与外加剂的一致性，为了保证与本技术要求的一致性，在使用之前应对水源进行测试。冬期施工混凝土入模温度应不小于 5℃。

混凝土设计要求   表 4.11.2

混凝土强度等级（立方体）	骨粒最大粒径（mm）	最大水胶比（以重量计）	水泥材料最小用量（kg/m³）	混凝土坍落度（mm）
C35	32	0.50	375	200±20

3. 配筋

钢筋规格：本项目钢筋等级为 HRB400E 级，直径为 25mm、20mm、16mm 和 12mm 四种。

主筋配置：上节钢筋笼主筋直径 25mm，主筋数量为 32 根、分别为 16 根长度 18m，16 根长度 12m；中节主筋直径 25mm，钢筋笼主筋数量 16 根长度 18m；下节钢筋笼主筋直径 20mm，钢筋笼主筋数量 16 根长度 21.7m。主筋采用机械连接，机械接头应符合《钢筋机械连接技术规程》JGJ 107—2016 中Ⅰ级要求，同一截面不大于 50% 的连接比例。两节钢筋笼孔口采用点焊＋绑扎连接，下节和中节钢筋笼搭接连接时搭接长度为 1.2m；中节和上节钢筋笼搭接连接时搭接长度为 1.6m。钢筋笼搭接连接时点焊不少于 3 点，点焊完成后采用绑扎加强。

加劲筋直径为 20mm，间距 1.5m，钢筋笼全长布置。

箍筋配置：箍筋为 16mm 和 12mm，分别为加强螺旋箍筋和螺旋箍筋。螺旋箍筋从笼顶锚固段 1200mm 以下依次为 16@100mm，长 5m；16@150mm，长 5m；12@150mm，长 5.2m；12@150mm，长 35.8m。两节钢筋笼孔口螺旋箍筋加密 12@100mm。连续的箍筋搭接应在桩的四边按照 0°、180°、90°、270°的顺序错开。所有箍筋搭接需要在端部设置弯钩，且搭接长度不小于 400mm。箍筋与主筋采用绑扎的连接方式。

声测管：10%的工程桩安装 3 根通长的内径 50mm 的声测钢管，以便做声测试验检测桩身完整性。

4. 承载力要求

设计要求单桩竖向抗压载荷试验最大加载量为 6000kN，单桩水平载荷试验最大加载量为 900kN。

5. 其他要求

(1) 灌注桩底部沉渣厚度不得大于 100mm；

(2) 钢筋保护层厚度为 90mm，从箍筋外侧算起。

11.3.3 碎石桩设计

桩基工程施工完成后，采用振冲碎石桩法对地基进行处理，A、B 罐振冲碎石桩各 1190 根。目的是消除①₁层冲填土、②₁层粉细砂层新近陆域形成的不稳定性、消除地震液化，对地基土进行加固和挤密，增强工程桩的水平承载力。碎石桩检测项为碎石桩桩体和桩间土密实度。碎石桩深度范围内桩间土标准贯入锤击数不少于 14 击，碎石桩桩体重型动力触探锤击数不少于 15 击。

桩体材料采用含泥量不大于 5%的碎石，粒径为 20～100mm，个别最大不超过 150mm，小于 5mm 粒径的含量不超过 10%，且为未风化的卵石或碎石。每 2000m³ 作为一组试样进行质量检验，不足 2000m³ 时按一批次送检。检验项目有碎石的粒径、含泥量等，检验合格后方可使用。

11.4 工程特色及实施

11.4.1 工程特色

本项目岩土工程技术综合服务内容包括：A、B 罐区的试验桩施工、振冲碎石桩施工、工程桩施工等工作，项目实施的时间跨度为 2012 年 10 月至 2013 年 3 月，工程重要性等级高、场地复杂、施工难度大，工程特色主要体现在以下几个方面。

1. 碎石桩改善灌注桩水平承载力

本项目试验桩共设计 6 组 12 根，每组 1 根单桩竖向静载试验桩，1 根单桩水平静载试验桩，设计单桩竖向极限承载力 10000kN，设计单桩水平极限承载力初始设计值为 3000kN。因 SZ-5 号和 SZ-6 号桩位于真空压膜沟区域，受真空预压处理"盲点"的影响，成孔较困难，成桩时间较其他 5 组试桩晚，因此先进行了其他 5 组试验桩的检测试验。

试验结果表明：5 组单桩竖向静载试验桩试验结果均≥10000kN，满足设计要求；5 组单桩水平静载试验桩均未达到初始设计值 3000kN，先施工完的 5 根水平静载试验桩的水平承载力极限值仅能达到 720～840kN，如表 4.11.3、图 4.11.2～图 4.11.4 所示。

水平载荷试验结果

表 4.11.3

序号	桩号	试桩桩长（m）	成桩日期	试验日期	设计单桩极限承载力加载值（kN）	最终荷载（kN）	最终水平位移量（mm）	单桩极限承载力（kN）
1	SZ-2	55.0	2012.10.15	2012.11.24	1200	840	43.06	720
2	SZ-4	55.0	2012.10.15	2012.11.25	1200	960	45.58	720
3	SZ-10	55.0	2012.10.16	2012.11.23	1200	960	41.62	840
4	SZ-8	55.0	2012.10.17	2012.11.23	3000	900	46.26	—
5	SZ-12	55.0	2012.10.18	2012.11.20	3000	600	46.91	—

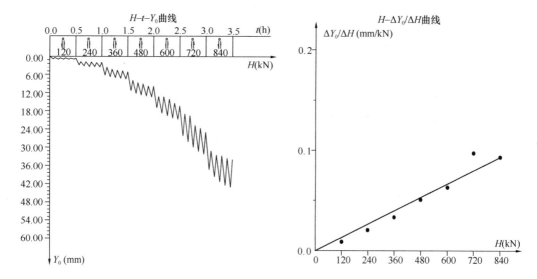

图 4.11.2 SZ-2 号试验桩水平载荷试验结果

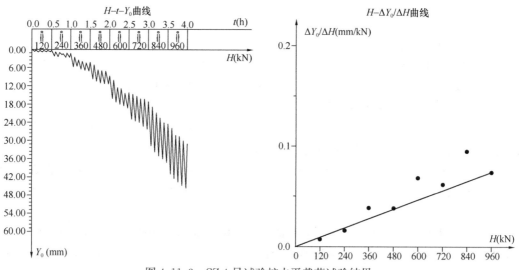

图 4.11.3 SZ-4 号试验桩水平载荷试验结果

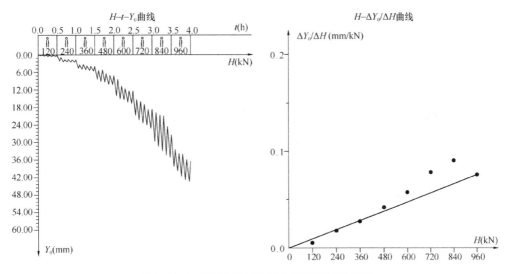

图 4.11.4　SZ-10 号试验桩水平载荷试验结果

依据《设计试验桩测试规格书》的要求，于 2012 年 11 月 20 日和 2012 年 11 月 23 日检测的 SZ-8 号、SZ-12 号桩，按极限承载力 3000kN，采用慢速维持荷载法进行试验，检测结果不能达到设计要求。2012 年 11 月 23 日业主组织召开了"试桩水平推力问题专题讨论会"，会议决定水平荷载极限值调整到 1200kN，采用单向多循环加卸载法进行试验，荷载作用点在设计桩顶标高上方 80～90cm 处，在 SZ-2 号、SZ-4 号、SZ-10 号桩检测中实施；针对水平承载力试验桩未能满足设计要求，分析原因为施工区域地层为新近陆域形成，上部砂层和软卧层极不稳定，不能提供可靠的抗力，提出在罐区影响区内采用振冲碎石桩加密的地基处理办法来提高桩基水平承载力，并在 SZ-5（反力桩）、SZ-6（试验桩）组试验桩区域实施。

SZ-5、SZ-6 组试验桩周围共计施工了 32 根振冲碎石桩，SZ-6 号桩经检测水平荷载施加至 1680kN，水平位移超过 40mm，综合分析该桩水平极限荷载取值 1560kN，满足调整后 1200kN，如图 4.11.5 所示。根据 SZ-6 号桩试验数据，业主组织召开了两次专家审查

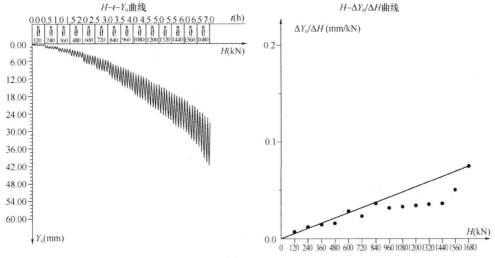

图 4.11.5　SZ-6 号试验桩周围土体加固后水平载荷试验结果

会，最终确定混凝土灌注桩施工完成后，采用振冲碎石桩进行上层土体处理，消除液化和增加桩基水平承载力。

2. 真空预压"盲点"区成孔施工

施工场地是沿海地区新近陆域形成，上层为新近吹填砂层，厚5.8～7m，吹填砂层下为海相沉积地层，一般厚度为6.3～11.3m，以淤泥类土和淤泥质粉质黏土为主，可塑性和流塑性强。吹填完成后采用真空预压法对软基进行了处理。由于真空预压施工是分区域进行的，每个区均需进行密封压膜，因此在两个真空预压法施工区域间形成了未处理的"盲点"，导致压膜沟区域没有进行软基处理，形成了压膜沟软弱条带横穿A、B罐区，如图4.11.6所示。

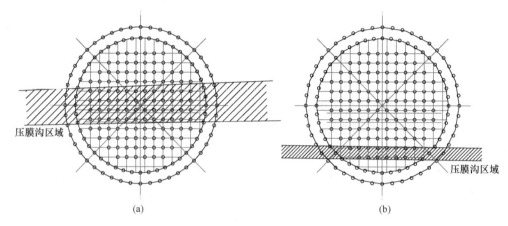

图 4.11.6 A、B罐压膜沟带位置

(a) A罐；(b) B罐

SZ-5号试验桩施工时，深度6～14m处为淤泥层，淤泥层出现塌孔现象，试验性施工近10h，无法进尺，被迫停止钻进。经设计单位现场实地踏勘，与勘察单位讨论后确定此组SZ-5号、SZ-6号试验桩桩位向东侧移位2m，SZ-5号试验桩采用了下设超长护筒施工措施。SZ-5号试桩在施工中的长护筒分为两节连接，每节6m，第一节护筒采用钻机埋设，第二节护筒与第一节护筒采用钢拉板焊接连接。下设护筒时在保证护筒垂直度的情况下采用常规的振动锤激振下沉法，灌注成桩后护筒不再拔出。

根据试桩的施工经验，真空预压"盲点"区域内工程桩施工时，为了避免成孔时出现塌孔和缩径的现象，采取了降低淤泥层成孔速度和钻头每次进尺深度，调整泥浆指标至相对密度1.08～1.12，黏度18～21s，将缓浆池增大至2～3m³，加长护筒至12～14.5m的措施保证成孔质量。通过对SZ-5号试验桩超长护筒下设施工的总结，激振下沉法费时、费力，机械设备使用较多，且垂直度控制较困难。针对该问题，通过现场多次试验，提出了采用"双护筒法"进行超长护筒的下设。

11.4.2 工程实施

1. 工程桩施工

（1）施工场地处理

为了方便工程桩施工，要求A、B罐区先进行回填砂施工，回填约30cm，罐区顶面

0.5m 采用砖渣回填，确保回填后施工重型机械设备正常行走，设计要求回填砂的压实系数不小于 0.90，回填砖渣用压路机进行碾压密实，保证重型设备行走。罐区回填后的顶面标高为 +6.50m，设计桩顶标高为 +6.30m。

（2）成孔施工

采用泥浆护壁旋挖钻机成孔施工工艺，配备摩阻钻杆、挖泥钻头、挖砂钻头，工程桩直径为 1000mm，旋挖钻机钻头不小于 970mm。

根据试验桩成孔观察情况，护筒长度为 5.0m，旋挖钻机在护筒内和护筒底部 2m 范围内上部吹填砂层中采用挖砂钻头，钻进时每次进尺控制在钻头高度的 1/3 以内，降低进尺速度，采用少钻勤提的方式，保证护筒底端泥浆护壁效果，减少护筒底端下方塌孔，试验桩施工过程中多数桩孔在护筒底端塌孔。钻进至 6～14m 处流塑和软塑淤泥层，同样采用挖砂钻头，每次钻进深度控制在不超过钻头高度的 1/3，避免和减少扰动淤泥层内淤泥回流至孔内，若淤泥层反复回流至孔内极易造成大面积坍塌。为了保持孔壁稳定，14～20m 深度范围内同样需要控制钻进速度。同时调整泥浆指标至相对密度 1.08～1.12，黏度 20～22s，将缓浆池增大至 2～3m³，压膜沟区域采取加长护筒至 12～14.5m 的措施，保证成孔质量。孔深超过 20m 时，地层稳定性较好，可增加进尺速度。

（3）超长护筒下设

为了避免成孔时出现塌孔和缩径的现象，A、B 罐压膜沟区域采取了下设超长护筒的措施，护筒长度调整至 12～14.5m。通过对 SZ-5 号试验桩超长护筒下设施工的总结，激振下沉法费时、费力，机械设备使用较多，且垂直度控制较困难。因此，工程桩施工采用了"双护筒法"进行超长护筒的下设，具体方法如下：

初始采用直径 1400mm 的钻头钻进，钻进 4～5m 后，先安放直径 1400mm、长度 6m 的钢护筒并校正；安放完毕后更换直径 1200mm 钻头继续钻进，钻进至 9～11m 后，进行安放直径 1200mm、长度 12～14m 长护筒，并采用钻机动力头将直径 1200mm 长护筒压入到下端稳定层内。混凝土灌注完成后，直径 1200mm、长度 12～14m 护筒不再取出，只取出直径 1400mm 的护筒。较激振下沉法，该方法可节省约 1h 的施工时间，同时也节省了设备投入，如图 4.11.7 所示。

图 4.11.7 超长护筒埋设

图 4.11.8　顶部焊水平支撑筋

（4）钢筋笼制作与安放

钢筋笼总长度 54.9m，钢筋笼分为 3 节制作，上节笼长 18m，中节笼长 18m，底节笼长 21.7m，主筋采用直螺纹机械连接，钢筋笼孔口连接采用点焊＋搭接连接方式。为保证钢筋笼整体稳定性和安全吊装，采用在钢筋笼吊点位置增设加劲箍筋，每节钢筋笼布置 2 道，吊点位置加劲箍筋与主筋连接采用焊接。

钢筋笼下放过程中，每 4m 放置 1 道导正块，导正块采用与桩身同强度混凝土制作。钢筋笼下放到设计标高时，在钢筋笼起顶端的加强圈位置焊接水平支撑筋，确保钢筋笼水平位置准确，如图 4.11.8 所示。

（5）混凝土灌注

混凝土灌注采用导管法，导管直径为 300mm，丝扣连接，导管单节长度为 2.6m，底管长度 4.0m，另配备若干 0.5～1.0m 短节管，以便调配导管。导管使用前进行了压水密封性试验，试验压力为 0.6～1.2MPa。导管底端距离孔底 0.3～0.5m。导管下设完毕后，采用气举反循环工艺进行二次清孔，保证孔底沉渣厚度不大于 50mm。混凝土初灌采用 2.0m³ 大料斗，保证初灌后导管在混凝土中埋深大于 0.8m。桩顶超灌量不小于 1.2m。本项目钢筋笼上部 10m 为箍筋加密区，箍筋净间距仅为 68mm，主筋净间距也仅为 55mm，为保证混凝土流到钢筋笼外、保护层混凝土质量满足要求，混凝土拌和用粗骨料的粒径为 10～20mm，对桩头下 5m 范围内混凝土用振捣棒进行轻微振捣。振捣时振捣棒放入钢筋笼内侧，紧贴钢筋笼，快插慢拔，间距约 40cm 均匀振捣。

2. 碎石桩施工

A、B 罐混凝土灌注桩桩基工程施工完成后，采用振冲碎石桩法对地基进行处理，消除①₁ 层冲填土、②₁ 层粉细砂层新近陆域形成的不稳定性及地震液化，对地基土进行加固和挤密，提高土体密实度，增强工程桩的水平承载力。

（1）施工顺序

依据振冲碎石桩的主要作用为提高土体密实度，增强工程桩的水平承载力。碎石桩施工采取了由外及内的施工顺序，碎石桩施工采用排孔法，A、B 罐各布置 2 台 ZCQ75 型振冲器设备。

（2）造孔施工

振冲器对准桩位，成孔中心与设计孔位中心偏差不大于 100mm。造孔水压 0.4～0.8MPa，造孔速度 0.5～2.0m/min，直至设计深度 7m，如图 4.11.9、图 4.11.10 所示。造孔过程中振冲器始终处于悬垂状态，保证了振冲器的贯入方向和桩身垂直度。地面下 5～7m 位置为淤泥层，造孔施工过程中返出的泥浆较稠，存在缩孔现象，采用多次提拉振冲器直至使孔口返出泥浆变稀，保证了桩孔顺直、通畅以利填料沉落。

造孔施工时经常出现缩径现象，在清孔过程中，对缩径部位上下多次提拉振冲器，必要时往孔内填少量碎石，用振冲器带着碎石清孔，将碎石挤入缩径部位，防止进一步缩径。

图 4.11.9　成孔施工　　　　　　　　　图 4.11.10　加密施工

一般清孔时间控制在 3～5min，最长清孔时间达 10min。

（3）加密制桩

桩体材料采用含泥量不大于 5％的碎石，粒径为 20～100mm，个别最大不超过 150mm，小于 5mm 粒径的含量不超过 10％，且为未风化的碎石。

加密从孔底开始，逐段向上制桩。密实电流减去空振电流大于 50A，留振时间大于 8s，振密段长度为 30～50cm，水压为 0.3～0.5MPa。加密制桩至桩顶上部时，适当延长留振时间至 10s，保证桩径达到 1.0m。每 2.0m 记录一次密实电流、留振时间、水压，并及时准确记录填料量。桩体充盈系数为 1.04～1.46。

11.5　工程实施效果

11.5.1　桩基施工效果

本项目建设场地陆域为吹填形成，地质条件较差，前期采用真空预压法对吹填土进行了预处理。真空预压法均须分区域进行，每个区均周边设置密封沟，进行压膜密封，压膜沟区域真空预压处理的效果较差，形成了真空预压法处理的"盲点"。桩基施工时，为了防止真空预压"盲点"区域成孔施工出现塌孔现象，采取了下设长护筒的措施，取得了良好的效果。针对 A、B 储罐单桩水平承载力不满足 1200kN 设计要求的情况，经过召开多次专题研讨会，提出了对桩顶以下 7m 范围内土体采用振冲碎石桩进行加固处理的方法。现场水平载荷试验结果表明，加固后单桩水平极限承载力可达到 1500kN 以上，较加固前提高了 90.2％～117％。

11.5.2   工程检测

该项目对工程桩进行了单桩竖向抗压载荷试验、单桩水平载荷试验、声波透射和低应变等检测，A、B 储罐共进行 6 根工程桩的单桩竖向抗压荷载试验，设计要求最大加载值均不大于 6000kN，至最大加载值时桩顶沉降量范围为 6.90～8.73mm，满足设计要求，Q-s 曲线均呈缓变型，未达到极限荷载；完成单桩水平荷载试验 8 根，设计要求最大加载值均不大于 900kN，至最大加载值时桩身水平位移量范围为 14.51～27.78mm，满足设计要求；声波透射法检测 44 根（A、B 罐各 22 根），经综合分析桩身完整性均为 I 类桩；低应变检测 432 根，其中 419 根为 I 类桩，占受检桩总数的 97.0%，13 根为 II 类桩，占受检桩总数的 3.0%。

碎石桩施工完成后，桩身质量检测采用重型圆锥动力触探试验，桩间土采用标准贯入试验，对 12 根碎石桩进行了重型圆锥动力触探试验，A、B 罐各随机选取 6 根碎石桩，地表 2m 以下重型圆锥动力触探平均击数均达到 15 击要求；桩间土标准贯入试验结果表明：A103-3 号桩 6.95～7.25m 范围为 3 击；B216-1 号桩 6.95～7.25m 范围为 2 击；B183-1 号桩 6.15～6.49m 范围为 3 击，其余均达到 14 击的要求。

11.5.3   沉降观测

本项目对 A、B 两个罐体进行了沉降监测，以 A 罐为例，监测点布置如图 4.11.11 所示。自 2013 年 6 月 16 日至 2013 年 10 月 30 日，对 A、B 储罐进行了 6 次沉降观测；自 2014 年 5 月 10 日至 2014 年 6 月 20 日，对 A、B 储罐进行了试水压力监测。监测时间段主要包括：注水前（第 1 次～第 6 次）、0 水位、1/4 水位、1/2 水位、3/4 水位、满水位、满水位静置 24h、放水至 3/4 水位、放水至 1/2 水位、放水至 114 水位、放水至 0 水位。各监测点的高程初始值在第 1 次沉降观测时至少测量 2 次取平均值。某监测点前次高程减

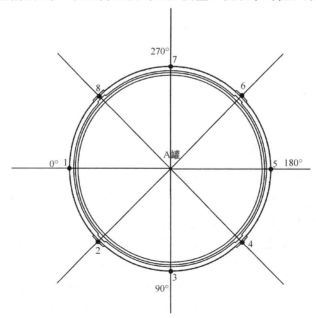

图 4.11.11   沉降观测点（8 个）布置图

去本次高程的差值为本次沉降量,初始高程减去本次高程的差值为累计沉降量。

A 储罐沉降观测的结果如表 4.11.4 所示,沉降曲线如图 4.11.12 所示。

							A 储罐沉降观测结果(mm)	表 4.11.4
观测点	注水前第1次	注水前第2次	注水前第3次	注水前第4次	注水前第5次	注水前第6次	0 水位	1/4 水位
1	0.00	−0.39	−2.84	−3.77	−6.07	−9.10	−19.08	−18.88
2	0.00	−0.13	−2.35	−3.26	−5.71	−8.83	−20.62	−19.42
3	0.00	−0.09	−2.62	−3.54	−5.96	−9.50	−18.75	−19.45
4	0.00	0.30	−3.24	−4.43	−6.49	−9.82	−20.00	−18.90
5	0.00	−0.14	−2.86	−3.76	−5.30	−8.59	−18.04	−17.34
6	0.00	0.08	−2.43	−3.21	−5.52	−9.07	−17.80	−17.50
7	0.00	−0.05	−2.64	−3.63	−6.85	−10.07	−20.22	−19.22
8	0.00	0.17	−2.57	−3.40	−5.88	−8.99	−21.77	−20.47
观测点	1/2 水位	3/4 水位	满水位	满水位24h	放水至3/4水位	放水至1/2水位	放水至4/1水位	放水至0水位
1	−20.18	−20.91	−24.69	−24.68	−24.29	−23.62	−23.14	−22.68
2	−20.62	−21.06	−24.71	−24.61	−24.49	−23.25	−23.06	−22.61
3	−20.25	−20.44	−24.34	−24.34	−22.52	−22.30	−21.80	−21.63
4	−19.70	−19.94	−23.76	−24.47	−23.00	−22.75	−22.23	−22.18
5	−18.48	−19.01	−20.49	−20.78	−23.05	−21.84	−21.46	−20.75
6	−17.55	−18.37	−21.83	−24.34	−23.92	−22.90	−22.30	−21.45
7	−19.95	−20.71	−24.21	−24.59	−23.89	−22.88	−21.90	−21.49
8	−21.27	−21.89	−25.61	−25.61	−25.03	−24.01	−22.94	−23.03

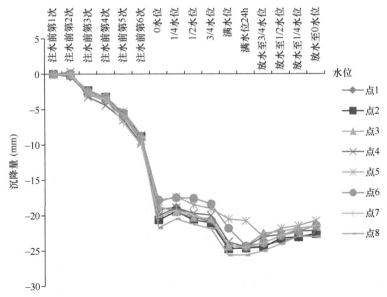

图 4.11.12 A 储罐沉降曲线图

B储罐沉降观测的结果如表4.11.5所示，沉降曲线如图4.11.13所示。

B储罐沉降观测结果（mm） 表4.11.5

观测点	注水前第1次	注水前第2次	注水前第3次	注水前第4次	注水前第5次	注水前第6次	0水位	1/4水位
1	0.00	−0.41	−0.39	−1.96	−4.44	−5.71	−5.41	−6.37
2	0.00	−1.62	−1.46	−3.00	−4.41	−5.36	−6.61	−7.14
3	0.00	−0.88	−0.87	−2.13	−4.30	−5.36	−8.17	−9.02
4	0.00	−1.16	−1.46	−2.69	−4.34	−5.47	−7.27	−8.57
5	0.00	−1.31	−1.27	−2.61	−4.49	−5.59	−5.33	−5.83
6	0.00	−0.61	−0.76	−1.19	−4.17	−5.20	−4.91	−5.24
7	0.00	−2.11	−2.87	−1.60	−4.20	−5.72	−5.01	−7.06
8	0.00	−0.42	−0.38	−1.82	−4.66	−6.05	−5.15	−6.19

观测点	1/2水位	3/4水位	满水位	满水位24h	放水至3/4水位	放水至1/2水位	放水至4/1水位	放水至0水位
1	−7.02	−7.32	−7.61	−8.68	−8.25	−7.83	−7.41	−6.80
2	−7.26	−7.67	−8.01	−8.76	−9.00	−8.21	−7.89	−7.46
3	−9.12	−9.55	−9.95	−10.25	−10.47	−9.86	−9.92	−9.20
4	−9.41	−10.18	−10.72	−11.09	−10.76	−10.49	−9.83	−9.90
5	−7.43	−8.07	−8.20	−8.40	−8.07	−7.54	−7.13	−6.72
6	−7.10	−7.38	−7.64	−8.03	−7.56	−7.12	−6.70	−5.63
7	−8.20	−9.81	−9.85	−10.46	−10.23	−9.80	−9.42	−8.52
8	−6.82	−7.41	−7.46	−8.65	−8.26	−7.79	−7.25	−6.66

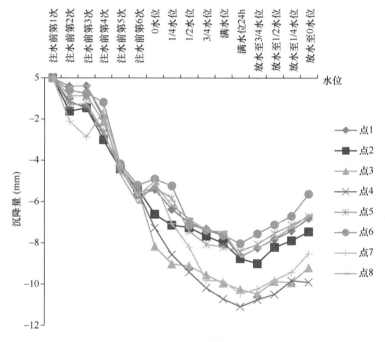

图4.11.13　B储罐沉降曲线图

经过对A、B储罐在注水试验前及注水试验过程中的沉降监测，由表4.11.4、表4.11.5、图4.11.12、图4.11.13可以看出，2个储罐整体沉降比较小且比较均匀，各监测点的沉降量均满足业主提供的验收标准，可认为A、B储罐在注水试验前及注水试验过程中均稳定。

第12章 浙江某 LNG 储罐项目岩土工程勘察、 试验桩、工程桩及检测

12.1 项目概述

12.1.1 基本情况

浙江舟山某 LNG 储罐项目一期工程位于舟山市经济技术开发区。该项目总投资 24.11 亿元，计划建设 2 座 16 万 m^3 LNG 储罐及配套设施、LNG 外输工艺系统，其中气化外输能力 150 万 t/a，液态外输能力 50 万 t/a。项目完工后，对提升应急储气和调峰能力以及保障供气安全，推动自贸区油气全产业链发展具有重要作用。

12.1.2 项目规模

本项目岩土工程技术服务内容包括全厂区岩土工程勘察、T-02-02 储罐试验桩、T-02-02储罐工程及检测等工作，项目实施的时间跨度为 2015 年 9 月至 2016 年 6 月。

12.1.3 复杂程度

本项目场区属于东海近海水域，岩性岩相变化复杂，场地土层表层为吹填砂土，下部为厚层状的饱和软土及黏性土，下伏为基岩，场地为软土、基岩组合的二元结构，根据项目的规模、场地条件和工程重要性程度，项目勘察等级为甲级。设计钻孔灌注桩桩径为 1200mm，桩端持力层为⑪$_2$层中风化凝灰岩，嵌岩深度不小于 50cm，最小桩长 86.23m，最大桩长 97.36m，平均桩长 91.12m，为国内 LNG 储罐行业中最长的基桩。T-02-02 储罐布置试验桩 4 根、工程桩 319 根，采用泥浆护壁旋挖钻机成孔施工工艺。项目的复杂程度主要体现在以下几个方面。

（1）勘察范围广，建（构）筑物多

本次勘察范围为储罐区域一期 2 个 16 万 m^3 LNG 储罐、工艺装置区、辅助生产区及厂前区，共涉及建（构）筑物 79 个，不同厂区和建（构）筑物对勘察要求不同。

（2）地质复杂，合理勘察手段的运用

场地软土分布厚度大，下伏为基岩，采用何种钻探和测试方式方法，查明软土的空间分布特征，以及基岩的类别、强度和完整性特征，并科学合理地评价岩土的工程特性，是本项目的重点。

（3）软土、基岩特性评价及参数确定

对于场地软土，采用哪些室内试验方法查明其前期固结状态、灵敏度、土动力特性、抗剪强度特性、腐蚀性；对于基岩采用什么方法确定其类别、强度特性及承载力特性，保

证客观真实地反映场地岩土条件，是本项目岩土分析评价的重要环节。

（4）大直径超长嵌岩桩施工机具及工艺的选择

根据勘察资料，桩身需要穿越塘渣回填层、吹填层、淤泥质粉质黏土层、含砾粉质黏土、粉质黏土层和强风化凝灰岩层，桩端进入⑪₂层中风化凝灰岩层不少于 0.5m，⑪₂层岩石饱和单轴抗压强度推荐值取 42.65MPa。在软土、基岩组合的二元结构地层中，大直径、超长桩施工可借鉴的经验较少，施工方法和机具的选择对确保施工质量、进度和安全具有决定性的作用。

12.2 岩土工程勘察

12.2.1 勘察目的与任务

本次勘察为详细勘察阶段，工程重要性等级为一级，场地复杂程度等级为二级，地基复杂程度等级为二级，综合确定该工程勘察等级为甲级。其目的是查明场地的工程地质条件，分析评价各类岩土体的工程特性，对场地的稳定性及适宜性作出评价，并提供详细的岩土工程资料和设计所需的岩土参数。主要任务如下：

（1）查明不良地质作用的类型、成因、分布范围、发展趋势和危害程度，提出整治方案建议；查明场区范围内岩土层的类型、深度、分布、工程特性和变化规律，分析和评价地基稳定性、均匀性和承载力；对特殊性岩土进行岩土工程分析和评价；查明储罐区基岩顶面标高，并评价岩体质量参数，确定岩体的质量等级。

（2）查明暗藏的河道、沟浜、墓穴、孤石等对工程不利的埋藏物。

（3）划分场地土类别和场地类型，进行软土震陷判别、评价，对饱和砂土及粉土进行液化判别，分析液化对桩基的影响。

（4）查明地下水埋藏情况类型、含水层性质、水位变化幅度及规律，以及对建筑材料的腐蚀性，并确定抗浮设计水位。

（5）提出构筑物可选的桩基类型和桩端持力层，提出桩径、桩长方案的建议并估算单桩承载力；分析桩侧负摩阻力对桩基承载力的影响，提供负摩阻力系数和减少负摩阻力措施建议。

（6）对基坑开挖、降水进行分析、评价，并提供可选性建议及所需岩土的物理力学指标参数。

12.2.2 工程勘察的特色

1. 综合勘探手段运用

根据项目场地岩土特点，采用了钻探及双管单动取芯技术、深孔静力触探技术查明了地基岩土层的结构和空间分布特征，并建立了三维地质模型；采用了十字板剪切试验、深孔横纵波测试技术、水土腐蚀性试验、土壤电阻率测试、前期固结压力试验、3200kPa高压固结试验，以及岩石的饱和单轴抗压强度试验和岩相分析试验等有针对性的岩土试验，科学评价软土的强度特性、灵敏度特性、欠固结状态特性、动力参数、对建筑材料的腐蚀性，准确判定划分基岩风化程度和完整性程度，确定岩体质量等级与承载特性，为岩土工程设计提供科学合理的参数。

　　详细勘察共完成勘探点 402 个，其中取土标贯钻孔 94 个，取土试样钻孔 49 个，标准贯入试验钻孔 53 个，鉴别孔 72 个，静力触探试验孔 120 个，十字板剪切试验孔 14 个，部分静力触探试验孔及十字板剪切试验孔试验结束后在原孔位进行钻探鉴别。总进尺为21942.5 延米。完成波速测试试验孔 9 个，电阻率测试 8 点。本次勘察完成的工作量详见表 4.12.1。

勘察工作量明细表　　　　　　　　　　　　　表 4.12.1

钻探工作量						
统计项目	取土标贯钻孔	取土试样钻孔	标准贯入试验钻孔	鉴别孔	静力触探试验孔	十字板剪切试验孔	合计数
孔深（m）	3.4~103.0	16.2~74.0	3.5~67.0	2.0~66.0	9.0~62.0	24.0~61.0	
孔数（个）	94	49	53	72	120	14	402
累计进尺（m）	6255.7	2773.8	2610.2	3678.8	5975.5	648.5	21942.5

取样及原位测试					
类别	原状样	扰动样	标贯试验	动探试验	波速测试	电阻率测试
数量	2717 件	1347 件	3509 次	764 次	12 孔/675m	8 点

土工试验					
试验项目	常规试验	高压固结试验	快剪试验	三轴剪试验	无侧限抗压强度试验	筛分试验
试验数量	2717 件	472 件	793 件	66 件	61 件	468 件
试验项目	先期固结压力试验	有机质含量试验	砂土天然坡脚试验	饱和单轴抗压强度试验	岩相分析试验	水/土腐蚀性试验
试验数量	95 件	17 件	7 件	26 组	10 件	6 件/5 件

2. 基础方案计算与评价

　　针对本项目高承台、大底盘的结构特点，依据场地的岩土工程条件、设计荷载和变形要求等，对本项目地基基础的承载和变形特点，采用有限元数值模拟的方法建立高承台桩、罐体整体模型模拟分析，分析了高承台桩基础不同桩径、桩间距工况下桩体的荷载传递规律和变形沉降的变化特点，比选出合理经济的桩基方案。

　　数值模拟分析的主要内容包括：分析不同桩径和桩间距等因素对地基基础的沉降量及桩基内力的影响；分析基桩在水平载荷作用下的水平位移值及剪力值。

12.2.3　工程地质条件

1. 地形、地貌

　　项目场区位于牛头山东侧，梁横山西侧，属于东海近海水域，属滨海相沉积地貌单元。拟建场为围垦形成的陆地，北侧为围垦堤防（北三堤），西侧为一简易堤坝，东侧为与外海相通的水闸。工艺装置区及辅助生产区场地经过人工吹填砂及碎石整平，勘察期间地面高程 2.040~5.990m，地形开阔平坦。

2. 地层简述

根据勘察揭露地层，场地除表层人工填土（碎石填土层和吹填砂层）外，主要为第四系黏性土，下伏基岩为上侏罗统（J_{3x}）凝灰岩。根据场地地层岩性及物理力学性质指标，自上而下分为11层，对各地层介绍如下。

① 层杂填土（Q_4^{ml}）：黄褐色—青灰色，中密—密实，主要成分为凝灰岩碎石、块石，一般块径 20～60cm，含量为 50％～60％，成棱角状，个别块径在 110cm 以上，夹少量黏土块。厚度 0.10～7.50m，平均厚度 1.80m。该层经过碾压或强夯处理。

② 层吹填土（Q_4^{ml}）：灰黄色—浅灰色，稍密—中密，为人工吹填，主要成分为粉砂，分选性好，以石英为主，含长石，局部见贝壳碎屑，砂质较纯净。厚度 0.60～10.50m，平均厚度 4.56m。

局部抛石区②层吹填土下部为回填碎石土，编为②₁层杂填土。

②₁层杂填土（Q_4^{ml}）：青灰色—灰黄色，中密—密实，主要成分为凝灰岩碎石、块石，一般块径 20～60cm，含量为 50％～60％，成棱角状，个别块径在 80cm 以上，夹少量黏土块。厚度 0.50～13.80m，平均厚度 7.64m。该层分布于抛石区，经过强夯地基处理。

③ 层淤泥质粉质黏土（Q_4^m）：灰褐色—灰黑色，软塑—流塑状态，该层为高压缩性土，属欠固结土，上部经过真空堆载预压，按物理力学指标分为两层，分别为③₁层、③₂层。

③₁层淤泥质粉质黏土（Q_4^m）：灰褐色—灰黑色，软塑—流塑状态，韧性和干强度中等，土质较均匀，局部夹粉砂薄层，含少量腐殖质及贝壳碎屑。厚度 0.80～16.20m，平均厚度 10.0m。该层属高压缩性、欠固结土。

③₂层淤泥质粉质黏土（Q_4^m）：灰黑色，软塑—流塑状态，韧性和干强度中等，土质较均匀，局部夹粉砂薄层，含少量腐殖质及贝壳碎屑。厚度 2.10～17.70m，平均厚度 9.75m。该层属高压缩性、欠固结土。

④ 层淤泥质黏土（Q_4^m）：灰黑色，软塑—流塑状态，韧性和干强度中等，切面稍有光泽，土质均匀，手触摸有黏滞感。厚度 2.00～23.00m，平均厚度 12.64m。该层属高压缩性、欠固结土。

⑤ 层粉质黏土（Q_4^m）：黑灰色，软塑—可塑状态，韧性和干强度中等，切面稍有光泽，土质较均匀，局部夹粉砂、粉土薄层。厚度 1.20～15.40m，平均厚度 7.65m。该层属中—高压缩性。

⑤ 层粉质黏土局部分布有黄褐色粉质黏土层，编为⑤₁层。

⑤₁层粉质黏土（Q_4^{al}）：黄褐色，一般可塑状态，韧性和干强度中等，切面光滑，土质均匀，局部夹砾石颗粒。厚度 1.10～22.80m，平均厚度 8.31m。该层属中压缩性土。

⑥ 层含砾粉质黏土（Q_4^{al+m}）：灰黑色，可塑—硬塑状态，韧性和干强度中等，切面稍有光泽，含砾石 10％～30％，粒径 4～20mm。厚度 0.20～6.40m，平均厚度 2.08m。该层属中压缩性土。

⑦ 层粉质黏土（Q_3^{al}）：青灰色—黄褐色，可塑—硬塑状态，韧性和干强度高，切面光滑，土质均匀，局部含少量砾石。局部钻孔未揭穿该层，揭露厚度 0.70～11.80m，平均厚度 5.59m。该层属中压缩性土。

⑧ 层粉质黏土（Q_3^{al}）：灰黄色—褐黄色，可塑—硬塑状态，韧性和干强度中等，切

面稍有光泽，土质较均匀，局部夹粉土、粉砂薄层。局部钻孔未揭穿该层，揭露厚度
0.60～8.20m，平均厚度 2.97m。

⑨ 层粉质黏土（Q_2^{al}）：黄褐色—灰黄色，可塑—硬塑状态，韧性和干强度高，切面
光滑，土质较均匀，含铁质氧化物。仅局部钻孔揭露，揭露厚度 0.80～22.00m，平均厚
度 7.42m。

⑩ 层含砾粉质黏土（Q_1^{pl}）：黄褐色，可塑—硬塑状态，韧性和干强度中等，切面稍
有光泽，砾石含量 10%～15%，碎石含量 5%～10%，碎石粒径 20～50mm。仅局部钻孔
揭露，揭露厚度 0.60～23.80m，平均厚度 5.77m。该层属中压缩性土。

⑪ 层凝灰岩（J_{3x}）：仅局部钻孔揭露该层，按照风化程度分为强风化凝灰岩及中风化
凝灰岩，编号为⑪₁层、⑪₂层。

⑪₁层强风化凝灰岩（J_{3x}）：黄褐色—灰白色，原岩结构基本破坏，多呈砂状及少量块
状，局部地段夹有中风化岩块，难击碎，多见铁锰质浸染。揭露厚度 0.20～9.80m，平均
厚度 2.70m。

⑪₂层中风化凝灰岩（J_{3x}）：灰白色—青灰色，凝灰结构，块状构造，节理、裂隙发
育，裂隙面多为红色，新鲜面为青灰色，岩芯多呈碎块状，局部呈短柱状。揭露厚度
0.20～17.00m，平均厚度 4.78m。

3. 空间地质模型的构建

根据取得的岩土空间分布、物理指标、力学指标参数信息，采用 BIM 技术建立场地
的三维地质模型，为整体的岩土三维设计提供了数据支持，为 LNG 储罐大面积群桩基础
的方案分析和选择提供了岩土信息支持，如图 4.12.1、图 4.12.2 所示。

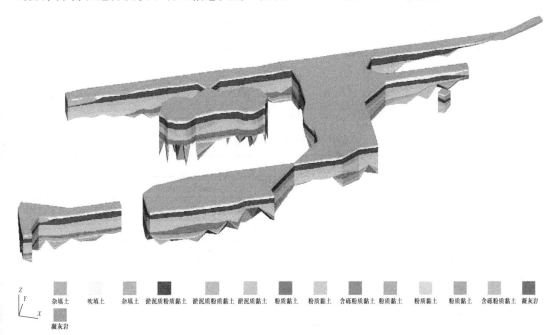

图 4.12.1　整个勘察区三维地质模型

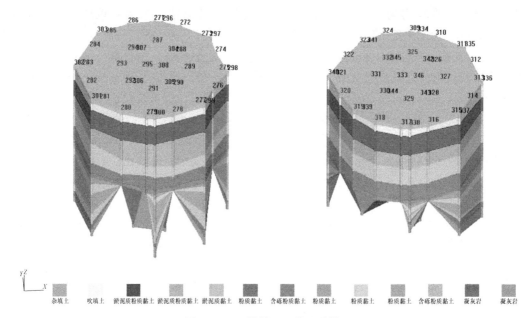

杂填土　吹填土　淤泥质粉质黏土　淤泥质粉质黏土　淤泥质黏土　粉质黏土　含砾粉质黏土　粉质黏土　粉质黏土　粉质黏土　含砾粉质黏土　凝灰岩　凝灰岩

图 4.12.2　储罐区三维地质模型

12.2.4　地基土物理力学指标

1. 原位测试

（1）标准贯入试验及重型动力触探试验

标准贯入试验及重型动力触探试验实测击数可参见 12.2.3 节第 2 条"地层简述"，对各层土的试验实测值、修正值（杆长）分别进行了分层统计，并剔除了异常值。

（2）波速测试

本次勘察共在 9 个钻孔中分别进行了单孔检层法波速测试，采用 XG-1 悬挂式波速测井仪采集数据，等效波速测试结果如表 4.12.2 所示。

钻孔剪切波速测试汇总表　　　　　　　　　　　　　　　　　　　表 4.12.2

测试孔（号）	测试深度（m）	等效波速（m/s）
17	50.0	146.2
75	3.0	340.2
130	50.0	151.2
156	50.0	149.5
192	50.0	171.7
223	70.0	156.7
365	50.0	187.2
346	100	149.0
308	102	146.0

根据 308 号、346 号两个波速物探孔各层土等效剪切波速值及压缩波速值，综合给定

各层地基土动力学参数，如表 4.12.3 和表 4.12.4 所示。

346 号钻孔地基土动力学参数 表 4.12.3

地层编号及岩性	纵波波速 (m/s)	横波波速 (m/s)	泊松比	动剪变模量 (MPa)	动弹性模量 (MPa)
① 层杂填土	1399	214	0.488	68.7	204.4
② 层吹填土	1532	180	0.493	55.1	164.5
③₁ 层淤泥质粉质黏土	1468	130	0.496	30.4	91.0
③₂ 层淤泥质粉质黏土	1411	125	0.496	27.5	82.3
④ 层淤泥质黏土	1473	136	0.496	32.7	97.9
⑤ 层粉质黏土	1610	223	0.490	92.5	275.7
⑥ 层含砾粉质黏土	1906	317	0.486	196.0	582.3
⑦ 层粉质黏土	2461	424	0.485	356.0	1057.0
⑧ 层粉质黏土	2244	382	0.485	284.6	845.2
⑨ 层粉质黏土	2087	340	0.486	228.9	680.4
⑩ 层含砾粉质黏土	2661	511	0.481	519.6	1539.0
⑪₁ 层强风化凝灰岩	3114	751	0.469	1410.0	4142.9
⑪₂ 层中风化凝灰岩	3285	1198	0.423	3903.8	11112.4

308 号钻孔地基土动力学参数 表 4.12.4

地层编号及岩性	纵波波速 (m/s)	横波波速 (m/s)	泊松比	动剪变模量 (MPa)	动弹性模量 (MPa)
① 层杂填土	1099	226	0.478	76.6	226.5
② 层吹填土	1497	180	0.493	55.1	164.4
③₁ 层淤泥质粉质黏土	1456	131	0.496	30.9	92.4
③₂ 层淤泥质粉质黏土	1476	123	0.497	26.6	79.7
④ 层淤泥质黏土	1592	139	0.496	34.2	102.3
⑤ 层粉质黏土	1700	185	0.494	63.7	190.2
⑥ 层含砾粉质黏土	1765	297	0.485	172.0	511.0
⑦ 层粉质黏土	2076	373	0.483	275.5	817.2
⑧ 层粉质黏土	2509	383	0.488	286.0	851.3
⑨ 层粉质黏土	2579	421	0.486	350.9	1043.2
⑩ 层含砾粉质黏土	2995	673	0.473	901.3	2656.1
⑪₁ 层强风化凝灰岩	3441	1082	0.445	2926.8	8459.3
⑪₂ 层中风化凝灰岩	3621	1491	0.398	6046.8	16905.8

（3）静力触探试验

静力触探试验采用溧阳 KE-U310 型仪器进行数据采集，地基土各层的侧壁摩阻力和锥尖阻力如表 4.12.5 所示。

锥尖阻力、侧壁摩阻力分层统计表　　　　　表 4.12.5

项目　地层编号及岩性	统计项目	统计个数	最大值	最小值	厚度加权平均值
② 层吹填土	锥尖阻力（MPa）	112	8.59	4.59	5.71
	侧壁摩阻力（kPa）	112	101.50	12.10	59.80
③₁层淤泥质粉质黏土	锥尖阻力（MPa）	117	0.80	0.30	0.55
	侧壁摩阻力（kPa）	95	18.30	5.40	10.70
③₂层淤泥质粉质黏土	锥尖阻力（MPa）	102	0.87	0.45	0.68
	侧壁摩阻力（kPa）	101	20.3	7.5	10.5
④ 层淤泥质黏土	锥尖阻力（MPa）	124	1.28	0.61	1.01
	侧壁摩阻力（kPa）	122	29.80	12.60	17.70
⑤ 层粉质黏土	锥尖阻力（MPa）	74	2.66	0.97	1.43
	侧壁摩阻力（kPa）	77	43.50	13.60	23.40
⑤₁层粉质黏土	锥尖阻力（MPa）	45	11.44	1.59	3.03
	侧壁摩阻力（kPa）	47	301.10	30.90	85.00
⑥ 层含砾粉质黏土	锥尖阻力（MPa）	55	21.90	1.17	4.10
	侧壁摩阻力（kPa）	70	306.90	19.00	74.80
⑦ 层粉质黏土	锥尖阻力（MPa）	15	14.89	2.52	4.08
	侧壁摩阻力（kPa）	20	250.7	58.80	119.30
⑧ 层粉质黏土	锥尖阻力（MPa）	2	3.87	3.64	3.75
	侧壁摩阻力（kPa）	2	121.40	98.80	109.50

（4）电阻率测试

本次电阻率测试使用重庆地质仪器厂生产的 DZD-6A 型多功能直流电法仪，采用对称四极电阻率测深法。根据不同电极间距，每测点测试深度分别为 1m、3m、5m、7m、9m、11m、13m、15m、17m、19m、21m、23m。各测试深度土壤电阻率如表 4.12.6 所示。

各测试深度土壤电阻率统计表　　　　　表 4.12.6

编号　深度(m)	DZ01	DZ02	DZ03	DZ04	DZ05	DZ06	DZ07	DZ08	平均值（Ω·m）
1	312	101	97	160	107	82	89	112	132.5
3	174	50	35	197	31	27	31	43	73.5
5	54	41	31	108	15	13	21	16	37.4
7	38	52	37	36	15	15	20	16	28.6
9	42	61	51	34	18	15	19	18	32.3
11	51	71	56	35	17	14	19	18	35.1
13	58	87	65	44	17	16	19	19	40.6
15	69	95	71	42	16	18	18	19	43.5
17	73	101	77	52	17	19	16	17	46.5

续表

深度(m) \ 编号	DZ01	DZ02	DZ03	DZ04	DZ05	DZ06	DZ07	DZ08	平均值 (Ω·m)
19	67	114	84	56	15	18	15	16	48.1
21	70	124	88	51	13	17	16	16	49.4
23	72	132	87	49	13	16	16	17	50.3

（5）十字板剪切试验

十字板剪切试验采用溧阳 KE-U310 型仪器进行数据采集，试验间距为 2.0m，不同深度饱和黏性土的原状土抗剪强度、重塑土抗剪强度、灵敏度如表 4.12.7 所示。

原状土抗剪强度、重塑土抗剪强度、灵敏度统计表　　　表 4.12.7

地层编号及岩性 \ 项目	统计项目	统计个数	最大值	最小值	平均值
③₁层淤泥质粉质黏土	原状土抗剪强度（kPa）	61	91.74	14.31	42.11
	重塑土抗剪强度（kPa）	61	39.80	3.35	14.77
	灵敏度	61	5.43	2.02	3.00
③₂层淤泥质粉质黏土	原状土抗剪强度（kPa）	52	99.3	23.18	56.17
	重塑土抗剪强度（kPa）	52	47.87	6.53	18.57
	灵敏度	52	6.71	2.00	3.17
④层淤泥质黏土	原状土抗剪强度（kPa）	24	94.8	39.92	52.28
	重塑土抗剪强度（kPa）	24	32.12	12.44	18.89
	灵敏度	24	4.20	2.16	2.80

2. 地基土承载力特征值

依据《建筑地基基础设计规范》GB 50007，根据野外钻探、原位测试、室内土工试验，结合本地区建筑经验，综合给定各层地基土的承载力特征值如表 4.12.8 所示。

地基土承载力特征值一览表　　　表 4.12.8

地层编号及岩性	地基土承载力特征值（kPa）
①层杂填土	130
②层吹填土	130
②₁层杂填土	120
③₁层淤泥质粉质黏土	60
③₂层淤泥质粉质黏土	60
④层淤泥质黏土	75
⑤层粉质黏土	90
⑤₁层粉质黏土	150
⑥层含砾粉质黏土	150
⑦层粉质黏土	210

续表

地层编号及岩性	地基土承载力特征值（kPa）
⑧ 层粉质黏土	220
⑨ 层粉质黏土	240
⑩ 层含砾粉质黏土	250
⑪₁层强风化凝灰岩	550

3. 地基土各压力段压缩模量推荐值

根据相关规范、规程，结合本次土工试验资料、原位测试资料及本区建筑经验，综合给定各层地基土各压力段的压缩模量推荐值如表4.12.9所示。

地基土各压力段压缩模量推荐值（MPa）　　　　表 4.12.9

地层编号及岩性	$E_{s0.1-0.2}$	$E_{s0.2-0.4}$	$E_{s0.4-0.8}$	$E_{s0.8-1.2}$	$E_{s1.2-1.6}$	$E_{s1.6-3.2}$
① 层杂填土	20.0*					
② 层吹填土	8.0*					
②₁层杂填土	18.0*					
③₁层淤泥质粉质黏土	2.86	5.18	—	—	—	—
③₂层淤泥质粉质黏土	2.73	4.81	9.23	—	—	—
④ 层淤泥质黏土	2.80	4.65	9.06	12.93	—	—
⑤ 层粉质黏土	4.52	7.35	10.90	16.42	—	—
⑤₁层粉质黏土	5.61	8.59	13.92	20.93	—	—
⑥ 层含砾粉质黏土	7.58	11.01	11.26	17.89	22.83	—
⑦ 层粉质黏土	6.12	9.76	13.64	20.72	26.33	47.88
⑧ 层粉质黏土	6.13	9.41	13.34	19.31	24.94	43.31
⑨ 层粉质黏土	6.46	9.55	13.33	18.80	24.09	42.58
⑩ 层含砾粉质黏土	6.46	9.15	14.48	20.81	21.75	43.75
⑪₁层强风化凝灰岩	35.0*					

注：表中带 * 为经验值。

4. 地基土动力基础设计参数

根据地基土试验指标，结合相关规范，地基土动力参数如表4.12.10、表4.12.11所示。

天然地基动力参数　　　　表 4.12.10

地层编号及岩性	抗压刚度系数（kN/m³）
① 层杂填土	20000
② 层吹填土	23000
②₁层杂填土	19000
③₁层淤泥质粉质黏土	13000

桩基础动力参数 表 4.12.11

地层编号及岩性	桩周土当量抗剪刚度系数值（kN/m³）	桩尖土的当量抗压刚度系数值（kN/m³）
① 层杂填土	15000	
② 层吹填土	13000	
②₁层杂填土	12000	
③₁层淤泥质粉质黏土	6000	
③₂层淤泥质粉质黏土	6500	
④ 层淤泥质黏土	7000	
⑤ 层粉质黏土	10000	
⑤₁层粉质黏土	13000	900000
⑥ 层含砾粉质黏土	13000	
⑦ 层粉质黏土	15000	1000000
⑧ 层粉质黏土	15000	1200000
⑨ 层粉质黏土	17000	1300000

5. 岩石物理力学性指标

为评价工程区岩石（体）的物理力学性质，对工程区的主要岩性取样进行了室内岩石物理力学性质试验，取得 26 组中风化凝灰岩岩样进行单轴抗压强度试验，剔除异常值后统计结果如表 4.12.12 所示。岩体完整性指数为 0.38~0.51，岩体完整程度为较破碎，岩体基本质量等级按Ⅳ级考虑。

中风化凝灰岩岩石饱和抗压强度成果汇总表 表 4.12.12

统计项目	质量密度（g/cm³）	饱和抗压强度（MPa）
统计个数	5	16
最大值	2.76	67.11
最小值	2.60	28.24
平均值	2.72	49.03
变异系数	—	0.293
标准值	—	42.65

6. 地基软弱土灵敏度指标

为评价工程区软弱土的灵敏度指标，本次勘察对场地的③₁层、③₂层、④层软弱土进行了十字板剪切试验，灵敏度评价结果如表 4.12.13 所示。

地基土灵敏度指标评价表 表 4.12.13

地层编号及岩性	统计数量	最大值	最小值	综合评价
③₁层淤泥质粉质黏土	57	5.43	2.02	中—高灵敏土
③₂层淤泥质粉质黏土	48	6.71	2.00	中—高灵敏土
④ 层淤泥质黏土	21	4.20	2.16	中—高灵敏土

7. 地基软弱土固结历史

为评价工程区软弱土的固结历史，本次勘察共采取了 41 件原状土样进行先期固结压力试验，分别计算土样超固结比 OCR，统计结果如表 4.12.14 所示。OCR 大于 1 为超固结土，等于 1 为正常固结土，小于 1 为欠固结土，综合分析判定，③₁层淤泥质粉质黏土、③₂层淤泥质粉质黏土、④层淤泥质黏土和⑤层粉质黏土均为欠固结土。

地基软弱土超固结比分层计算表　　　　　　　　　　　　　表 4.12.14

土样编号	取样深度（m）	土样层位	自重压力 （kPa）	先期固结压力 （kPa）	超固结比 OCR
297-7	9.0～9.2	③₁层淤泥质粉质黏土	92	76	0.83
297-9	11.00～11.20	③₁层淤泥质粉质黏土	110	90	0.82
297-11	13.00～13.20	③₁层淤泥质粉质黏土	127	110	0.87
297-13	15.00～15.20	③₁层淤泥质粉质黏土	144	122	0.85
297-15	17.00～17.20	③₁层淤泥质粉质黏土	161	134	0.83
297-17	19.00～19.20	③₁层淤泥质粉质黏土	177	150	0.85
336-8	12.00～12.20	③₁层淤泥质粉质黏土	116	91	0.79
336-10	14.00～14.20	③₁层淤泥质粉质黏土	132	113	0.85
336-12	16.00～16.20	③₁层淤泥质粉质黏土	149	140	0.94
336-14	18.00～18.20	③₁层淤泥质粉质黏土	166	151	0.91
297-19	21.00～21.20	③₂层淤泥质粉质黏土	193	160	0.83
297-21	23.00～23.20	③₂层淤泥质粉质黏土	209	179	0.86
297-23	25.00～25.20	③₂层淤泥质粉质黏土	225	198	0.88
297-25	27.00～27.20	③₂层淤泥质粉质黏土	241	216	0.90
336-16	20.00～20.20	③₂层淤泥质粉质黏土	182	157	0.86
336-18	22.00～22.20	③₂层淤泥质粉质黏土	198	176	0.89
336-20	24.00～24.20	③₂层淤泥质粉质黏土	214	180	0.84
336-22	26.00～26.20	③₂层淤泥质粉质黏土	230	191	0.83
336-24	28.00～28.20	③₂层淤泥质粉质黏土	246	224	0.91
297-27	29.00～29.20	④层淤泥质黏土	257	233	0.91
297-29	31.00～31.20	④层淤泥质黏土	273	248	0.91
297-31	33.00～33.20	④层淤泥质黏土	290	262	0.90
297-33	35.00～35.20	④层淤泥质黏土	306	272	0.89
297-35	37.00～37.20	④层淤泥质黏土	322	307	0.95
297-37	39.00～39.20	④层淤泥质黏土	338	299	0.88
297-39	41.00～41.20	④层淤泥质黏土	354	305	0.86
336-26	30.00～30.20	④层淤泥质黏土	262	227	0.87
336-28	32.00～32.20	④层淤泥质黏土	278	241	0.87
336-30	34.00～34.20	④层淤泥质黏土	294	258	0.88
336-32	36.00～36.20	④层淤泥质黏土	310	261	0.84

土样编号	取样深度（m）	土样层位	自重压力（kPa）	先期固结压力（kPa）	超固结比 OCR
336-34	38.00～38.20	④层淤泥质黏土	327	278	0.85
336-36	40.00～40.20	④层淤泥质黏土	343	302	0.88
297-41	43.00～43.20	⑤层粉质黏土	372	327	0.88
297-45	47.00～47.20	⑤层粉质黏土	408	380	0.93
297-47	49.00～49.20	⑤层粉质黏土	426	406	0.95
336-38	42.00～42.20	⑤层粉质黏土	361	322	0.89
336-40	44.00～44.20	⑤层粉质黏土	379	330	0.87
336-42	46.00～46.20	⑤层粉质黏土	397	388	0.98
336-44	48.00～48.20	⑤层粉质黏土	415	414	0.99
336-46	50.00～50.20	⑤层粉质黏土	435	433	0.99

12.2.5 水文地质条件

根据地下水赋存条件，水理性质及水动力特征可将场区内的地下水分为松散岩类孔隙水和基岩裂隙水两类，现分述如下：

（1）松散岩类孔隙水

场地孔隙水主要分布在浅部碎石杂填土、吹填土、淤泥质粉质黏土中，分布广泛，与海水联系紧密。水位主要受潮汐及大气降水影响，随季节变化明显，一般夏季地下水位浅，冬季地下水位埋藏略深，与附近地表水体具有一定的水力联系，互为补给关系。

（2）深部基岩裂隙水

基岩裂隙水水量受地形地貌、岩性、构造、风化影响较大，补给来源主要为上部第四系松散岩类孔隙水，次要为基岩风化层侧向径流补给；径流方式主要通过基岩内的节理裂隙、构造由高高程处向低高程处渗流。根据本场地基岩岩性及基岩内的节理构造判定，本场区基岩裂隙水水量较小、径流缓慢，对工程影响小。

（3）地下水位及抗浮水位

本场区在勘察期间测得地下水稳定水位埋深 0.30～4.00m，水位标高 0.40～3.70m。地下水主要赋存于①层碎石填土、②层吹填土（粉砂）及淤泥质粉质黏土中。根据区域水位资料，地下水水位变化幅度约 1.0m。场地水位受真空预压施工影响，水位变化较大，综合分析，本场地抗浮设防水位标高可按设计场平标高考虑。

12.2.6 水、土的腐蚀性

本项目在整个场地共采取了 6 组地下水水样进行腐蚀性分析试验，根据《岩土工程勘察规范》GB 50021—2001（2009 年版）中第 12.2 节的相关规定，建设场地环境类型按 Ⅱ 类考虑，对地下水的腐蚀性综合评价，在干湿交替条件时地下水对混凝土结构具中腐蚀性，对钢筋混凝土结构中的钢筋具强腐蚀性；在长期浸水条件时，地下水对混凝土结构具弱腐蚀性，对钢筋混凝土结构中的钢筋具微腐蚀性。地基基础设计应采取防腐蚀措施。

本项目在整个场地共采取了 6 组水位以上土样进行土的易溶盐分析试验，根据《岩土工程勘察规范》GB 50021—2001（2009 年版）中第 12.2 节的相关规定，建设场地环境类型按 Ⅱ 类考虑，对场地土的腐蚀性进行评价，地基土对混凝土结构具弱腐蚀性，对钢筋混凝土结构中的钢筋具强腐蚀性。结合土壤电阻率测试结果，场地土对钢结构具弱腐蚀性。地基基础设计应采取防腐蚀措施。

12.2.7 场地地震效应

参照现行国家标准《建筑抗震设计规范》GB 50011，舟山海域邻近的岛屿抗震设防烈度为 7 度，设计基本地震加速度值为 0.10g，设计地震分组为第一组。由于场地存在厚层新近填土和软弱土，局部基岩面坡度大，综合分析场地属抗震不利地段。结合波速孔试验资料，场地覆盖层厚度小于 80m，根据《建筑抗震设计规范》GB 50011—2010 中第 4.1.6 条的规定，I_1 类场地特征周期为 0.25s，Ⅲ 类场地特征周期为 0.45s。项目场地 20m 深度范围内②层吹填土（粉砂）有液化可能性，选取代表性钻孔作为液化判别孔，根据《建筑抗震设计规范》GB 50011—2010 中第 4.3.4 条进一步判别，不存在液化现象。

建设场地地震基本烈度为 7 度，地基土等效剪切波速大于 90m/s，根据《软土地区岩土工程勘察规程》JGJ 83—2011 中第 6.3.4 条，可不考虑震陷影响。对于采用天然地基的轻型建（构）筑物，对沉降无特殊要求时，可不考虑震陷影响。

12.2.8 场地评价及基础方案建议

1. 场地稳定性和适宜性评价

建设场地未发现断层通过，区域性深大断裂距场址距离远；场区地震活动性弱，地基土不液化；场地附近无影响建筑的滑坡、危岩和崩塌、泥石流等不良地质作用；钻探时未发现沟浜、暗塘等对工程不利的埋藏物。场地环境工程地质条件简单，场地稳定，地下水对工程建设影响较小，排水条件良好，拟建场地较适宜建筑。

2. 基础方案分析

（1）储罐区

根据储罐勘察技术要求，储罐区采用由大直径钻孔灌注桩与筏板组成的高承台桩筏基础。根据地层的空间分布特点和地层的工程特性可选择端承摩擦桩或摩擦端承桩。采用端承摩擦桩时可选择⑩层含砾粉质黏土或⑪₁层强风化凝灰岩作为桩端持力层；采用摩擦端承桩时，以⑪₂层中风化凝灰岩作为桩端持力层，该层风化程度低，在场地均有分布，是相对较好的桩端持力层，本层由于岩体较破碎，岩石质量等级较低，在进行端承桩设计时应考虑岩体的结构面对其承载性能的影响。桩径可选择 1.2m 或 1.5m。

（2）其他区域

① 层杂填土，②层吹填砂及②₁层杂填土经过强夯或分层碾压处理，其具有一定的承载力，可作为荷载较小建筑物地基基础持力层，为减小沉降或地基不均匀变形，可考虑采用筏形基础；高架火炬基础及东部管廊区为基岩出露场地，基岩埋深浅，可以将中风化凝灰岩作为天然地基持力层；北侧管廊的西部、高压泵装置区、IFV 装置区单柱荷载标准值为 450～800kN，基础设计预计采用桩基础。基桩可采用灌注桩，其持力层可选择具有一定厚度的⑤₁层粉质黏土；管廊、压缩机房、装车站罩棚、空压/氮气站、氮气储存区、消

防水泵、柴油储罐、35kV 开关室、维修车间、综合仓库以及分析化验室单柱荷载标准值为 500～1000kN；再冷凝装置区，SCV 装置区、中心控制室、消防水罐及生活水罐和总变电所单柱荷载标准值为 2600～4800kN。荷载较大，对变形要求高，预计采用桩基础，基桩可采用灌注桩，以⑦层粉质黏土及以下地层作为桩端持力层。

厂前区填土厚度 5.20～14.80m，分别经过分层碾压、真空预压及强夯处理，对于荷载要求不高，变形要求不严格的拟建建筑物可考虑采用天然地基。污水处理装置基础埋深按 4.0m 考虑，基础位于②₁层杂填土，对荷载和变形要求不高时，可采用天然地基，基础建议采用筏形基础。污水处理装置应考虑采用配重或锚固抗浮设计。

生产综合楼、生产值班楼、结构形式均为框架结构，单柱荷载要求较高，采用天然地基不能满足承载力及变形要求，可考虑采用钻孔灌注桩基础。生产综合楼处基岩埋深较浅，基岩面起伏大，局部软弱土层直接与中风化凝灰岩面接触，建议采用钻孔灌注桩，以强风化或中风化凝灰岩为桩端持力层，灌注桩入岩深度不小于 0.5m。生产值班楼及消防站处基岩埋深较大，可考虑采用钻孔灌注桩，⑦层或⑨层粉质黏土作为桩端持力层。

消防站基础埋深 1.5m，持力层为①层碎石填土，其单柱荷载要求 1200kN，可通过增大基础面积的方式降低对地基承载力的要求，如变形允许条件下可优先考虑采用天然地基，如不满足要求可采用减沉复合疏桩基础。

3. 基桩设计参数

根据本项目勘察钻探、原位测试及土工试验的结果，按《建筑桩基技术规范》JGJ 94 的规定并结合地方标准，提供试桩设计参数，详见表 4.12.15、表 4.12.16。基桩单桩竖向和水平承载力特征值应通过静载试验确定。

基桩设计参数一览表   表 4.12.15

地层编号及岩性	泥浆护壁法钻孔灌注桩		混凝土预制桩	
	极限侧阻力标准值 (kPa)	极限端阻力标准值 (kPa)	极限侧阻力标准值 (kPa)	极限端阻力标准值 (kPa)
① 层杂填土	50	—	60	—
② 层吹填土	40	—	45	—
②₁ 层杂填土	50	—	50	—
③₁ 层淤泥质粉质黏土	20	—	20	—
③₂ 层淤泥质粉质黏土	20	—	20	—
④ 层淤泥质黏土	25	—	25	—
⑤ 层粉质黏土	30	—	32	—
⑤₁ 层粉质黏土	50	600	55	1800
⑥ 层含砾粉质黏土	45	—	48	—
⑦ 层粉质黏土	55	800	58	2300
⑧ 层粉质黏土	55	800	56	2300
⑨ 层粉质黏土	60	1400	70	3800
⑩ 层含砾粉质黏土	60	1600	75	4000
⑪₁ 层强风化凝灰岩	160	2200	180	6000
⑪₂ 层中风化凝灰岩	200	饱和单轴抗压强度标准值 42.65MPa	—	—

地基土水平抗力系数的比例系数 *m* 值   表 4.12.16

地层编号及岩性	灌注桩 *m* 值（MN/m⁴）	混凝土预制桩 *m* 值（MN/m⁴）
① 层杂填土	22.0	18.0
② 层吹填土	10.0	6.0
②₁ 层杂填土	25.0	20.0
③₁ 层淤泥质粉质黏土	3.1	2.5
③₂ 层淤泥质粉质黏土	2.7	2.0
④ 层淤泥质黏土	3.2	3.0
⑤ 层粉质黏土	6.0	5.0
⑤₁ 层粉质黏土	20.0	14.0
⑥ 层含砾粉质黏土	20.0	14.0
⑦ 层粉质黏土	22.0	16.0
⑧ 层粉质黏土	25.0	18.0
⑨ 层粉质黏土	25.0	18.0
⑩ 层含砾粉质黏土	35.0	20.0
⑪₁ 层强风化凝灰岩	80.0	—

根据《建筑桩基技术规范》JGJ 94—2008 中的计算公式，以 308 号钻孔地层为参考，估算各层地基土的负摩阻力见表 4.12.17。

各土层单桩负摩阻力标准值估算表   表 4.12.17

地层编号及岩性	层底埋深（m）	天然重度（kN/m³）	有效重度（kN/m³）	正极限侧阻力标准值（kPa）	负摩阻力系数	桩周土平均有效应力（kN/m³）	负摩阻力标准值（kPa）
① 层杂填土	2.2	18.0	14.82	60.0	0.3	16.3	4.89
② 层吹填土	8.4	18.0	8.00	45.0	0.35	57.4	20.09
③₁ 层淤泥质粉质黏土	19.6	18.0	8.00	20.0	0.2	127.0	20.00
③₂ 层淤泥质粉质黏土	28.7	17.6	7.60	20.0	0.2	206.3	20.00
④ 层淤泥质黏土	40.8	17.7	7.70	25.0	0.2	287.5	25.00
⑤ 层粉质黏土	50.5	18.6	8.60	30.0	0.2	375.8	30.00

按照 1200mm 和 1500mm 两种不同的灌注桩桩径进行单桩竖向承载力特征值估算，摩擦桩考虑后压浆施工工艺，计算结果见表 4.12.18。

单桩竖向承载力特征值估算表   表 4.12.18

孔号	桩径（mm）	桩长（m）	桩端持力层	入持力层深度（m）	单桩竖向承载力特征值（kN）	压浆后单桩竖向承载力特征值（kN）	负摩阻下拉荷载（kN）	考虑负摩阻力单桩竖向承载力特征值（kN）
308	1200	87.0	⑩	1.5	4440	5772	—	—
308	1500	87.0	⑩	1.5	5726	7444	—	—
308	1200	94.5	⑪₂	0.5	16430	—	4278	12152

工艺装置区及辅助生产区、厂前区根据场地地层结构的分布厚度及特征，分别按灌注桩及预应力混凝土桩估算单桩承载力及基桩沉降，仅供设计参考。设计时，应根据实际设计条件进行单桩承载力及沉降计算。估算结果见表 4.12.19、表 4.12.20。

800mm 直径灌注桩单桩承载力及桩基沉降估算表　　　　　　表 4.12.19

参考地层	桩长 (m)	桩端持力层	单桩竖向承载力特征值 (kN)	预估承台尺寸 (m×m)	预估基础沉降量 (mm)
226	40	⑤₁	1006	2.5×1.5	2.35
244	58	⑦	1749	3.0×3.0	3.31
167	55	⑦	1450	2.5×1.5	7.19
386	62	⑨	2160	3.0×3.0	3.68

600mm 直径预制桩单桩承载力及桩基沉降估算表　　　　　　表 4.12.20

参考地层	桩长 (m)	桩端持力层	单桩竖向承载力特征值 (kN)	预估承台尺寸 (m×m)	预估基础沉降量 (mm)
226	40	⑤₁	924	1×2.5	4.34
244	58	⑦	1542	2.5×2.5	4.24

4. 基桩负摩阻力系数

根据本场地土层工程特性，①层杂填土、②层吹填土、③层淤泥质粉质黏土、④层粉质黏土为欠固结土，其固结下沉将会对桩身产生向下的负摩阻力。根据《建筑桩基技术规范》JGJ 94 中各层地基土的负摩阻系数见表 4.12.21。

地基土负摩阻力系数表　　　　　　表 4.12.21

地层编号及岩性	负摩阻力系数
① 层杂填土	0.3
② 层吹填土	0.25
②₁ 层杂填土	0.2
③₁ 层淤泥质粉质黏土	0.2
③₂ 层淤泥质粉质黏土	0.2
④ 层淤泥质黏土	0.2

5. 桩基础方案数值计算

（1）模型建立及边界条件

采用 Midas GTS NX 软件进行数值计算，土体采用摩尔库仑弹塑性本构模型，岩体、储罐、承台及桩选用弹性本构模型，基桩采用梁单元模拟，利用软件中桩、桩端来设置桩与周边土的接触，桩单元全部采用 RZ 约束，桩顶部与承台固接。岩土体-桩基-储罐数值计算模型底部全约束，四周边界约束为方向约束。储罐整体重量按照 13 万 t 考虑。

模型建立过程中，选取勘察报告中的代表性剖面建立地层模型，岩土参数根据勘察报告中相关内容确定，并将部分参数相近的相邻岩土层进行合并，岩土土层模型的详细参数见表 4.12.22，桩基模型参数见表 4.12.23。

岩土层计算参数一览表 表 4.12.22

地层编号及岩性	本构模型	层厚	天然重度 (kN/m³)	弹性模量 (kN/m²)	泊松比	黏聚力 (kPa)	内摩擦角 (°)
① 层杂填土	摩尔-库仑	2.5	17.0	15000	0.27	0	30.0
② 层吹填土		7.5	17.0	15000	0.30	0	40.6
③₁层淤泥质粉质黏土		9.0	17.9	14400	0.35	7.0	4.7
③₂层淤泥质粉质黏土		10.0	17.7	13400	0.35	6.8	4.8
④ 层淤泥质黏土		11.5	17.7	14000	0.35	6.7	4.4
⑤ 层粉质黏土		8.5	18.9	21350	0.35	24.4	15.1
⑥ 层含砾粉质黏土		5.0	19.6	25500	0.35	27.9	16.0
⑦ 层粉质黏土		5.0	19.5	29250	0.35	29.1	15.2
⑧ 层粉质黏土		5.0	19.8	30500	0.35	28.4	15.0
⑨ 层粉质黏土		13.0	19.8	34000	0.35	30.0	15.3
⑩ 层含砾粉质黏土		3.0	19.9	34850	0.35	27.6	15.7
⑪₁层强风化凝灰岩	弹性	4.0	25.0	50000000	—	—	—
⑪₁层中风化凝灰岩		25.0	27.0	60000000	—	—	—

桩基模型计算参数一览表 表 4.12.23

分类	桩	桩（界面）	桩（桩端）
材料	各向同性	—	—
模型类型	弹性	—	—
弹性模量 E (kN/m²)	2.10E+08	—	—
泊松比 ν	0.3	—	—
单位重量 γ (kN/m³)	75	—	—
最终剪力 (kN/m²)	—	400	—
剪切刚度模量 K_t (kN/m³)	—	50000	—
法向刚度模量 K_n (kN/m³)	—	500000	—
桩端承载力 (kN)	—	—	2000
桩端弹簧刚度 (kN/m)	—	—	100000

针对储罐荷载较大、桩基布置数量较多等特点，设置了 3 种主要数值计算方案，具体方案如表 4.12.24 所示，对不同布桩工况下建（构）筑物的沉降与桩身轴力进行数值模拟与分析。考虑到储罐直径较大（83.0m），为避免边界范围对有限元计算精度的影响，模型范围由储罐向四周扩大约一倍储罐直径，即模型大小为 250.0m×250.0m，采用混合网格实体单元进行网格化分，模型共约有 43970 个节点，75693 个单元，岩土体-桩基-储罐数值计算模型如图 4.12.3（a）所示。

不同桩径及桩间距条件下的工况设置 表 4.12.24

桩基方案	平均桩长 (m)	桩径 (mm)	根数	桩间距 (m)	桩端持力层	桩端进入持力层 (m)
方案一	90	1200	240	6.0	中风化凝灰层	0.5
方案二		1200	320	4.8	中风化凝灰层	0.5
方案三		1500	320	4.8	中风化凝灰层	0.5

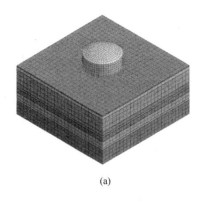 

(a)   (b)

图 4.12.3　岩土体-桩基-储罐数值计算模型

（2）计算荷载取值

储罐整体重量按照 13 万 t 考虑，地基基础模型按照储罐区桩基施工范围，并考虑消除边界影响向四周扩展距离建立，划分为储罐区及储罐外围区。模型共计 29687 个单元、约 58812 个节点，模型如图 4.12.3（b）所示。

（3）数值计算结果分析

① 沉降计算

图 4.12.4 为承台沉降趋势图，在储罐荷载作用下，承台及群桩沉降整体呈规律性分布，中部沉降大，边缘沉降小；图 4.12.5～图 4.12.7 为不同方案储罐承台整体沉降计算结果，计算结果统计见表 4.12.25。

 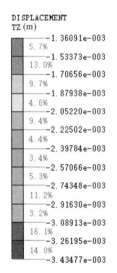

图 4.12.4　承台沉降云图

不同桩径及桩间距条件下的承台沉降计算值　　　　　　表 4.12.25

桩基方案	平均桩长 (m)	桩径 (mm)	根数	桩间距 (m)	承台中心沉降值 (mm)	承台边缘沉降值 (mm)
方案一		1200	240	6.0	6.37	2.88
方案二	90	1200	320	4.8	3.86	1.79
方案三		1500	320	4.8	3.22	1.44

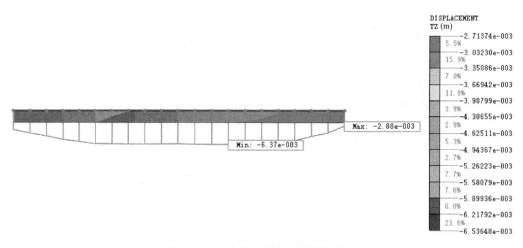

图 4.12.5　方案一承台沉降计算结果

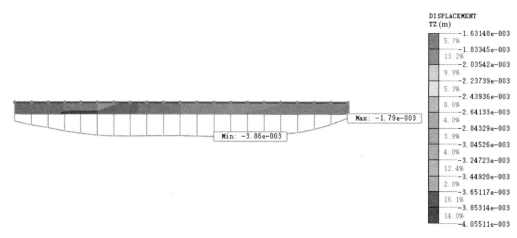

图 4.12.6　方案二承台沉降计算结果

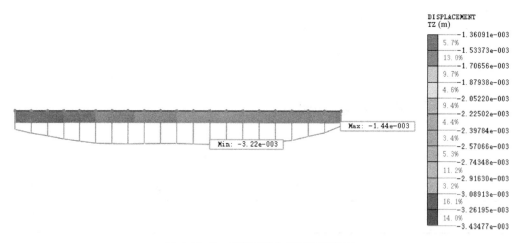

图 4.12.7　方案三承台沉降计算结果

对比分析 3 种不同桩基方案的数值计算结果，方案一和方案二在桩径同为 1200mm 的工况下，桩间距由 6.0m 调整为 4.8m，承台中心沉降由 6.37mm 减小到 3.86mm，承台边缘沉降由 2.88mm 减小到 1.79mm；方案二和方案三在桩间距同为 4.8m 时，桩径由 1200mm 增加到 1500mm，承台中心沉降由 3.86mm 减小到 3.22mm，承台边缘沉降由 1.79mm 减小到 1.44mm。根据 3 个方案对比分析，桩径 1200mm，桩间距 4.8m 是较为合理的桩基方案。

② 桩身轴力计算

桩基整体轴力云图见图 4.12.8，不同位置单桩轴力云图见图 4.12.9。从模拟结果看，罐中心范围内的桩顶轴力值大于罐四周范围内的桩顶轴力值，桩身轴力由桩顶递减至桩端。各方案桩基轴力计算值详见表 4.12.26。

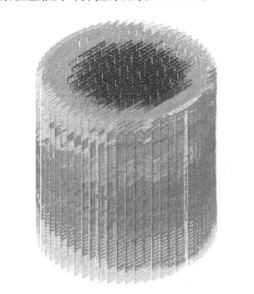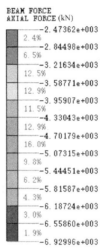

图 4.12.8　储罐群桩轴力云图

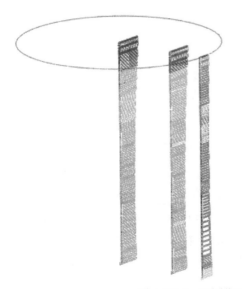

图 4.12.9　不同位置单桩轴力云图

不同桩径及桩间距条件下的桩基轴力计算值

表 4.12.26

桩基方案	平均桩长 (m)	桩径 (mm)	根数	桩间距 (m)	中心桩轴力最大值 (kN)	边缘桩轴力最大值 (kN)
方案一		1200	240	6.0	7532	4315
方案二	90	1200	320	4.8	6746	3083
方案三		1500	320	4.8	6928	3126

通过对 3 种不同桩基方案的数值模拟结果分析来看，方案一基桩轴力最大，方案二、方案三基桩轴力相差不大，方案二轴力最小。对于不同桩间距同一桩径条件下，在储罐荷载的作用下，随着间距的增加轴力增大；在同一种桩间距条件下，随着桩径的增大，整体承台及群桩相同位置处的轴力增大。

③ 地震工况下计算

根据前面数值计算结果，桩径 1200mm、桩间距 4.8m 的桩基布置方法是较为合理的方案。本次岩土体-桩基-储罐的地震响应模拟分析，主要分析桩径 1200mm、桩间距 4.8m 工况下基桩水平位移及剪力值。地震模型底部采用固定约束，前后左右四侧均加入自由场边界。根据勘察报告，舟山海域邻近的岛屿抗震设防烈度为 7 度，设计基本地震加速度值为 0.10g，设计地震分组为第一组，模型根据当地地震情况模拟时程荷载函数。

根据计算结果，由图 4.12.10 可知，地震作用的情况下外侧基桩顶部位移明显，最大位移为 5.7mm，桩顶位移云图见图 4.12.11，基桩剪力值位于基桩中部，其最大值为 226.91kN。

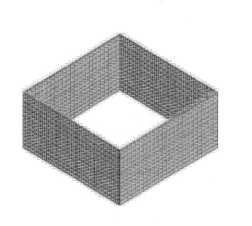
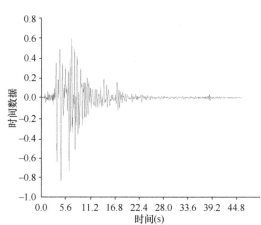

图 4.12.10　自由场边界时程函数模拟曲线

（4）方案选择

以上 3 种桩基方案，方案一经济性最高，方案二次之，方案三经济性最低；从数值计算结果分析，3 种桩基方案从沉降值比较，方案二和方案三较为合理，但方案三对沉降的减小作用有限，从轴力比较，方案一和方案三均大于方案二，综合分析来看，在高承台桩基基础条件下，桩长 90m、桩径 1.2m、桩间距 4.8m 是较为合理的桩基方案。

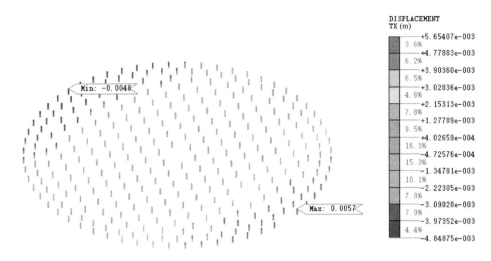

图 4.12.11　地震工况下桩顶位移云图

6. 设计与施工应注意问题

（1）设计应注意问题

① 设计选择桩端持力层时，根据上部荷载要求，可选择深部承载力较高土层作为桩端持力层，局部基岩埋深较浅区域，可选用基岩作为桩端持力层。

② 根据本场地土层工程特性，③层淤泥质粉质黏土、④层淤泥质黏土均为欠固结土，其自重固结沉降会对基桩产生负摩阻力，设计时需考虑负摩阻产生下拉荷载的影响。

③ 根据本场地土层工程特性，为了提高基桩的单桩竖向承载力，可对④层淤泥质黏土以下的桩身及桩端采用后注浆施工工艺。

④ 设计前，应根据荷载要求，结合岩土条件选择有代表性的地段进行基桩工艺性及承载力试验；根据试验结果，进行施工图设计及施工工艺选择。

（2）施工应注意问题

① 钻孔灌注桩可采用旋挖成孔工艺，场地上部碎石填土及吹填砂层大面积分布，灌注桩成孔过程中可能发生孔壁坍塌及钻进困难问题，桩基施工过程中应采取有效护壁措施。对浅部存在的大直径块石，可采用直接挖除埋置护筒的方法；对深部大直径块石，可采用冲击钻冲击钻进。

② 地基土存在软弱土层，平均厚度约40m，流塑—软塑状态，灌注桩施工过程中可能产生缩径问题。施工时，注意选用适合场地土层的泥浆，合理控制泥浆相对密度和黏度，孔内保持足够的浆液高度。钻进施工时，应控制提钻和收钻速度。

③ 储罐区在勘察施工中部分钻孔内发生钻杆断裂及套管断裂事故，孔位及坐标如表4.12.27所示，桩基施工时予以注意。

事故钻孔统计表　　　　　　　　　　　　　　　　　　　　　　表 4.12.27

孔号	坐标		事故类型
	x	y	
334	3331674.240	430863.020	钻杆从44m断开，44～96m钻具留孔内
338 附近	3331593.310	430846.240	钻杆从52m断开，52～90m钻具留孔内
338 附近	3331596.410	430842.540	钻杆从42m断开，42～84m钻具留孔内

续表

孔号	坐标		事故类型
	x	y	
296	3331696.470	430709.630	钻杆从40m断开，40～93m钻具留孔内
337	3331599.670	430881.960	套管从3m断开，3～12m套管留孔内
339	3331608.150	430823.580	套管从3m断开，3～13m套管留孔内

12.3 工程设计及要求

12.3.1 试验桩设计

T-02-02储罐设计试验桩4根，沿储罐均匀布置，试验桩设计参数如表4.12.28所示。试验桩检测项目包括：单桩竖向抗压载荷试验法、声波透射法和低应变法。

试验桩设计参数一览表　　　　　　　　　　　　　　　表 4.12.28

桩号	罐号	工作类型	桩径（mm）	桩长（m）	持力层	入持力层深度（m）
TP-05		抗压试验	1200	≥96.6	中风化凝灰岩	≥0.5m
TP-06	T-02-02	抗压试验	1200	≥88.6	中风化凝灰岩	≥0.5m
TP-07		抗压试验	1200	≥89.6	中风化凝灰岩	≥0.5m
TP-08		抗压试验	1200	≥90.15	中风化凝灰岩	≥0.5m

注：1. 每根桩均采用超声波透射法和低应变法对桩身质量进行检测，均进行竖向抗压静载试验，最大加载量为15000kN。

　　2. 试验桩桩身配筋参见工程桩桩身配筋。

　　3. 罐区现地面标高为桩顶标高。

12.3.2 工程桩设计

1. 桩型及布桩

储罐基础采用混凝土灌注桩，共布置319根灌注桩，罐区中间桩基呈正三角形布置，桩间距为5.0m，共布置199根，由于布桩空间受限，其中24根桩无法按照正三角形、桩间距5.0m布置；罐区边缘桩基沿环形均匀布置，第一圈（最外圈）布置60根桩，第二圈布置60根，共布置120根。灌注桩为嵌岩桩，桩径为1200mm，桩端持力层为⑪₂层中风化凝灰岩，嵌岩深度不小于50cm，属于端承桩。设计场平相对标高为−2.800m，桩相对标高为−2.600m，钢筋笼笼顶相对标高−1.300m，钢筋笼笼顶高出地面1.5m。

2. 混凝土

混凝土强度等级为C40，抗渗等级为P8，最大水胶比为0.40，可掺加大量矿物掺合料，粗骨料最大允许粒径为20mm，细骨料不得采用海砂，中粗砂必须为河砂，氯离子含量不得大于0.06%，砂泥团含量≤1%，混凝土坍落度范围为180～220mm，坍落度不满足要求时不得向混凝土中加水。

3. 配筋

钢筋规格：本项目钢筋等级为 HRB400，直径为 25mm、16mm 两种。

主筋配置：主筋直径 25mm，主筋数量为 10 根，主筋采用机械连接，机械接头应符合《钢筋机械连接技术规程》JGJ 107—2016 中Ⅰ级要求，同一截面不大于 50% 的连接比例。两节钢筋笼孔口采用点焊＋搭接连接，搭接连接时最小搭接长度是 1400mm，点焊不少于 3 点。

箍筋配置：箍筋为 16mm，设置加强圈。桩顶以下 6m 范围内箍筋间距 100mm，桩顶以下 6m 至桩底范围箍筋间距 200mm，连续的箍筋搭接应在桩的四边按照 0°、180°、90°、270° 的顺序错开。所有箍筋搭接需要在端部设置弯钩，且搭接长度不小于 630mm。箍筋与主筋采用绑扎的连接方式，必须满绑。

声测管：10% 的工程桩需安装 3 根通长内径 60mm 的声测钢管，以便做声测试验检测桩的完整性。

4. 承载力要求

设计要求单桩竖向抗压承载力特征值 7000kN，极限值 14000kN。

5. 其他技术要求

（1）沉渣厚度：灌注桩底部沉渣厚度不得大于 50mm。

（2）垂直度：桩顶到桩端的直线垂直度偏差不得超过 1%。

（3）钢筋笼主筋的混凝土保护层厚度不小于 70mm。

（4）基桩位置：桩顶的水平测量允许偏差值应在 50mm 以内。

12.3.3 工程检测

检测项目及加载量

表 4.12.29

桩型		荷载特征值（kN）	最大加载量（kN）	声波透射检测	低应变
试验桩	TP-5	7500 （竖向压载）	15000 （竖向压载）	是	是
	TP-6			是	是
	TP-7			是	是
	TP-8			是	是
工程桩		4 根，7000 （竖向压载）	4 根，14000 （竖向压载）	不少于 10%	100%

12.4 工程特色及实施

12.4.1 工程特色

本项目场区属于东海近海水域，场地为软土、基岩组合的二元结构，地质条件复杂。设计钻孔灌注桩为嵌岩桩，平均桩长 91.12m，为国内 LNG 储罐行业中最长的基桩，采用泥浆护壁旋挖钻机成孔施工工艺。项目特色主要体现在以下几个方面。

1. 大扭矩、大功率旋挖钻机的应用

本项目设计钻孔灌注桩桩径为1200mm，最小桩长86.23m，最大桩长97.36m，平均桩长91.12m，桩端持力层为⑪₂层中风化凝灰岩，嵌岩深度不小于50cm，为国内LNG储罐行业中最长的基桩。大直径超长嵌岩桩施工机械及配套设备的选择成为本项目的重点，其中包括旋挖钻机型号的选择、钻头的选择、灌注混凝土设备等。本项目成孔施工采用输出扭矩不小于360kN·m的旋挖钻机进行成孔作业。

2. 长护筒安装与起拔方法的改进

整个场地采用真空预压堆载法对上部16～19m土层进行了处理。地面以下5m范围内预压回填材料采用塘渣、中粗砂层，其中塘渣的块石平均粒径不大于50cm，最大粒径不小于1.0m，本场区地下水稳定水位较浅，埋深0.30～4.0m。为了确保孔口护筒的稳定性，护筒下端必须穿过进入下层稳定层，护筒长度不小于6m，同时备用一批长度2m的护筒，以便施工过程中可以根据实际地层条件对原6m的护筒进行适当加长。场地内水位较浅，塘渣回填层较厚，致使护筒很难下放，本项目采用"双护筒法"进行超长护筒的下设。混凝土浇筑完后长护筒起拔的难度也非常大，履带吊直接拔护筒存在一定的安全隐患，用振动锤进行护筒起拔对桩头的质量存在一定的隐患，且业主和总包方不允许使用履带吊提拔护筒；针对该情况，研制了一种起拔长护筒的旋挖钻头，并成功申请了国家发明专利，专利号：ZL 2017 2 1044789.6。

3. 深厚软土中钻进工艺优化

根据勘察报告和设计资料，桩身需要穿越塘渣回填层、吹填层、淤泥质粉质黏土层、含砾粉质黏土、粉质黏土层和强风化凝灰岩层，桩端持力层为⑪₂层中风化凝灰岩，嵌岩深度不小于50cm，其中淤泥质粉质黏土平均厚度约40m，Z19钻孔揭示的最大厚度为60m，呈流塑—软塑状态，其中③₁层、③₂层、④层软弱土为中—高灵敏软土，深厚软土层中成孔施工会发生孔壁坍塌、缩径、串孔等问题。针对该情况，对孔口泥浆缓存池容积、软土层成孔机具与效率、成孔的顺序等进行优化，防止以上问题的发生。

4. 高平台导管法混凝土浇筑

本项目储罐直径83m，共布置灌注桩319根，灌注桩为高承台灌注桩，钢筋笼笼顶高出地面1.6m，因此混凝土浇筑须采用混凝土汽车泵在高平台上进行。本项目混凝土浇筑高平台采用壁厚4mm的10cm×10cm方管、壁厚2.4mm内径32mm的钢管、厚3mm的防滑钢板制作而成，10cm×10cm方管作为支腿和横梁，壁厚2.4mm、内径32mm的钢管作为平台防护架，平台高度为2m，平台工作面尺寸为3m×3m。

12.4.2 工程实施

1. 嵌岩桩施工

（1）旋挖钻机型号及钻具选择

本项目成孔施工采用输出扭矩不小于360kN·m的XR360D型旋挖钻机3台、400kN·m的TR400C型旋挖钻机1台进行机械成孔作业，XR360D型旋挖钻机、TR400C型旋挖钻机最大钻进深度分别为95m、100m。施工过程中，由于总包方工期要求非常紧，考虑到大型旋挖钻机资源有限，又调入输出扭矩不小于250kN·m的TR250D型旋挖钻机1台，TR250D型旋挖钻机最大钻进深度为75m，成孔施工采用TR250D型旋挖钻机与

XR360D 型、TR400C 型旋挖钻机接力成孔的施工工艺，旋挖钻机如图 4.12.12 所示。根据本项目的地质条件，旋挖钻机钻进时配备机锁钻杆和 3 种钻头，即挖泥钻头、挖砂钻头、截齿钻头，根据地层情况及时更换适宜的钻头即可。

图 4.12.12　投入的旋挖钻机

(a) XR360D 型旋挖钻机；(b) TR400C 型旋挖钻机；(c) TR250D 型旋挖钻机

（2）长护筒的下设

整个场地采用真空预压堆载法对上部 16～19m 土层进行了处理。地面以下 5m 范围内预压回填材料采用塘渣、中粗砂层，其中塘渣的块石平均粒径不大于 50cm，最大粒径不小于 1.0m，密实性较差。为保证护筒的牢固性，护筒下端必须穿过回填碎石和中粗砂层（厚度约 5m）进入下层稳定层，护筒长度不小于 6m，同时在现场备用一批长度 2m 的护筒，以便施工过程中可以根据实际地层条件对原 6m 的护筒进行适当加长。采用常规的护筒下设方法，由于塘渣层坍塌严重，导致施工机械没有作业工作面，无法实施。采用大功率振动锤进行长护筒的下设，考虑到塘渣中块石粒径较大，对护筒的损伤较严重，且费用较高，该方法不具有可实施性。

综合考虑，采用"双护筒法"完成了长护筒的下设。先利用挖掘机将上部 2.5m 深度范围内的塘渣层开挖后下设直径 1450mm、长 3m 的大护筒，大护筒周围用黏土回填密实，然后旋挖钻机就位在大护筒中钻进，钻进至 5m 时进行直径 1350mm 的长护筒下设，下设完毕后将大护筒拔出，长护筒周围用黏土回填密实，如图 4.12.13 所示。

（3）深厚软土中钻进

本项目地层中淤泥质粉质黏土平均厚度约 40m，Z19 钻孔揭示的最大厚度为 60m，呈流塑—软塑状态，其中③$_1$层、③$_2$层、④层软弱土为中—高灵敏度的软土，土体受扰动强度急剧下降，为了防止塌孔、缩径、串孔现象的发生，采取了以下措施：

① 选用钠基膨润土、纯碱制备泥浆，泥浆相对密度在 1.04～1.10 之间、黏度在 18～23s 之间，含砂率不大于 3%，开孔时泥浆相对密度宜在 1.07～1.10，确保不发生塌孔或缩径现象。

图 4.12.13 "双护筒法"实景

（a）护筒下设；（b）拔出大护筒

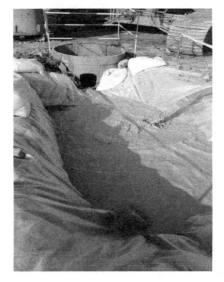

图 4.12.14 泥浆缓浆池

② 根据软土层钻进施工经验，孔口泥浆缓存池的容积对缩径具有一定的影响。根据成孔深度、孔内钻杆与钻头的体积计算可得，当孔口泥浆缓存池的容积大于 $3m^3$ 时，才能保证钻进过程中钻孔内不缺浆，保持水头压力，如图 4.12.14 所示。

③ 软土层中钻进采用挖砂钻头，可有效将流塑—软塑状软土成功钻出。控制旋挖钻机成孔速度，不宜过快，单次进尺不大于 50cm，钻头挖满泥后，应先慢速转动 2 周，再提升钻杆，防止孔底产生"负压区"，导致缩径和塌孔。

④ 采用 ZX-200 型的大型泥浆净化处理器对灌注回收的泥浆进行处理，从而保证泥浆的相对密度、黏度及含砂率满足要求。

⑤ 根据现场实际施工情况总结，为了防止串孔现象发生，相邻成孔、混凝土浇筑施工作业桩孔的安全距离不小于 13m。

（4）混凝土浇筑

混凝土采用高平台导管法灌注，考虑到本项目桩径 1200mm，桩长最长为 97.36m，混凝土灌注过程中导管内的混凝土压力较大，最大可达 1.2MPa，且考虑到 97m 导管自身比较重，重达 5.6t，因此本项目导管采用壁厚 7mm、直径 300mm 专门定制的无缝钢管；根据计算，本项目混凝土初灌量为 $3.7m^3$，为了保证初灌量，本项目专门定制了容量不小于 $4m^3$ 的大料斗。混凝土浇筑高平台采用壁厚 4mm 的 10cm×10cm 方管、壁厚 2.4mm 内径 32mm 的钢管、厚 3mm 的防滑钢板制作而成，10cm×10cm 方管作为支腿和横梁，壁厚 2.4mm、内径 32mm 的钢管作为平台防护架，平台高度为 2m，平台工作面尺寸为 3m×3m，如图 4.12.15 所示。

图 4.12.15　浇筑平台及高平台混凝土浇筑作业

（5）长护筒的起拔

因为地层的特殊性，为了克服地质复杂对施工质量进度造成的影响，采用长 6m、壁厚 14mm、外径 1350mm 的长护筒。用振动锤进行护筒起拔不能确保桩头的质量，用履带吊直接拔护筒存在一定的安全隐患，为此研制并使用了新型的护筒起拔装置，其结构如下：

① 功能原理

该装置利用钻机钻杆的旋转和升降功能将长护筒拔起，但是钻机本身的特殊性不能完全将护筒提出，只能提到一定高度，故拔起一部分后再用履带吊将剩余的护筒拔出。该装置具备将钻机和装置连接起来利用钻机的扭矩与提升的功能，并能承受住钻机扭力和拔力而不损坏。此装置的直径小于护筒的直径，但又不会有太大的空隙，以免连接的销子承受不住这么大的扭力。

② 起拔装置的制作

采用 30mm 钢板，卷成一个长 1.5m、直径 125cm 的筒，上部用 30mm 的钢板封顶，再在封顶的钢板上焊接一个连接钻杆的方头，现场施工中将制作的护筒起拔装置连接好后钻机稍微左右转动，护筒便会松动，然后将护筒拔起 1.5m 左右，再用履带吊将剩余的护筒拔起，起拔装置的结构如图 4.12.16、图 4.12.17 所示。

图 4.12.16、图 4.12.17 中编号代表的含义是：1—钢筒；2—销轴；3—方形卡槽；4—销孔；5—三角形钢板；6—圆形封顶钢板；7—长护筒。

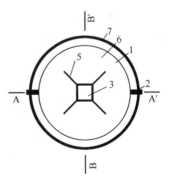

图 4.12.16　起拔装置俯视图

（6）"碗式"导正块的应用

因为护筒埋设完后上部为回填的虚土，下部为软土层，护筒比较长，在起拔护筒时很容易碰到笼子，如果保护层垫块与虚土层接触面积太小，很容易导致保护层垫块进入软土层致使笼子偏心，经研究制作了"碗式"导正块。既能保证垫块接近护筒面面积小、对护筒的摩擦力小不易被护筒挤坏或者挤掉，又较一般的保护层垫块面积大，如图 4.12.18 所示，拔护筒后与孔壁接触面积大，不易进入软土层；靠近钢筋笼一侧导正块面积较大，对笼子的偏移有一定的阻碍作用，保证笼子居中不易偏心。

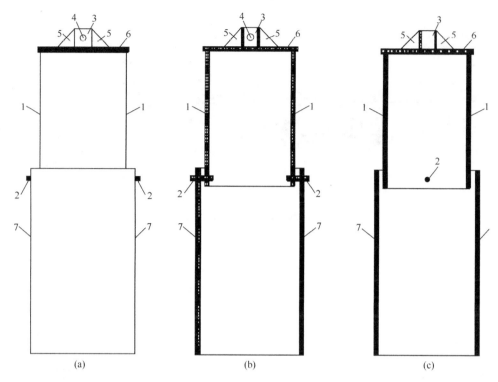

图 4.12.17 长护筒起拔装置立面图和剖面图
（a）立面图；（b）A-A 剖面图；（c）B-B 剖面图

图 4.12.18 预防钢筋笼偏位"碗式"导正块

2. 工程检测

本次 T-02-02 储罐共布置试验桩 4 根，主要进行单桩竖向抗压静载荷试验、声波透射检测和低应变检测，单桩竖向抗压静载试验具体过程如下：

（1）荷载分级

根据最大加载量 15000kN 进行分级，分为 10 级，每级荷载为 1500kN，首级加载量为 2 倍分级荷载。

（2）稳定和终止加载标准

每级加载的下沉量，在 1h 内如不大于 0.1mm 时，且连续出现两次即可视为稳定。

当出现下列情况之一时，即可终止加载：

① 总位移量大于或等于 40mm，本级荷载的下沉量等于或大于前一级荷载下沉量的 5 倍时，加载即可终止。

② 某级荷载作用下，桩顶沉降量大于前一级荷载作用下沉降量的 2 倍且经 24h 尚未达到相对稳定标准。

③ 已达到设计要求的最大加载量即 15000kN。

（3）检测结果分析

本次 T-02-02 储罐 4 根试验桩的单桩竖向抗压静载试验 Q-s 曲线，如图 4.12.19～图 4.12.22 所示。

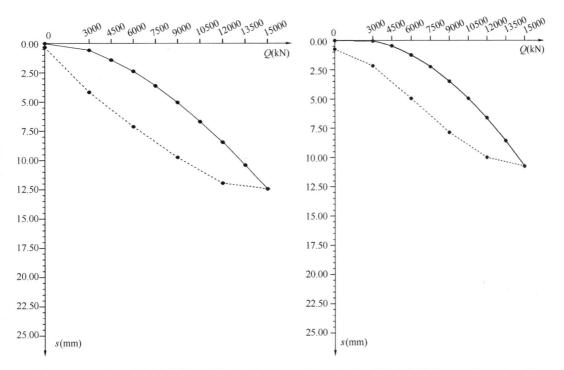

图 4.12.19　TP05 号试验桩静载试验 Q-s 曲线　　图 4.12.20　TP06 号试验桩静载试验 Q-s 曲线

TP05 号试验桩单桩竖向抗压静载试验于 2016 年 1 月 20 日开始加压，2016 年 1 月 21 日结束，共历时 840min。加载至设计极限承载力 15000kN 时，桩顶沉降量 12.48mm；卸载后残余变形 0.35mm，回弹量 12.13mm，回弹率 97.20%。试验过程中 Q-s 曲线呈缓变状态，未出现陡降。

TP06 号试验桩单桩竖向抗压静载试验于 2016 年 1 月 15 日开始加压，2016 年 1 月 16 日结束，共历时 840min。加载至设计极限承载力 15000kN 时，桩顶沉降量 10.77mm；卸载后残余变形 0.75mm，回弹量 10.02mm，回弹率 93.04%。试验过程中 Q-s 曲线呈缓变状态，未出现陡降。

TP07 号试验桩单桩竖向抗压静载试验于 2016 年 1 月 10 日开始加压，2016 年 1 月 11 日结束，共历时 840min。加载至设计极限承载力 15000kN 时，桩顶沉降量 15.25mm；卸载后残余变形 0.85mm，回弹量 14.40mm，回弹率 94.43%。试验过程中 Q-s 曲线呈缓变状态，未出现陡降。

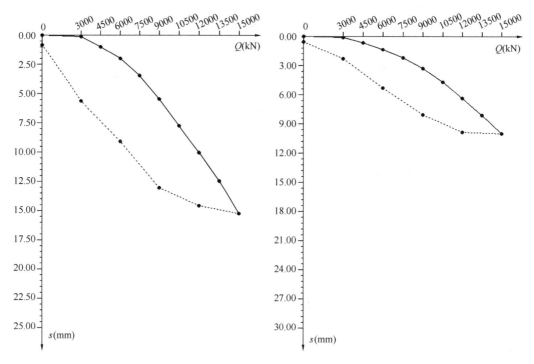

图 4.12.21　TP07 号试验桩静载试验 Q-s 曲线　　图 4.12.22　TP08 号试验桩静载试验 Q-s 曲线

TP08 号试验桩单桩竖向抗压静载试验于 2016 年 1 月 27 日开始加压，2016 年 1 月 28 日结束，共历时 840min。加载至设计极限承载力 15000kN 时，桩顶沉降量 10.04mm；卸载后残余变形 0.55mm，回弹量 9.49mm，回弹率 94.52%。试验过程中 Q-s 曲线呈缓变状态，未出现陡降。

12.5　工程实施效果

12.5.1　勘察与嵌岩桩施工

本次勘察采用了多种勘察手段、测试技术和技术创新相结合的手段，真实、准确地查明了场地岩土层的空间分布规律、岩土层的工程性质，建立了空间三维地质模型，并采用数值计算方法对地基基础方案进行了分析评价，提供了科学合理的方案建议，对类似条件下的工程项目具有较好的指导意义。

本项目钻孔灌注桩最长桩长 97.36m，为国内 LNG 储罐行业中最长的基桩，属大直径超长嵌岩桩，采用大扭矩、大功率旋挖钻机进行成孔施工。通过本项目的顺利实施，积累了大直径超长嵌岩桩的施工经验，解决了旋挖钻机在深厚、中—高灵敏度软土层钻进的难题，采用"双护筒法"实现了长护筒在塘渣层中的准确、快速安装下设，提出了钢筋笼定位过程中减小横向偏差的措施，发明了简单、快捷、经济的长护筒旋挖钻机起拔钻头，保证了钻孔灌注桩的施工质量，取得了良好的经济效益和社会效益。

12.5.2　工程检测

本项目采用 3 种检测方法对基桩进行了检测，分别为单桩竖向抗压载荷试验法、声波透射法和低应变法。试桩施工结束后，委托具有资质的检测公司对 4 根试桩进行了检测，单桩竖向抗压极限承载力大于 15000kN，低应变检测 I 类桩 4 根，I 类桩占总检测桩数的 100%；超声波检测 I 类桩 4 根，I 类桩占总检测桩数的 100%。

工程桩施工结束后，委托具有资质的检测公司对 T-02-02 储罐桩基进行了检测，单桩竖向抗压载荷试验检测合格，低应变检测 319 根，超声波检测 32 根；低应变检测 I 类桩 317 根，II 类桩 2 根，I 类桩占总桩数的 99.4%；超声波检测 32 根，I 类桩占检测总桩数的 100%。

12.5.3　沉降观测

根据《工程测量规范》GB 50026 及《建筑变形测量规范》JGJ 8 的要求，在 T-02-02 储罐周边设置了 P08、P20、P32、P44、P56 共计 5 个监测点，监测点位置如图 4.12.23 所示。

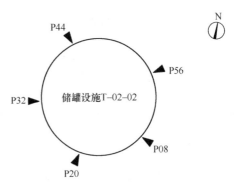

图 4.12.23　沉降观测点位置示意图

2017 年 8 月 16 日、2017 年 9 月 26 日、2017 年 11 月 14 日、2017 年 12 月 19 日，该公司对各监测点分别进行了 4 次沉降观测，观测结果如表 4.12.30 所示。

T-02-02 储罐沉降观测数据一览表　　　　表 4.12.30

沉降观测点号	测量标高（m）				累计沉降（mm）
	第 1 次	第 2 次	第 3 次	第 4 次	
P08	5.0038	5.0037	5.0021	5.0020	1.8
P20	4.9894	4.9892	4.9877	4.9877	1.7
P32	4.9812	4.9810	4.9790	4.9789	2.3
P44	4.9516	4.9513	4.9500	4.9498	1.8
P56	4.9603	4.9603	4.9588	4.9587	1.6

由表 4.12.30 可知，本次监测期间累计沉降量最大值为 2.3mm，累计平均沉降量为 1.84mm，由此可见，T-02-02 储罐沉降基本均匀，其累计沉降量和沉降差均满足规范要求。

第13章 江苏某轻烃仓储项目场平、降水、换填、试验桩及工程桩

13.1 项目概述

13.1.1 基本情况

江苏某轻烃仓储项目位于江苏省泰兴市，新建 40 万 m³ 轻烃仓储装置。本次建设范围包括：3 个直径 72m 的储罐（乙烷罐、丙烷罐、乙烷/丙烷罐）、新建管架区域、3000m³ 球罐×2、2000m³ 球罐×2、2000m³ 储罐×2、250m³ 立式罐×12、分析楼、压缩机房、循环站、变配站、控制室、装车区、新建管架、地面火炬等建（构）筑物。

13.1.2 项目规模

本项目岩土工程技术服务内容包括场地平整、试验桩、降水与桩周土改良、工程桩施工等。项目于 2016 年 10 月 5 日开工，2017 年 9 月 26 日完工。

13.1.3 复杂程度

1. 地质条件

本项目属于长江三角洲冲积平原地貌单元，地基土属第四系全更新统（Q_4）的沉积层，主要由素填土、淤泥质粉质黏土夹粉砂、粉质黏土夹粉土、粉土夹粉质黏土、粉土、粉砂夹粉质黏土、粉砂、粉细砂及中细砂等组成，工程地质条件比较复杂，主要表现如下：

（1）建设场地地势欠平坦，起伏较大，最大相对高差 3.07m，现场沟塘较多，杂草丛生，且现场局部区域存在灰渣、建筑砖渣和大体积混凝土块等废弃物。

（2）建设场地上部土层工程地质条件较差，有软弱土层分布，地基稳定性较差，浅部无可用的良好地基持力层。

（3）场地地下水为孔隙潜水及微承压水，孔隙潜水主要赋存于①～②层土中，微承压水主要赋存于③、⑤～⑧、⑪～⑬层土中，初见水位埋深 1.17～2.18m，稳定水位埋深 0.98～2.00m。

2. 试验桩及工程桩

轻烃储罐桩基设计直径 1.2m，试验桩桩长 68m，优化后工程桩桩长 65m，桩端持力层为⑫层中细砂，且桩端入持力层深度≥1.8m，属于大直径、超长桩型，设计单桩水平极限承载力 1000kN、竖向抗压极限承载力 14000kN。工程桩施工前通过试验桩分析基桩水平及竖向承载性状，确定施工工艺及施工参数。

桩基成孔施工采用泥浆护壁旋挖钻机成孔施工工艺，该施工工艺在长江三角洲冲积平原地区应用相对较少，且质量风险较高。由于地层中存在较厚的粉砂、粉土层，泥浆中含砂率的控制是保证成孔质量、混凝土浇筑质量的关键；挖出钻渣含水量大、呈"烂泥"状，运输时车辆的颠簸、振动使其呈"液化"状态，钻渣外排困难。经过对软土中旋挖钻机成孔施工的适应性认真评估，优化了软土中旋挖钻机成孔施工工艺，并在该项目取得了成功应用。

工程桩属高承台桩，钢筋笼笼顶标高高于地面 1.6m，须采用高平台导管法进行混凝土浇筑。

3. 降水与换填

建设场地位于长江三角洲冲积平原，地层为软土地基，设计要求单桩水平极限承载力 1000kN，对软土层中桩基水平承载能力的要求非常高，为提高桩基水平承载能力，采用了换填法对桩周土进行了改良，试验确定了换填材料、合理换填厚度、碾压施工参数，以及降水方法与施工参数。

13.2 工程地质与水文地质条件

13.2.1 工程地质条件

根据勘察报告可知，在本次勘察深度范围（最大控制性孔深 85m）内的地基土属第四系全更新统（Q_4）的沉积层，主要由素填土、淤泥质粉质黏土夹粉砂、粉质黏土夹粉土、粉土夹粉质黏土、粉土、粉砂夹粉质黏土、粉砂、粉细砂及中细砂等组成，各土层间的强度、压缩变形差异性较大。根据沉积时代、成因类型及其土性可划分 13 个主要层次，如下所示：

① 层素填土：灰褐色—灰黄色，土质不均，结构松散，成分较杂。局部含淤泥质土，夹碎砖、石块、生活垃圾及植物根茎等。

① A 层淤泥：灰黑色，饱和，含有机质、腐殖质、螺壳，夹碎砖、石块等垃圾，有淤臭味，工程地质性质很差，场区内该层土局部分布。

② 层淤泥质粉质黏土夹粉砂：灰色，流塑，含有机质，夹云母、贝壳碎屑及腐殖质。切面稍有光泽，无摇振反应，干强度中等，韧性中等。该层土局部夹较多松散—稍密状粉砂及粉土，工程地质性质差，均匀性差，场区内该层土普遍分布。

③ 层粉土：灰色，很湿，稍密，含云母、贝壳碎屑，见铁锰质氧化物及浸染物，具水平微层理。该层土夹少量粉砂及粉质黏土。摇振反应迅速，切面无光泽，干强度及韧性低，工程地质性质一般。场区内该层土普遍分布。

④ 层淤泥质粉质黏土夹粉砂：灰色，流塑，含有机质，夹云母、贝壳碎屑及腐殖质。切面稍有光泽，无摇振反应，干强度中等，韧性中等。该层土局部夹较多松散—稍密状粉砂及粉土，工程地质性质差，均匀性差，场区内该层土普遍分布。

⑤ 层粉土：灰色，很湿，稍密为主，局部中密，含云母、贝壳碎屑，见铁锰质氧化物及浸染物，具水平微层理。该层土夹少量粉砂及粉质黏土。摇振反应迅速，切面无光泽，干强度及韧性低，工程地质性质一般。场区内该层土普遍分布。

⑥层粉土夹粉质黏土：灰色，很湿，稍密，含云母、贝壳碎屑，见铁锰质氧化物及浸染物，具水平微层理。该层土夹较多软塑状粉质黏土及淤泥质粉质黏土。摇振反应中等，切面无光泽，干强度及韧性低，工程地质性质较差。场区内该层土普遍分布。

⑦层粉砂夹粉质黏土：青灰色，饱和，中密，主要矿物成分为石英、长石、云母等，颗粒呈浑圆状，磨圆度高，颗粒级配不良，具水平微层理。该层土局部夹有较多稍密状粉土及软塑—流塑状粉质黏土。工程地质性质一般。场区内该层土普遍分布。

⑧层粉砂：青灰色，饱和，中密为主，局部密实，主要成分为长石、石英，含云母片，颗粒呈浑圆状，颗粒级配不良，磨圆度高，黏粒含量较低，水平微层理较发育。工程地质性质较好，场区内该层土普遍分布。

⑨层粉质黏土夹粉土：灰色，软塑—可塑，切面稍有光泽，无摇振反应，干强度中等，韧性中等。该层土夹较多稍密状粉土。工程地质性质较差，均匀性差，场区内该层土局部缺失。

⑩层粉土夹粉质黏土：灰色，湿—很湿，稍密—中密，含云母、贝壳碎屑，见铁锰质氧化物及浸染物，具水平微层理。该层土夹较多可塑状粉质黏土。摇振反应中等，切面无光泽，干强度及韧性低，工程地质性质一般。场区内该层土普遍分布。

⑪层粉细砂：青灰色，饱和，密实，主要矿物成分为石英、长石、云母等，颗粒呈浑圆状，颗粒级配不良，磨圆度高，黏粒含量较低。该层土夹钙质结核、砂姜石。工程地质性质良好，场区内该层土普遍分布。

⑫层中细砂：青灰色，饱和，密实，主要矿物成分为石英、长石、云母等，颗粒呈浑圆状，颗粒级配不良，磨圆度高，黏粒含量低。该层土夹较多钙质结核、砂姜石。工程地质性质很好，场区内该层土普遍分布。

⑬层粉细砂：青灰色，饱和，密实，主要矿物成分为石英、长石、云母等，颗粒呈浑圆状，颗粒级配不良，磨圆度高，黏粒含量较低。该层土夹钙质结核、砂姜石。工程地质性质良好，场区内该层土普遍分布。

13.2.2 水文地质条件

1. 地表水

场地西侧分布有水塘，为厂区内排放的冷却水，水位不稳定，勘察期间测得其水位为2.42~3.02m。

2. 场地地下水类型及赋存条件

建设场地内地下水类型属第四系松散层中孔隙潜水及微承压水。孔隙潜水主要赋存于①~②层土中，接受大气降水、地表水入渗与侧向补给，径流滞缓，排泄方式以自然蒸发、侧向径流为主，水位动态受季节性变化影响明显，丰水期水位较高，枯水期水位较低，与地表水有水力联系。勘探期间，测得初见水位埋深1.17~2.18m（水位1.67~1.83m），稳定水位埋深0.98~2.00m（水位1.86~2.03m）。微承压水主要赋存于③、⑤~⑧、⑪~⑬层土中。

3. 地下水、土对建筑材料的腐蚀性

场地潜水对混凝土结构具微腐蚀，对钢筋混凝土结构中的钢筋具微腐蚀。场地内潜水位以上的地基土对混凝土结构具微腐蚀，对钢筋混凝土结构中的钢筋具微腐蚀。

13.2.3 场地地震效应

根据《建筑抗震设计规范》GB 50011—2010 的有关规定，本项目场地的抗震设防烈度为 7 度，设计基本地震加速度值为 0.10g，设计地震分组为第一组，建筑设计特征周期值为 0.35s。场地土为中软—中硬土，场地类别为Ⅱ类。根据场地的岩土性质、地形地貌条件，按照国家标准判定，场地为对建筑抗震设防不利地段。

13.3 工程设计及要求

13.3.1 场地平整要求

建设场地地势欠平坦，起伏较大，勘察期间各勘探点孔口高程为 2.110～5.180m，最大相对高差 3.07m，设计要求储罐区域场地平整至绝对高程 3.550m，项目其他施工用地要求平整至绝对高程 3.000m；现场沟塘较多，杂草丛生，且现场局部区域存在灰渣、建筑砖渣和大体积混凝土块等废弃物，需对地表的植被、建筑垃圾进行清理，抽排完池塘内积水，采用检验合格的土料进行回填，现场整平要求为满足大型桩基施工设备作业。

13.3.2 试验桩设计

本项目前期进行了试验桩施工，试验桩桩径 1200mm、桩长 55m，桩端持力层土层为⑪层粉细砂，混凝土强度等级为 C40，每个储罐区域布置试验桩 2 根，3 个储罐共布置 6 根，设计单桩竖向承载力极限值为 14000kN，单桩水平承载力极限值为 1400kN，试验桩施工工艺采用回转钻进成孔施工工艺，经检测竖向极限承载力为 7000～11200kN、水平极限承载力为 339～608kN，检测结果如表 4.13.1、表 4.13.2、图 4.13.1～图 4.13.4 所示，不能满足设计要求。

试验桩竖向静载试验结果　　　　　　　　　　　　　　　　　　表 4.13.1

桩号	桩径 (mm)	检测桩长 (m)	现场堆载 (kN)	最终加载 (kN)		沉降量 (mm)		单桩竖向承载力极限值 (kN)
				要求	实际	累计	残余	
TP01 号	1200	55.0	17000	14000	12600	147.78	143.57	7000
TP02 号	1200	55.0	17000	14000	14000	121.20	106.22	11200
TP03 号	1200	55.0	17000	14000	14000	141.31	122.85	9800
TP04 号	1200	55.0	17000	14000	14000	117.99	100.12	11200
TP05 号	1200	55.0	17000	14000	12600	116.49	104.94	9800
TP06 号	1200	55.0	17000	14000	12600　116.95	116.95	106.51	9800

试验桩水平承载力试验结果　　　　　　　　　　　　　　　　　　表 4.13.2

桩号	设计单桩水平承载力极限值 (kN)	桩径 (mm)	桩长 (m)	单桩水平承载力极限值 (kN)	备注
TP01 号	1400	1200	55	339	取水平位移 40mm 对应的荷载为单桩极限承载力
TP04 号	1400	1200	55	580	
TP06 号	1400	1200	55	608	

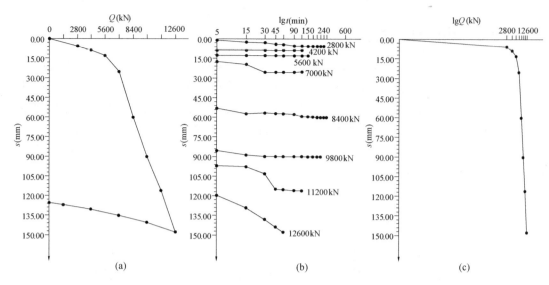

图 4.13.1　TP01 号试验桩单桩竖向抗压静载试验曲线

(a) Q-s 曲线；(b) s-lg$t$ 曲线；(c) s-lg$Q$ 曲线

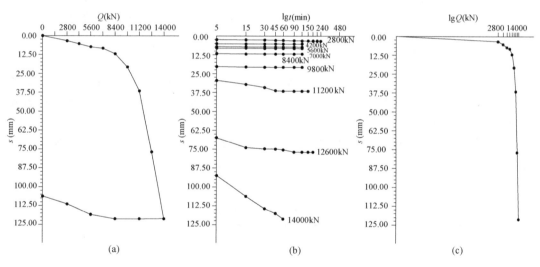

图 4.13.2　TP02 号试验桩单桩竖向抗压静载试验曲线

(a) Q-s 曲线；(b) s-lg$t$ 曲线；(c) s-lg$Q$ 曲线

　　参照《建筑桩基技术规范》JGJ 94—2008 中第 5.3.6 条，以试验桩附近勘察孔所揭示的地层情况和土层物理力学指标为依据，对 TP01～TP06 号试验桩的单桩竖向承载力极限值进行了估算，估算值为 10583.39～10992.10kN。根据单桩竖向抗压静载试验数据可知，除 TP01 号试验桩竖向极限承载力异常外，其余试验桩实际检测值和估算值比较接近。综合分析，选取的桩长过于经济、地质条件差，导致承载力不能满足要求，同时回转钻进成孔工艺固有的泥皮厚、沉渣厚度不宜控制等因素造成出现 1 根异常桩。单桩水平承载力主要由浅层桩侧土体和桩身刚度提供，由于桩周土体为软弱土，且水平试验桩位于不同区域，各区域桩周土存在一定的差异性，因此会导致水平承载力达不到预期，且不均匀。

　　为此，设计要求再次进行了试验桩施工，本次静载试验桩数为 6 根（其中 3 根同时作

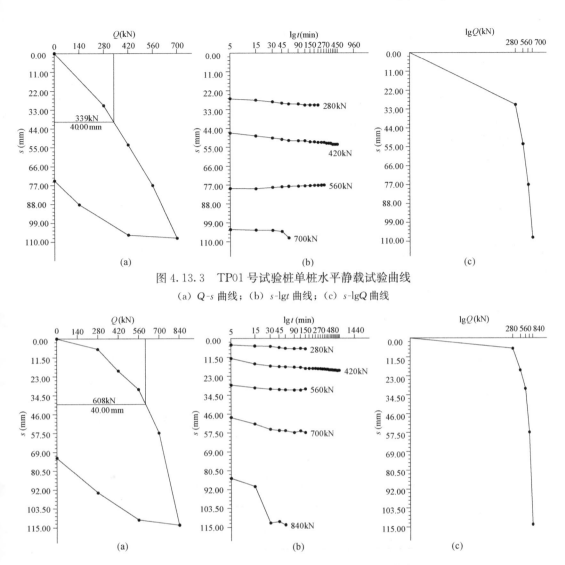

图 4.13.3 TP01 号试验桩单桩水平静载试验曲线

(a) $Q\text{-}s$ 曲线；(b) $s\text{-}\lg t$ 曲线；(c) $s\text{-}\lg Q$ 曲线

图 4.13.4 TP06 号试验桩单桩水平静载试验曲线

(a) $Q\text{-}s$ 曲线；(b) $s\text{-}\lg t$ 曲线；(c) $s\text{-}\lg Q$ 曲线

为水平承载力试验桩），桩径为 1200mm，桩长为 68m；水平承载力试验桩的反推力桩 6 根，桩长 25m，桩径 1300mm，采用泥浆护壁旋挖钻机成孔施工工艺，设计要求竖向极限承载力不小于 14000kN、水平极限承载力不小于 1000kN。对进行水平静载试验的试验桩，采用桩周围换填级配卵砾石与石屑混合料的措施，改善灌注桩的水平承载力，换填材料质量、合理换填厚度、碾压、降水方法等施工参数通过现场试验确定。

13.3.3 罐区换填、降水要求

设计要求单桩水平极限承载力不小于 1000kN，然而 3 个直径 72m 的储罐（乙烷罐、丙烷罐、乙烷/丙烷罐）区域由于地质条件比较差，根据试验桩水平静载试验的试验结果，3 个储罐区域需进行换填施工，换填深度为 1.5m，压实系数不小于 0.9。考虑到本项目勘探期间，测得初见水位埋深 1.17~2.18m，稳定水位埋深 0.98~2.00m，基坑开挖为淤泥

质粉细砂，基坑开挖深度为 1.5m，基坑开挖前应先降低地下水位。

13.3.4 工程桩设计

40 万 m^3 轻烃仓储项目桩基施工，其中 3 个直径 72m 的储罐采用直径 1.2m 钻孔灌注桩基础；罐区至乙烯装置管廊采用直径 0.6m 钻孔灌注桩基础。

1. 桩型及布桩

每座储罐布置 271 根，罐区中间呈正三角形布置，桩间距 4.65m，共布置 163 根，由于布桩空间受限，其中 12 根桩无法按照正三角形、桩间距 4.65m 布置；罐区边缘桩基沿环形均匀布置，第一圈（最外圈）布置 60 根桩，第二圈布置 48 根，共布置 108 根。3 座储罐共布置 813 根。灌注桩桩径 1200mm，桩端持力层为 ⑫ 层中细砂，优化后桩长 65m，且桩端入持力层深度不小于 1.8m。设计场平绝对标高 3.650m，桩顶绝对标高 3.450m，钢筋笼笼顶绝对标高 5.250m，钢筋笼笼顶高出地面 1.6m。

管廊区域灌注桩桩径 600mm、桩长 16～27m，共布置 510 根。

2. 混凝土

本项目储罐区域灌注桩混凝土强度等级为 C40，管廊区域灌注桩混凝土强度等级为 C30。混凝土坍落度范围 180～220mm，坍落度不满足要求时不得向混凝土中加水。浇筑混凝土的温度不得超过 35℃，以免造成坍落度损失、快速凝固或虚缝产生的问题。

3. 配筋

桩径 1.2m 灌注桩钢筋采用 HRB400 级，桩径 0.6m 灌注桩钢筋采用 HRB400 与 HPB300 级，钢筋笼配筋设计见表 4.13.3。

钢筋笼配筋设计参数表 表 4.13.3

序号	桩号		主筋（根）	螺旋箍筋为 Φ16@200				加强筋
				桩顶加密段		其余位置		
				箍筋参数	长度（m）	箍筋参数	长度（m）	
1	储罐区	最外圈桩 TP01～TP60	16Φ25+8Φ20	Φ16@100	3.6	Φ16@150	—	Φ25@2000
2		其余桩 TP61～TP271	16Φ25+12Φ20	Φ16@100	3.6	Φ16@150	—	Φ25@2000
3	管廊区	桩长 16m	4Φ18（16m）+4Φ18（11m）	Φ8@100	3.0	Φ8@200	—	Φ14@2000
		桩长 18m	4Φ18（18m）+4Φ18（13m）	Φ8@100	3.0	Φ8@200	—	Φ14@2000

4. 施工允许偏差

水平位置：桩的水平测量允许偏差值应在 50mm 内。

垂直度：桩顶到桩端的直线垂直度偏差不得超过 1%。

5. 承载力要求

储罐区域：单桩竖向极限承载力大于 14000kN、水平极限承载力大于 1000kN。

管廊区域：单桩竖向极限承载力大于 1340kN。

6. 其他要求

（1）灌注桩底部沉渣厚度不得大于 50mm，不得超过底部面积的 10%。

（2）灌注桩成孔完成后应在 5h 内完成钢筋笼安装、二次清孔和混凝土浇筑工作。

（3）钢筋保护层厚度为 70mm，从箍筋外侧算起。

13.4 工程特色及实施

13.4.1 工程特色

场地属长江三角洲冲积平原，为软土地基。提高桩基水平承载能力、灌注桩施工质量控制等是软土桩基应用的难题。通过本项目的实施，提出了改善基桩水平承载能力的方法，对软土的灌注桩施工工艺进行了优化，项目特色如下。

1. 换填法改善基桩水平承载能力

针对第一次试验桩水平极限承载力检测结果仅为 339～608kN，远远不能满足设计要求的 1000kN。第二次试验桩施工时，勘察单位会同设计单位提出通过桩周土换填法改善桩基水平承载能力，并对换填厚度、换填料选择、施工参数等进行了现场试验确定，具体如下。

（1）换填厚度

分别对 3 根试验桩桩顶以下 1.0m、1.5m、1.5m 范围内地基土换填，检测水平极限承载力分别为 1000kN、1300kN、1200kN，提高幅度 64%～194%，确定合理换填厚度为 1.5m。

（2）换填料级配

为避免换填对工程桩成孔的影响，回填料采用级配卵砾石、石屑（砂）的混合料。场地为软土、地下水位较高，基坑开挖后为避免第一层回填料不易压实的现象，经现场试验确定，第一回填层选用粒径 0.6～500mm 级配卵砾石与砂的混合料，其他回填层选用粒径 0.063～125mm 级配卵砾石与石屑的混合料，解决了基底不易压实的难题。试验确定级配卵砾石与石屑（砂）最优配比为 3:1～3:2。

（3）分层厚度及压实系数

第一层回填厚度不大于 50cm，其他层回填厚度不大于 25cm，压实系数不小于 0.9。

（4）碾压参数及结果

采用 CLJ-16 振动压路机进行碾压，碾压遍数 5 遍，其中低频（1挡）振动碾压 2 遍，高频（2挡）振动碾压 3 遍，压实系数均大于 0.9。

2. 轻型井点降水技术的优化及应用

罐区上部地层主要为素填土、淤泥质粉质黏土、粉土、粉土夹粉质黏土等，经地层分析采用轻型井点降水技术，并对井点管结构及平面布置进行优化。换填试验确定换填深度 1.5m，1:1 放坡，单个轻烃储罐区换填直径 85m。地下水埋深 0.98～2.0m，地下水降至基底以下 0.5m，最大降深 1.02m。

基于降水面积大，地层渗透性差，为保证降水效果，提出"外圈封闭，中间大十字，内外同时降水"的井点管布置原则。为防止降水过程中井点管淤堵，井点管按照"一种用于软土地基排水固结的井点管（自有专利技术，专利号：ZL 2008 2 0077857.3）"的结构

189

要求进行了制作，防止了井点管的淤堵，保证了降水效果。

3. 长江三角洲冲积平原旋挖钻机成孔工艺的优化

场地属长江三角洲冲积平原，为软土地基。该地层一般适用于回转钻机成孔施工，该工艺具有泥皮厚、效率低、废弃泥浆多的特点，不利于环保。经过对地层认真分析，对软土中旋挖钻机成孔施工的适应性认真评估，优化了软土中旋挖钻机成孔施工工艺，并在该地层取得了成功应用，具体如下。

（1）钻具的选择及钻进参数的确定

基于地层以淤泥质粉质黏土夹粉砂、粉土、粉细砂、中细砂等为主，钻具选用具有双层底门、密封性较好的挖砂钻头，确保每回次钻进均能把钻渣完全带出孔外。为防止软土中成孔缩径、塌孔现象的发生，成孔速度不宜过快，每回次钻进进尺不宜大于50cm，钻头挖满泥后，先慢速转动2周，再提升钻杆，防止了孔底"负压区"的产生，避免了缩径和塌孔的现象。

（2）泥浆质量控制

地层主要为粉土、粉细砂，导致泥浆含砂率高，试验桩施工时含砂率最高达19%，工程桩施工时含砂率最高达27%，不满足《建筑桩基技术规范》JGJ 94—2008 中第6.3.2条第3款"灌注混凝土前，孔底500mm范围内泥浆含砂量不大于8%"的要求。针对该问题，优化了泥浆循环、净化系统。优化方法：一是在原有泥浆池结构的基础上设置一级、二级两个沉淀池，每个沉淀池配备一台旋流除砂器，一级沉淀池的泥浆经旋流除砂器净化后排入二级沉淀池，再次通过旋流除砂器进行净化，确保泥浆进行至少两遍的除砂净化，泥浆含砂量不大于2%时方可排入供应池；二是混凝土浇筑前气举反循环工艺清孔时，利用泥浆供应池内优质泥浆置换孔内泥浆，孔内泥浆返回至一级、二级沉淀池后，再利用旋流除砂器进行多遍净化，保证了清孔后孔内泥浆的含砂率不大于8%，确保了混凝土浇筑质量。

（3）成孔垂直度的控制

轻烃储罐区桩径1200mm、桩长65m，为大直径超长钻孔灌注桩，为保证成孔垂直度偏差不大于1%，钢筋笼下设顺利，采用自有技术"大直径钻孔灌注桩垂直度控制施工工法（工法编号：HBGF082-2016）"进行了成孔垂直度控制，保证了桩孔垂直度满足设计要求。

4. 绿色、环保钻渣资源化利用技术

地层以粉砂夹粉质黏土层、粉细砂层为主，钻渣含砂量、含水率均较高，运输钻渣时，车辆的颠簸、振动使其呈"液化"状态，无法运输，且回填后尚需进行固化处理。针对该情况，提出了绿色、环保钻渣资源化利用技术，即在桩基施工区旁设置渣土池，用装载机将钻渣倒入渣土池中，用高压水枪将钻渣进行冲洗稀释，然后用大功率泥浆泵排到场地回填区，稀释后泥浆在回填场地流动过程中，泥浆中粗颗粒自然沉淀回填，泥浆中水汇集到收集池中，通过污水泵排至泥浆池和渣土池，重复利用。解决了高含砂量、高含水量钻渣无法运输难题，实现了钻渣资源化利用，避免了水资源浪费。

13.4.2 工程实施

1. 场地平整

工程地势欠平坦，起伏较大，各勘探点孔口高程为2.110～5.180m，最大相对高差

3.07m，要求储罐区域场地平整至绝对标高 3.55m，项目其他施工用地要求平整至绝对标高 3.0m。填土前检验土质，检验回填土料的种类、粒径，有无杂物，对于含水量偏高的回填土，采用翻晾晒及均匀掺入干土等措施；合格回填土料由自卸翻斗车、推土机等从挖方区域运至待回填区域后，由推土机简单推平，推平过程中不能碰撞控制桩，推土机无法平整的地方由人工平整。填土自下而上分层回填，每层回填土料使用装载机简单推平压实后，方可继续作业直至各设计标高。

2. 试验桩施工

工程前期业主进行了试验桩施工，每个储罐布置试验桩 2 根，3 个储罐共布置 6 根，试验桩桩径 1200mm、桩长 55m，混凝土强度等级为 C40，设计单桩竖向承载力极限值为 14000kN，单桩水平承载力极限值为 1400kN，试验桩施工工艺采用回转钻进成孔施工工艺，经江苏省某检测公司检测，发现单桩竖向极限承载力为 7000~11200kN、水平极限承载力为 339~608kN，不能满足设计要求。

为此，受业主委托再次进行了试验桩施工，本次静载试验桩 6 根（其中 3 根同时作为水平承载力试验桩），桩长为 68m，桩径为 1200mm；水平承载力试验桩的反推力桩 6 根，桩径 1300mm，桩长 25m，设计要求竖向极限承载力不小于 14000kN、水平极限承载力不小于 1000kN。对于进行水平静载试验的试验桩，提出采用桩周围换填混合料（级配卵砾石与石屑的混合料）改善灌注桩水平承载力的技术。完工后经江苏省某检测公司检测，竖向极限承载力均大于 14000kN、水平极限承载力均大于 1000kN 的设计要求。施工前为了确保灌注桩水平承载力满足设计要求，对换填厚度、换填料选择、施工参数等进行了现场试验确定，具体试验情况如下。

（1）换填材料的确定

为避免换填对工程桩成孔的影响，工程开工前，通过市场调研，选定了级配卵砾石、石屑的混合料作为回填料，级配卵砾石与石屑的配比为 3：1~3：2，级配卵砾石的规格详见表 4.13.4。

级配卵砾石规格　　　　　　　　　　　　　　　　表 4.13.4

颗粒尺寸（mm）	通过率（%）	颗粒尺寸（mm）	通过率（%）
125	100	10	15~60
90	80~100	5	10~45
75	65~100	0.6	0~25
37.5	45~100	0.063	0~12

试验桩周围换填施工时，场地为软土、地下水位较高，基坑开挖后为避免第一层回填料不易压实的现象，经现场试验确定，第一层回填料采用粗粒卵砾石、砂的混合料作为初始层回填，粗粒径卵砾石与砂的配比为 3：1~3：2，粗粒径卵砾石级配详见表 4.13.5。

粗粒径卵砾石级配　　　　　　　　　　　　　　　　表 4.13.5

粒径尺寸（mm）	通过率（%）
500	100
125	10~95
0.6	0~25

（2）换填范围及参数的确定

为了确定换填深度对灌注桩水平承载力的影响，经与设计沟通，本项目3根水平承载力试验桩区域分别采用不同的换填厚度，其中2号罐试验桩位置换填深度为1.0m，1号、3号罐试验桩位置换填深度为1.5m，第一层回填厚度不大于50cm，其他层回填厚度不大于25cm，要求压实系数不小于0.9，试验桩周围换填区域如图4.13.5所示。

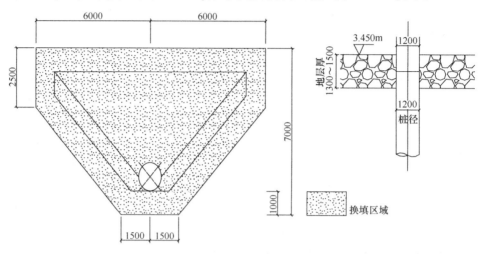

图4.13.5　试验桩区域换填范围

经检测1号罐TP07号试桩（换填1.5m）、2号罐TP10号试桩（换填1m）及3号罐TP13号试桩（换填1.5m）水平极限承载力分别达到了1300kN、1000kN、1200kN，达到了设计要求的1000kN。根据检测数据，3根桩虽然均达到了设计要求1000kN，但是为了确保工程桩水平承载力满足设计要求，设计确认换填厚度为1.5m、第一层回填厚度不大于50cm、其他层回填厚度不大于25cm、压实系数不小于0.9等参数。

3. 储罐区域换填施工

（1）换填范围的确定

根据试验桩水平静载试验的试验结果，设计确定每个储罐改良区域为以储罐中心为圆心点、半径为42.05m的区域。储罐区域场平后场地绝对标高为3.55m，设计要求开挖后换填至绝对标高3.45m，换填深度为1.5m，因此罐区开挖至绝对标高1.95m，按1∶1放坡，罐区开挖区域半径为42.5m，换填区域如图4.13.6所示。

（2）基坑降水设计

工程勘探期间，测得初见水位埋深1.17～2.18m，稳定水位埋深0.98～2.00m，基坑开挖需将地下水降至基坑底以下0.5m，因此本项目的地下水位最大降深为1.02m。

罐区主要地层为素填土、淤泥质粉质黏土夹粉砂、粉土、粉土夹粉质黏土、粉砂夹粉质黏土、粉质黏土夹粉土、粉细砂、中细砂等，如图4.13.7所示。

根据图4.13.7可知，基底位于①层素填土和②层淤泥质粉质黏土夹粉砂交界处，因此为保证基坑顺利开挖，需要降低②层淤泥质粉质黏土夹粉砂中的水，经地层分析采用轻型井点降水技术，并对井点管结构及平面布置进行优化。

考虑到降水面积较大，地层渗透性较差，为保证降水效果，提出"外圈封闭，中间大

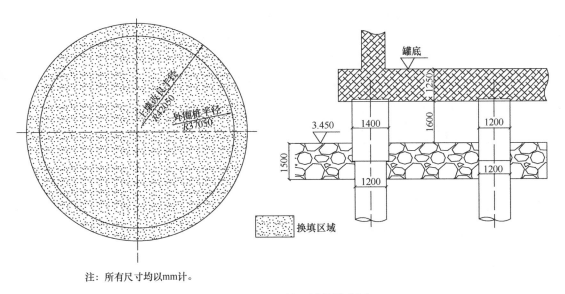

注：所有尺寸均以mm计。

图4.13.6 工程桩区域换填范围

十字，内外同时降水"的井点管布置原则。为防止降水过程中井点管淤堵，井点管按照"一种用于软土地基排水固结的井点管（自有专利技术，专利号：ZL 2008 2 0077857.3）"的结构要求进行了制作，保证了降水效果。

降水主要机具设备：井点管、连接管、集水总管及抽水设备（真空泵）。

井点管规格：井点管采用ϕ25mm聚乙烯管，井点管长度2.5m，其中井点管露出地面30cm，井点管下口封死，在下端1m范围内不同方向钻若干个ϕ5mm透水孔，并用滤网包裹。连接管采用聚乙烯管，排水总管采用ϕ35mm聚乙烯管。

井点管布置：按照"外圈封闭，中间大十字，内外同时降水"的原则，每个储罐区域周围布置一圈，中间十字形布置，每排井点管间距1～1.5m。

真空泵：采用离心式真空泵，型号2B19（进水口直径为2in，总扬程为19m），功率7.5kW，流量为100～110m³/h，每套抽水设备配备一台真空泵。根据地下水情况每个罐区拟用8套抽水设备，每套抽水设备配备35根井点管，共布置280根。

（3）基坑开挖

按1：1放坡开挖，工程桩罐区开挖区域半径为42.05m。土方开挖时，基底以上预留20cm土层，采用人工配合挖掘机清理基槽底。

（4）换填施工参数的确定

根据水平静载试验桩区域换填确定的施工参数，经过设计确认储罐区域换填的质量控制标准和施工参数如下。

① 回填料

选用级配卵砾石、石屑、砂的混合料，第一层回填料采用粗粒卵砾石、砂的混合料作为初始层回填，粗粒径卵砾石与砂的配比为3：1～3：2，粗粒径卵砾石级配详见表4.13.5。其他回填层选用级配卵砾石、石屑的混合料作为回填料，级配卵砾石与石屑的配比为3：1～3：2，级配卵砾石的规格详见表4.13.4，回填料如图4.13.8所示。

大型液化天然气（LNG）低温储罐桩基新技术及工程实践

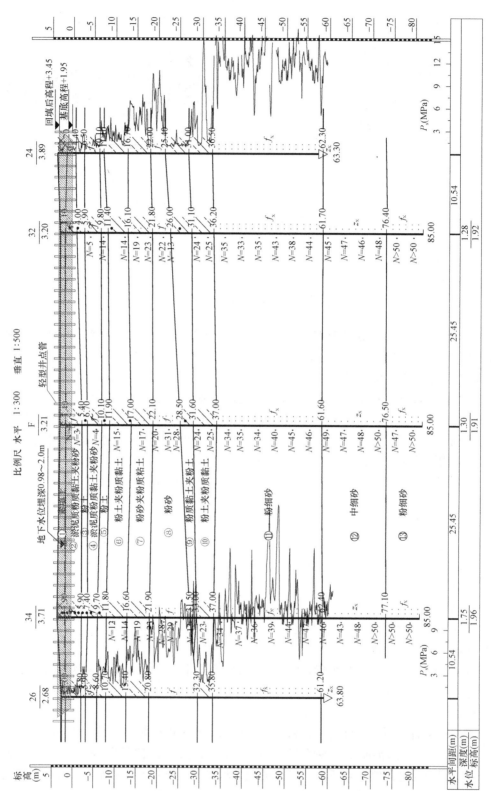

图 4.13.7　储罐区域工程地质剖面图

194

② 回填施工参数

回填压实采用 CLJ-16 振动压路机进行回填碾压，第一层回填厚度不大于 50cm、其他层回填厚度不大于 25cm，碾压遍数 5 遍，其中低频（即 1 挡）振动碾压 2 遍，高频（即 2 挡）振动碾压 3 遍。

图 4.13.8 第一层回填粗粒径卵砾石和其他层回填级配卵砾石

③ 回填质量检测

用灌砂法进行原位密实度检测，每层取 18 个点进行密实度试验，每个罐区分 6 层进行碾压，经检测 3 个罐区取样的 324 个点的分层碾压的压实系数为 0.9～0.94，满足设计要求。

4. 灌注桩施工

灌注桩施工采用泥浆护壁旋挖钻机成孔施工工艺，储罐区域灌注桩桩径 1200mm、桩长 65m，混凝土强度等级为 C40，共布置 813 根；管廊区域灌注桩桩径 600mm、桩长 16～27m，混凝土强度等级为 C30，共布置 510 根。

（1）成孔工艺的选择

建设场地属长江三角洲冲积平原，地基土属第四系全更新统（Q_4）的沉积层，主要由素填土、淤泥质粉质黏土夹粉砂、粉质黏土夹粉土、粉土夹粉质黏土、粉土、粉砂夹粉质黏土、粉砂、粉细砂及中细砂等组成，各土层间的强度，压缩变形差异性较大，如表 4.13.6 所示。

鉴于土层含水量较大、孔隙比较大，浅层土层属于淤泥质土，回转钻进成孔施工工艺比较适合该地层，工程初期业主计划采用回转钻进成孔施工工艺，并进行了试验桩的施工与检测工作，但是试验桩的检测效果未达到设计要求。经过对地层的认真分析及对旋挖钻机成孔施工工艺适应性的认真评估，并基于旋挖钻机成孔施工工艺所产生的废弃泥浆少、速度快、泥皮薄的优点，勘察单位向业主提出采用泥浆护壁旋挖钻机成孔施工工艺的建议。考虑地层以淤泥质粉质黏土夹粉砂、粉土、粉细砂、中细砂等为主，钻具选用具有双层底门、密封性较好的挖砂钻头，确保每回次钻进均能把钻渣完全带出孔外。为防止软土中成孔缩径、塌孔现象的发生，成孔速度不宜过快，每回次钻进进尺不宜大于 50cm，钻头挖满泥后，先慢速转动 2 周，再提升钻杆，防止孔底"负压区"的产生，避免了缩径和塌孔的现象。

土层物理性质指标（平均值）   表 4.13.6

层号	土层名称	含水率	土重度	孔隙比	液限	塑限	塑性指数	液性指数
		w	γ	e	w_L	w_P	I_P	I_L
		%	kN/m³	—	%	%	—	—
②	淤泥质粉质黏土夹粉砂	38.3	17.8	1.070	36.6	24.7	11.9	1.15
③	粉土	33.1	17.8	0.997	33.6	25.3	8.2	1.00
④	淤泥质粉质黏土夹粉砂	36.9	17.8	1.056	34.7	23.6	11.1	1.21
⑤	粉土	31.6	18.0	0.931	32.2	24.6	7.6	0.92
⑥	粉土夹粉质黏土	33.5	17.9	0.979	33.8	24.8	9.0	0.95
⑦	粉砂夹粉质黏土	24.0	18.7	0.748	—	—	—	—
⑧	粉砂	24.9	19.2	0.704	—	—	—	—
⑨	粉质黏土夹粉土	34.5	17.7	1.036	37.1	24.7	12.4	0.78
⑩	粉土夹粉质黏土	28.6	18.0	0.895	31.0	23.3	7.7	0.68
⑪	粉细砂	25.2	18.6	0.768	—	—	—	—
⑫	中细砂	21.9	18.8	0.710	—	—	—	—
⑬	粉细砂	26.0	18.6	0.778	—	—	—	—

（2）泥浆指标的控制

现场设置两个泥浆池，单个泥浆池长×宽×高为 26m×10m×2m，容量为 520m³，泥浆池采用砖砌，底部和内侧砂浆抹面，泥浆系统包括：泥浆制备池、供应池、沉淀池、二级泵站、输浆管及泥浆泵等。

根据试验桩施工的经验，本项目采用钠基膨润土、纯碱作为泥浆制备原材料。经过反复的泥浆配比试验，泥浆配合比为水：钠基膨润土：纯碱＝1000：98：0.5，成孔泥浆指标相对密度 1.05～1.08，黏度 18～22s，并安排技术人员每天对泥浆指标进行监控检测并形成记录，保证泥浆质量。

由于地层几乎全部为粉细砂，泥浆含砂率偏高，给桩基施工造成严重的质量隐患，试桩施工中泥浆含砂率最高达到 19%，工程桩施工中泥浆含砂率最高达 27%。针对该问题，优化了泥浆循环、净化系统。优化方法：一是在原有泥浆池结构的基础上设置一级、二级两个沉淀池，每个沉淀池配备一台旋流除砂器，一级沉淀池的泥浆经旋流除砂器净化后排入二级沉淀池，再次通过旋流除砂器进行净化，确保泥浆进行至少两遍的除砂净化，泥浆含砂量不大于 2% 时方可排入供应池；二是混凝土浇筑前气举反循环工艺清孔时，利用泥浆供应池内优质泥浆置换孔内泥浆，孔内泥浆返回至一级、二级沉淀池后，再利用旋流除砂器进行多遍净化，保证了清孔后孔内泥浆的含砂率不大于 8%，确保了混凝土浇筑质量，如图 4.13.9、图 4.13.10 所示。

（3）成孔质量控制

① 鉴于储罐区级配卵砾石＋石屑（或砂）换填深

图 4.13.9 旋流除砂器

度为 1.5m，且②层淤泥质粉质黏土夹粉砂层稳定性差，直径 1200mm 桩的护筒长度为 4m，直径 600mm 桩的护筒长度为 3m。

② 轻烃储罐区桩径 1200mm、桩长 65m，为大直径超长钻孔灌注桩，为保证成孔垂直度偏差不大于 1%，钢筋笼下设顺利，采用自有

图 4.13.10　泥浆池现场布置图

技术"大直径钻孔灌注桩垂直度控制施工工法（工法编号：HBGF082-2016）"进行成孔垂直度控制，保证了桩孔垂直度满足设计要求。

（4）钢筋笼安装

工程桩为低温储罐高承台桩，设计钢筋笼笼顶标高高出设计地坪 1.6m，须采用高平台导管法进行混凝土浇筑，灌注桩施工完成后再进行桩间土开挖、凿桩头与短柱施工。因此，钢筋笼安装偏差要求非常严格，横向偏差≤20mm；竖向偏差≤50mm。施工过程中，护筒下设好后，及时对护筒的偏差进行校核，并将护筒校核的四角桩引测到护筒上，并做好护筒顶标高记录，以便对钢筋笼安装后的水平、竖向偏差进行测量。

（5）混凝土浇筑

混凝土浇筑高平台采用壁厚 4mm 的 10cm×10cm 方管、壁厚 2.4mm 内径 32mm 的钢管、厚 3mm 的防滑钢板制作而成，10cm×10cm 方管作为支腿和横梁，壁厚 2.4mm 内径 32mm 的钢管作为平台防护架，平台高 2m，断面尺寸为 3m×3m，如图 4.13.11 所示。

（6）桩头的处理

由于工程桩设计桩顶标高与地面基本齐平，考虑到泥浆中含砂率较高，为了避免出现桩头夹泥、夹砂等质量问题的出现，混凝土浇筑到接近桩顶标高时采用振捣棒对桩顶以下 3m 范围内的混凝土进行振捣，然后再继续浇筑剩余的混凝土，从而确保桩顶混凝土的质量，如图 4.13.12 所示。

图 4.13.11　混凝土浇筑实景

图 4.13.12　桩头振捣实景

（7）成孔钻渣的处理

旋挖钻机成孔施工过程中，为了保证场地文明施工，防止钻渣污染场地，项目施工前期给每个旋挖钻机机台配备 1 个渣土箱，渣土箱采用钢板焊制而成，尺寸为长 4m、宽 2m、高 1.2m，成孔过程中旋挖钻机将挖出的渣土直接倒入渣土箱中，然后再及时通过翻

斗车运输至业主指定位置。然而，钻渣含砂量、含水量较大，渣土通过翻斗车运输时，翻斗车的颠簸致使钻渣呈流动状态，类似于"液化"，无法运输。

根据现场实际情况，借鉴"吹沙填海"的工艺原理，提出了新的钻渣运输、利用方法，即在桩基施工区旁设置渣土池，用装载机将钻渣倒入渣土池中，再用高压水枪将钻渣进行冲洗稀释，然后用大功率泥浆泵排到场地回填区，稀释后泥浆在回填场地流动过程中，泥浆中的粗颗粒自然沉淀回填，泥浆中的水汇集到收集池中，通过污水泵排至泥浆池和渣土池，重复利用。解决了高含砂量、高含水量钻渣无法运输难题，实现了钻渣资源化利用，避免了水资源浪费。具体处理方式，如图 4.13.13 和图 4.13.14 所示。

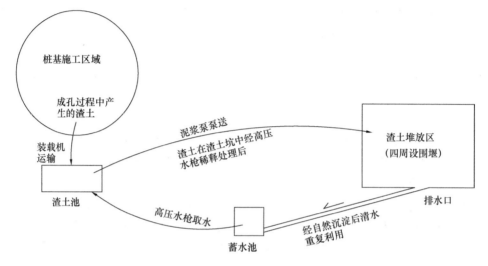

图 4.13.13 孔钻渣处理流程示意图

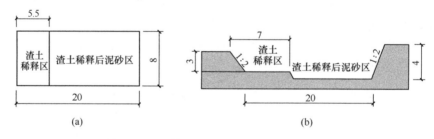

(a)　　　　　　　　　　　　　　(b)

图 4.13.14 钻渣处理渣土池平面图与剖面图
(a) 渣土坑平面布置示意图；(b) 渣土坑剖面布置示意图

13.5 工程实施效果

13.5.1 经济、社会效益

场地属长江三角洲冲积平原，为软土地基，改善基桩水平承载能力、灌注桩施工质量控制等是软土桩基应用的难题。通过本项目的实施，提出了改善基桩水平承载能力的方法，并积累施工经验；对软土中旋挖钻孔灌注桩的施工工艺进行了优化，为今后软土中的灌注桩施工积累了经验。

积极推广新工艺、新工法，成功将自有专利工法"一种用于软土地基排水固结的井点管（专利号：ZL 2008 2 0077857.3）""大直径钻孔灌注桩垂直度控制施工工法（工法编号：HBGF082-2016）"应用到项目中，完成场平 2.8 万 m^2、换填方量 7.5 万 t、钻孔灌注桩 6.3 万 m^3、管桩 4.4 万 m，受到了业主单位、设计单位和监理单位的好评，取得了良好的经济效益和社会效益。

13.5.2　工程检测

本项目完工后，业主单位委托江苏省某检测公司进行了检测，换填施工进行了密实度检测，桩基采用单桩竖向抗压载荷试验、单桩水平载荷试验、单桩抗拔载荷试验、声波透射法和低应变法进行了检测。换填施工进行密实度检测 324 组，密实度 0.91～0.94，均满足大于 0.9 的设计要求；试验桩和工程桩桩身完整性检测，Ⅰ 类桩 100%，单桩竖向极限承载力均大于 14000kN、水平极限承载力均大于 1000kN 的设计要求。

13.5.3　沉降观测

1. 监测点布置

（1）基准点布置：根据《建筑变形测量规范》JGJ 8—2016 的具体要求，结合本测区实际情况，在储罐周边区域共布置 3 个基准点，基准点分别设置在 T210 罐、T220 罐、T230 罐附近相对稳固的原塔吊基础之上，分别为 BM1、BM2、BM3。

（2）监测点布置：各储罐由内罐和混凝土外罐组成。

① 内罐监测点布置：以内罐的 0°方向开始，顺时针方向每隔 45°布设一个点，共计 8 个点。

② 混凝土外罐监测点布置：以混凝土外罐的 0°方向开始，顺时针方向每 22.5°布设一个点，共计 16 个点，在混凝土外罐中心底部布设 1 个点。

以 T210 丙烷罐为例，监测点布置如图 4.13.15 所示。

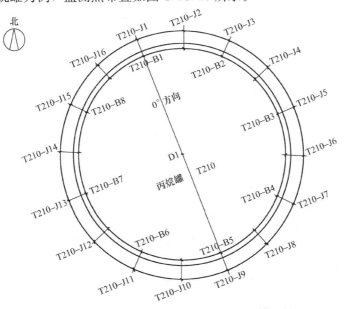

图 4.13.15　监测点布置图（以 T210 丙烷罐为例）

2. 监测方法

（1）监测时间段：包括 0 水位（初始状态）、1/4 水位、1/2 水位、3/4 水位、满水位、满水位静置 24h，满水位静置 48h、放水至 1/2 水位、放水至 0 水位。

（2）在测量过程中，采用固定仪器、固定人员、固定路线的观测方法。各监测点的高程初始值在注水试验前（0 水位）至少测量 2 次取平均值。某监测点前次高程减去本次高程的差值为本次沉降量，初始高程减去本次高程的差值为累计沉降量。

3. 监测成果

各罐沉降观测结果如表 4.13.7～表 4.13.9 所示，沉降曲线如图 4.13.16～图 4.13.21 所示。

T210 罐沉降观测结果

表 4.13.7

沉降量（mm）	点号	0 水位	1/4 水位	1/2 水位	3/4 水位	满水位	满水位静置 24h	满水位静置 48h	放水至 1/2 水位	放水至 0 水位
外罐	T210-J1	0	0.06	1.14	3.43	5.50	6.11	6.11	4.74	3.90
	T210-J2	0	0.01	1.14	3.36	5.78	6.22	6.22	4.71	4.56
	T210-J3	0	0.40	1.24	3.74	6.45	6.88	6.88	5.67	5.32
	T210-J4	0	0.77	1.55	4.42	6.88	7.50	7.50	6.52	6.28
	T210-J5	0	0.09	0.95	4.14	6.53	7.20	7.20	6.22	6.01
	T210-J6	0	0.23	1.00	4.58	6.96	7.35	7.35	6.56	6.28
	T210-J7	0	0.48	0.89	4.57	7.22	7.44	7.44	6.84	5.99
	T210-J8	0	−1.21	0.06	3.47	6.09	6.11	6.11	5.50	4.79
	T210-J9	0	−0.09	1.09	3.51	6.02	6.88	6.88	6.74	5.59
	T210-J10	0	−0.38	1.12	3.22	5.88	6.73	6.73	6.31	4.90
	T210-J11	0	−0.18	0.98	3.23	5.91	6.49	6.49	5.18	3.22
	T210-J12	0	−0.30	0.48	3.09	5.11	5.74	5.74	4.64	3.16
	T210-J13	0	0.30	0.82	3.30	5.83	6.10	6.10	4.77	3.49
	T210-J14	0	0.33	1.27	3.29	5.65	5.92	5.92	4.63	3.45
	T210-J15	0	0.88	1.89	4.26	6.51	6.56	6.56	5.49	4.84
	T210-J16	0	0.67	1.95	4.13	6.22	6.36	6.36	4.78	3.96
	D1	0	0.01	0.71	3.33	5.94	6.20	6.20	5.11	4.73
内罐	T210-B1	0	1	1	4	6	6	6	6	5
	T210-B2	0	1	1	4	5	6	6	6	5
	T210-B3	0	2	3	6	7	7	7	7	6
	T210-B4	0	2	3	4	6	6	6	6	6
	T210-B5	0	2	2	4	6	6	6	6	6
	T210-B6	0	0	0	2	4	5	5	5	5
	T210-B7	0	3	3	3	6	6	6	6	5
	T210-B8	0	3	4	7	8	8	8	8	7

T220 罐沉降观测结果 表 4.13.8

点号 沉降量（mm） 水位		0 水位	1/4 水位	1/2 水位	3/4 水位	满水位	满水位 静置 24h	满水位 静置 48h	放水至 1/2 水位	放水至 0 水位
外罐	T220-J1	0	0.45	1.66	4.24	6.82	7.05	7.05	6.53	5.55
	T220-J2	0	0.60	1.82	4.72	7.25	7.49	7.50	6.81	6.17
	T220-J3	0	0.13	1.37	4.73	6.73	7.04	7.05	6.66	6.10
	T220-J4	0	0.45	1.59	4.93	6.83	6.96	6.97	6.38	5.66
	T220-J5	0	0.46	1.77	4.87	6.57	6.89	6.90	5.88	5.19
	T220-J6	0	0.41	1.65	4.97	6.86	7.01	7.02	6.02	5.85
	T220-J7	0	0.33	1.35	4.97	6.90	7.17	7.18	5.95	5.59
	T220-J8	0	0.67	1.42	3.77	5.82	6.21	6.21	5.10	4.60
	T220-J9	0	0.95	1.92	3.79	6.02	6.35	6.36	5.35	4.53
	T220-J10	0	0.48	1.59	3.21	5.35	5.66	5.67	5.48	4.56
	T220-J11	0	0.14	1.78	3.11	5.44	5.60	5.61	5.39	4.79
	T220-J12	0	0.74	1.86	3.89	6.31	6.51	6.52	6.20	4.53
	T220-J13	0	0.57	1.75	4.16	6.41	6.55	6.55	5.99	4.38
	T220-J14	0	0.43	1.61	3.73	6.07	6.39	6.40	6.08	4.56
	T220-J15	0	0.54	1.69	3.92	6.42	6.72	6.73	6.41	5.08
	T220-J16	0	0.61	1.83	4.87	7.39	7.46	7.47	6.85	5.24
	D2	0	0.37	1.41	3.70	5.54	5.80	5.81	5.65	5.04
内罐	T220-B1	0	0	1	3	5	6	6	6	6
	T220-B2	0	0	2	4	5	6	6	6	6
	T220-B3	0	0	2	5	6	6	6	6	6
	T220-B4	0	1	2	4	5	6	6	6	6
	T220-B5	0	1	2	6	8	8	8	7	7
	T220-B6	0	0	2	5	6	6	6	6	5
	T220-B7	0	1	2	5	7	8	8	7	6
	T220-B8	0	1	3	6	7	7	7	7	7

T230 罐沉降观测结果 表 4.13.9

点号 沉降量（mm） 水位		0 水位	1/4 水位	1/2 水位	3/4 水位	满水位	满水位 静置 24h	满水位 静置 48h	放水至 1/2 水位	放水至 0 水位
外罐	T230-J1	0	1.14	2.36	4.34	6.02	6.93	6.95	5.82	4.59
	T230-J2	0	1.32	2.45	4.33	5.93	6.61	6.61	5.54	3.97
	T230-J3	0	1.35	2.37	4.28	6.04	6.60	6.60	6.00	5.87
	T230-J4	0	1.24	2.59	4.35	5.39	6.30	6.30	5.64	5.28
	T230-J5	0	1.82	2.61	4.29	5.64	6.56	6.57	5.60	5.01

沉降量(mm)　水位 点号	0水位	1/4水位	1/2水位	3/4水位	满水位	满水位静置24h	满水位静置48h	放水至1/2水位	放水至0水位
外罐 T230-J6	0	1.56	2.55	4.17	5.69	6.56	6.57	5.68	4.99
T230-J7	0	1.49	2.19	3.58	4.93	6.58	6.58	5.13	4.47
T230-J8	0	1.33	2.46	3.90	5.80	6.57	6.58	6.03	5.82
T230-J9	0	0.87	1.88	3.89	5.87	6.51	6.52	5.62	5.27
T230-J10	0	0.61	1.56	3.67	5.37	6.38	6.39	5.37	5.26
T230-J11	0	0.69	1.48	3.87	5.81	6.59	6.59	5.35	4.81
T230-J12	0	0.77	1.47	3.28	4.17	4.83	4.84	4.39	4.09
T230-J13	0	0.87	2.10	3.92	4.62	5.56	5.57	4.92	3.93
T230-J14	0	0.98	2.34	4.08	5.07	5.85	5.85	5.25	4.59
T230-J15	0	1.12	2.36	4.30	4.99	5.75	5.75	5.17	3.28
T230-J16	0	1.08	2.29	4.05	4.54	6.47	6.48	5.46	3.78
D3	0	1.04	2.04	3.90	5.14	6.02	6.02	5.19	4.17
内罐 T230-B1	0	3	4	6	6	6	6	5	5
T230-B2	0	0	2	2	3	3	3	3	3
T230-B3	0	0	1	3	4	5	5	5	5
T230-B4	0	3	5	6	7	7	7	7	6
T230-B5	0	0	2	4	5	6	6	5	5
T230-B6	0	0	1	2	4	5	5	4	4
T230-B7	0	0	1	3	4	5	5	5	4
T230-B8	0	2	2	4	6	7	7	7	7

　　根据以上储罐外罐监测数据的分析可知,在整个注水试验过程中,T210、T220、T230外罐均没有出现较大沉降。从外罐沉降曲线图4.13.16、图4.13.18、图4.13.20可以看出,在水位0到1/2的过程中,外罐沉降量增加速度较慢,随着水位不断上升,荷载不断增大,接近满水位的过程中,沉降量增加速度加快,在注满静置48h后趋于稳定;放水的过程中,荷载不断减小,出现了小幅度的上升。整个过程都没超过警戒值,满足设计要求。其中:

　　(1) T210外罐:外罐沉降量最大的点T210-J6,沉降量6.28mm,小于报警值47mm;沉降量最小的点T210-J12,沉降量3.16mm,任意两点间最大的沉降差3.12mm,小于报警值6mm;外罐任意直径的两个端点(T210-J4和T210-J12)之间的最大倾斜为3.12mm,小于报警值25mm。

　　(2) T220外罐:外罐沉降量最大的点T220-J2,沉降量6.17mm,小于报警值47mm;沉降量最小的点T220-J12,沉降量4.38mm,任意两点间最大的沉降差1.79mm,小于报警值6mm;外罐任意直径的两个端点(T220-J2和T220-J10)之间的最大倾斜为1.61mm,小于报警值25mm。

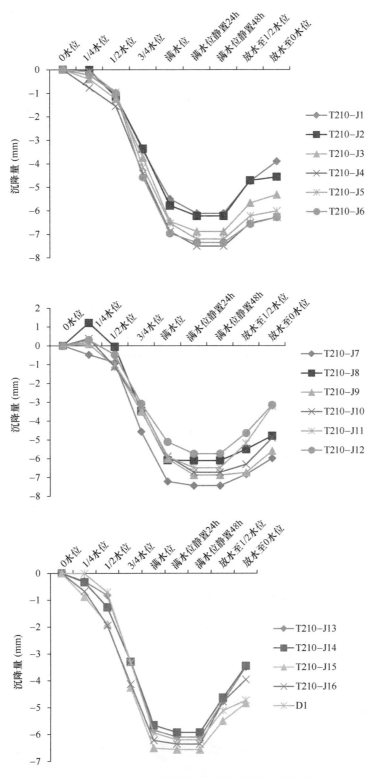

图 4.13.16　T210 罐外罐各观测点沉降变化曲线

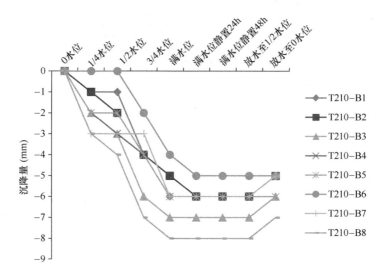

图 4.13.17　T210 罐内罐各观测点沉降变化曲线

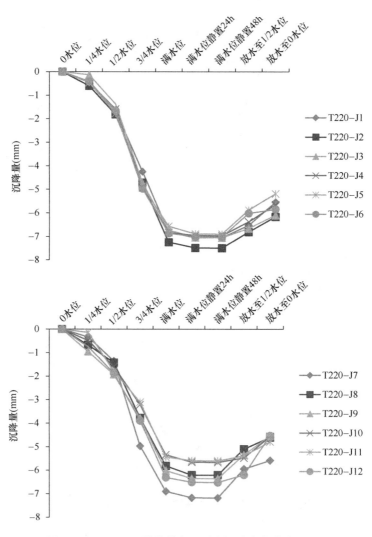

图 4.13.18　T220 罐外罐各观测点沉降变化曲线（一）

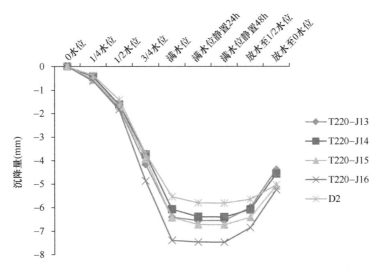

图 4.13.18　T220 罐外罐各观测点沉降变化曲线（二）

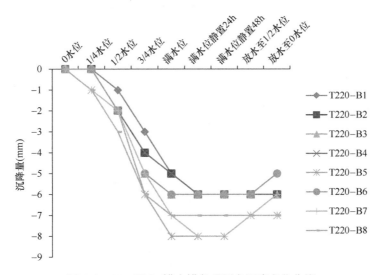

图 4.13.19　T220 罐内罐各观测点沉降变化曲线

（3）T230 外罐：外罐沉降量最大的点 T230-J3，沉降量 5.87mm，小于报警值 47mm；沉降量最小的点 T230-J15，沉降量 3.28mm，任意两点间最大沉降差 2.59mm，小于报警值 6mm；外罐任意直径的两个端点（T230-J8 和 T230-J16）之间的最大倾斜为 2.04mm，小于报警值 25mm。

根据以上储罐内罐监测数据的分析可知，在整个注水试验过程中，T210、T220、T230 内罐相对于外罐没有较大的相对沉降。从图 4.13.17、图 4.13.19、图 4.13.21 可以看出，内罐相对沉降规律和外罐大致相同。整个过程都没有超过报警值，满足设计要求。其中：

（1）T210 内罐：内罐相对于外罐沉降量最大的点为 T210-B8，相对沉降量 7mm，小于报警值 10mm，任意两点之间的最大沉降差 2mm，小于报警值 6mm。

（2）T220 内罐：内罐相对于外罐沉降量最大的点为 T220-B5、T220-B8，相对沉降

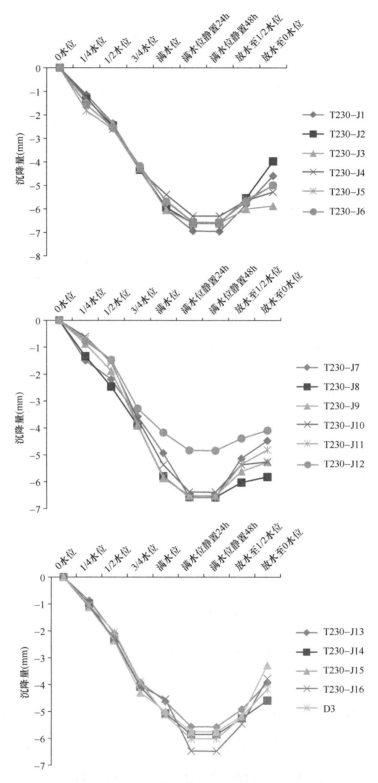

图 4.13.20　T230 罐外罐各观测点沉降变化曲线

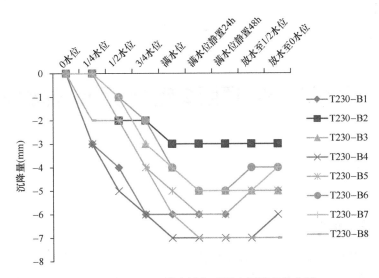

图 4.13.21　T230 罐内罐各观测点沉降变化曲线

量 7mm，小于报警值 10mm，任意两点之间的最大沉降差 2mm，小于报警值 6mm。

（3）T230 内罐：内罐相对于外罐沉降量最大的点为 T230-B8，相对沉降量 7mm，小于报警值 10mm，任意两点之间的最大沉降差 4mm，小于报警值 6mm。

4. 结论

经过对 T210、T220 和 T230 罐在注水试验过程中的沉降监测，监测成果表明 3 个罐整体沉降比较小且比较均匀，各监测点的沉降量满足业主提供的验收标准，可认为 T210、T220 和 T230 罐在注水试验中是稳定的。

第14章　河北某LNG项目2座16万m³储罐桩基工程

14.1　项目概述

14.1.1　基本情况

河北某LNG接收站应急调峰保障工程位于唐山市，是国家能源战略和河北省重点建设项目，也是中石油落实党中央重要部署和国家天然气发展"十三五"规划的重要举措。项目建成投产后，将拥有8座16万m³的LNG储罐，高月均日外输天然气由2840万m³提高到3160万m³，调峰供气能力和极端天气应对能力将进一步提高，有效缓解京津冀地区特别是北京市冬季天然气供应不足的问题。本次工程建设内容主要为T-1205、T-1206、T-1207和T-1208储罐。

14.1.2　项目规模

本项目岩土工程技术服务内容包括T-1205号、T-1206号16万m³LNG储罐区域的地基土换填、高承台桩施工等。项目实施时间为2017年8月开工，2017年11月完工，历时79日历天。

14.1.3　复杂程度

工程建设场地为新近围海造地而成，地势相对平坦，地表为新近冲填土，场地内覆盖层主要由第三系和第四系地层构成，勘察深度120m范围内主要为细砂冲填土、细砂、粉土、粉质黏土和黏性土，其中细砂层、粉土层对旋挖钻机成孔质量的保证不利。

T-1205号、T-1206号储罐基础采用高承台桩，桩径1.2m、桩长70m，桩端以⑦层细砂或⑧₁层细砂作为持力层，单座储罐布置高承台桩360根。为了确保高承台桩单桩竖向抗压承载力满足14000kN的要求，高承台桩采用桩端后注浆工艺。高承台桩采用一体化成桩法施工技术。高承台桩旋挖钻机成孔作业过程中，采用了钠基膨润土、纯碱和生物黄原胶作为泥浆制备材料，解决了泥浆受海水影响指标不稳定的问题，保证了成孔施工质量。桩端后注浆施工作业过程中，采用了电磁流量计对桩端后注浆的注浆速率、累计注浆量进行了监控。

考虑LNG储罐对抗震安全性要求较高，设计采用地基土换填、高承台桩桩顶设置橡胶隔震支座的技术改善高承台桩的抗震能力。高承台桩一体化成桩法施工过程中，橡胶隔震支座预留安装孔的施工成为本项目的难点和控制重点。

14.2 工程地质和水文地质条件

14.2.1 工程地质条件

1. 地形、地貌

工程建设场地地表土层为新近围海造地而成，地势相对平坦，地表为新近冲填土，地质条件复杂程度一般。

2. 地层简述

场地内覆盖层主要由第三系和第四系地层构成，根据其时代成因、岩性及物理力学性质，在深度 120m 范围内，自上而下分为如下 11 层。

①层细砂冲填土（Q_4^m）：浅灰—灰褐色，稍湿—饱和，中密—密实，矿物成分以石英、长石为主，含云母、贝壳碎片，砂质较均匀，为新近吹填海砂，后经过强夯地基处理，工程性质较好。本层厚度 7.90～12.10m，层底标高 −8.68～−4.40m。

②层细砂（Q_4^m）：浅灰—灰褐色，饱和，密实，矿物成分以石英、长石为主，分选性较好，含云母、贝壳碎片，该层底部局部夹黏性土薄层或透镜体。本层厚度 6.00～9.90m，层底标高 −14.80～−13.09m。

③层细砂（Q_4^m）：浅灰—灰色，饱和，密实，矿物成分以石英、长石为主，含少量粉砂，分选性较好，含云母、贝壳碎片。本层厚度 8.40～12.70m，层底标高 −26.27～−22.87m。

④层粉质黏土（Q_4^m）：浅灰—黑灰色，软塑—可塑，刀切面光滑，干强度中等、韧性中等，该层土质不均匀，局部为粉土，属中—高压缩性土，夹④$_1$ 层细砂、④$_2$ 层粉土及④$_3$ 层黏土薄层或透镜体。本层厚度 4.70～9.00m，层底标高 −35.09～−31.19m。

④$_1$ 层细砂：浅灰色—灰色，饱和，密实，矿物成分以石英、长石为主，含少量粉砂及黏性土，分选性差，含云母、贝壳碎片，最大厚度 3.00m。

④$_2$ 层粉土：浅灰色—灰褐色，饱和，密实，土质不均，含云母、贝壳碎片，最大厚度 9.00m。

④$_3$ 层黏土：灰色，可塑，刀切面光滑，干强度高，韧性高，土质均匀，最大厚度 4.70m。

⑤层细砂（Q_4^m）：浅灰色—灰色，饱和，密实，矿物成分以石英、长石为主，含少量粉砂，分选性较好，含云母、贝壳碎片，夹黏土薄层或透镜体。本层厚度 12.60～18.10m，层底标高 −46.97～−38.60m。

⑥层粉质黏土（Q_4^m）：浅灰—黑灰色，软塑—可塑状态，刀切面光滑，干强度中等、韧性中等，土质不均匀，含云母、贝壳碎片，属中—高压缩性土，夹⑥$_1$ 层粉土及⑥$_2$ 层黏土薄层或透镜体。本层厚度 10.35～15.80m，层底标高 −61.08～−54.48m。

⑥$_1$ 层粉土：浅灰色—灰褐色，饱和，密实，土质不均，含云母、贝壳碎片，最大厚度 10.00m。

⑥$_2$ 层黏土：浅灰—黑灰色，可塑，刀切面光滑，干强度高，韧性高，土质均匀，最大厚度 6.70m。

⑦层细砂（Q_3^{mc}）：浅灰色—褐黄色，饱和，密实，矿物成分以石英、长石为主，含

少量粉砂，分选性较好，含云母，夹⑦₁层粉土、⑦₂层粉质黏土及⑦₃层黏土薄层或透镜体。本层厚度11.46~15.30m，层底标高−73.18~−66.25m。

⑦₁层粉土：浅灰色—褐黄色，饱和，密实，土质不均，含少量砂土，最大厚度11.50m。

⑦₂层粉质黏土：浅灰色—黄褐色，可塑—软塑，刀切面光滑，干强度中等，韧性中等，土质不均，含少量砂土，最大厚度4.40m。

⑦₃层黏土：浅灰色—褐色，可塑，刀切面光滑，干强度高，韧性高，土质均匀，最大厚度4.50m。

⑧层粉土（Q_3^{mc}）：浅灰—黄褐色，饱和，中密—密实，土质不均，含云母，属中等压缩性土，夹⑧₁层细砂、⑧₂层粉质黏土及⑧₃层黏土薄层或透镜体。本层厚度11.75~15.00m，层底标高−81.59~−76.09m。

⑧₁层细砂：浅灰—黄褐色，饱和，密实，矿物成分以石英、长石为主，含少量粉砂，分选性较好，含云母，最大厚度4.60m。

⑧₂层粉质黏土：黄褐色，可塑—软塑，刀切面光滑，干强度中等，韧性中等，土质不均，含少量砂土，最大厚度12.0m。

⑧₃层黏土：黄褐色，可塑，刀切面光滑，干强度高，韧性高，土质均匀，最大厚度2.50m。

⑨层粉质黏土（Q_3^{mc}）：浅灰—黄褐色，可塑—软塑，刀切面光滑，干强度中等，韧性中等，土质不均，含少量砂土，属中—高压缩性土，夹⑨₁层细砂、⑨₂层粉土及⑨₃层黏土薄层或透镜体。本层厚度10.60~18.20m，层底标高−100.08~−95.34m。

⑨₁层细砂：浅灰色，饱和，密实，矿物成分以石英、长石为主，含少量粉砂，分选性较好，含云母，最大厚度8.30m。

⑨₂层粉土：褐黄色，饱和，密实，土质不均，含少量砂土，最大厚度12.30m。

⑨₃层黏土：黄褐色，可塑，刀切面光滑，干强度高，韧性高，土质均匀，最大厚度5.20m。

⑩层细砂（Q_3^{mc}）：浅灰色—灰色，饱和，密实，矿物成分以石英、长石为主，含少量粉砂，夹⑩₁层粉质黏土、⑩₂层黏土及⑩₃层粉土薄层或透镜体。本层厚度5.60~9.30m，层底标高−110.58~−103.08m。

⑩₁层粉质黏土：灰色，可塑，刀切面光滑，干强度中等，韧性中等，土质不均，含少量砂土，最大厚度2.10m。

⑩₂层黏土：灰褐色，可塑，刀切面光滑，干强度高，韧性高，土质均匀，最大厚度1.20m。

⑩₃层粉土：浅灰色，饱和，密实，土质不均，含少量砂土，最大厚度2.00m。

⑪层粉质黏土（Q_3^{mc}）：浅灰—灰色，可塑，刀切面光滑，干强度中等、韧性中等，土质均匀，属中压缩性土，夹⑪₁层粉土、⑪₂层黏土及⑪₃层细砂薄层或透镜体。本层最大揭露厚度14.20m。

⑪₁层粉土：浅灰色，饱和，密实，土质不均，含少量砂土，最大厚度6.0m。

⑪₂层黏土：灰色，可塑，刀切面光滑，干强度高，韧性高，土质均匀，最大厚度4.50m。

⑪₃层细砂：浅灰色，饱和，密实，矿物成分以石英、长石为主，含少量粉砂，分选性较好，最大厚度 4.70m。

14.2.2 水文地质条件

1. 地下水类型及赋存条件

勘察期间测得地下水初见水位埋深 3.10～4.60m，初见水位标高－0.18～0.42m，稳定水位埋深 2.70～4.50m，稳定水位标高－0.08～0.82m。地下水类型为孔隙潜水，主要赋水层为①层及以下砂层，含水层厚度大、透水性较强、富水性良好。

地下水由地表水或海水补给，排泄以侧向径流为主，属垂直补给侧向径流循环类型，潜水和海水相互连通，水力联系强烈，场地上部含水层地下水在海水高潮时主要受海水倒灌补给，低潮时则向海域方向径流排泄。

2. 地下水、土的腐蚀性

建设场地地下水对混凝土结构具中等腐蚀性，对钢筋混凝土结构中的钢筋具强腐蚀性，对钢结构具强腐蚀性。

建设场地地基土对混凝土结构、钢筋混凝土结构中的钢筋及钢结构均具微腐蚀性。

14.2.3 场地地震效应

建设场地表层冲填土经过强夯后水平向密实度较为均匀，地基土已消除了液化对抗震的不利影响，场地距离活动断裂较远，无其他影响抗震的地质条件，不属于抗震不利及危险地段。地基土为非稳定基岩或坚硬土等，不属于抗震有利地段。因此，该建筑场地属于抗震的一般地段。

根据钻孔波速测试资料，本场地覆盖层厚度大于 50.0m，地基土层等效剪切波速 V_{se} 为 209.6～243.8m/s，$250 \geqslant V_{se} > 150$，按《建筑抗震设计规范》GB 50011—2010 中第 4.1.3 条及 4.1.6 条判定，场地土为中软土，建筑场地类别属Ⅲ类。

地下水位按地表计算，液化判别深度按 20m 计算，计算结果表明建设场地地基土在地震烈度 7 度及 8 度情况下，均不会发生液化。

14.3 工程设计及要求

14.3.1 地基土换填

（1）换填区域

换填深度 2m，主要为场地表层分布的①层细砂冲填土，稍湿—饱和，中密—密实，为新近吹填海砂，后经过强夯地基处理，工程性质较好。储罐直径为 87.4m，土方开挖后基坑底边界直径为 92.2m，每边较储罐边界宽 2.4m，基坑开挖顶边界直径为 96.2m，每边较储罐边界宽 4.4m，基坑边坡坡度系数为 1：1。

（2）换填材料

选用含泥量不大于 5%的未风化的碎石，粒径不大于 50mm，严禁含有植物根茎和垃圾等有机杂物。砂采用基坑开挖的冲填砂，砂、石掺配比例为 1：1。

（3）技术要求

垫层施工时，基坑应进行降水，保证基底无积水，并确保边坡稳定。砂石垫层采用振动压路机分层铺填、分层压实，每层铺填厚度不大于300mm，重压3遍，静压1遍。每层的压实系数符合设计要求后铺筑上层，压实系数采用灌水法或灌砂法进行检验，每300m² 不少于1点，压实系数不小于0.97。

14.3.2　工程桩设计

1. 桩型及布桩

T-1205号、T-1206号LNG储罐基础采用高承台桩，桩径1200mm，桩长分别为69.817m、70.017m，以⑦层细砂（Q_3^{mc}）或⑧₁层细砂为持力层，桩端入持力层不小于2.0m，每座储罐设计基桩360根，其中罐区中间呈正方形布置，桩间距4.3m，共布置188根，桩顶高出设计地面1.717m，罐区边缘桩基沿环形均匀布置，第一圈（最外圈）布置60根，第二圈布置60根，第三圈布置52根，共布置172根，第一、二圈高承台桩桩顶高出设计地面1.417m，第三圈高承台桩桩顶露出地面1.717m。

2. 混凝土

混凝土强度等级为C40，最大水胶比不超过0.40，骨料的最大粒径25mm，不得使用海砂，混凝土结构的环境类别为三a类，桩基混凝土中最大氯离子含量不得超过0.15%，最大碱含量不得超过3.0kg/m³。混凝土抗渗等级不低于P10，添加硅灰和钢筋阻锈剂，坍落度控制在180～220mm。

水泥及其他凝胶材料采用普通硅酸盐水泥（OPC）＋粉煤灰＋硅灰，粉煤灰的掺量最大为水泥（凝胶材料）用量（重量百分比）的20%，硅灰的掺量为水泥（凝胶材料）用量（重量百分比）的3.5%～5%。粉煤灰的质量，应满足Ⅱ级以上粉煤灰的要求。硅灰的化学、物理指标应满足下列要求：二氧化硅含量≥85%；含水率≤3%；烧失量≤6%；火山灰活性指数≥90%；45μm筛余量≤10%；比表面积≥15m²/g；密度与均值的偏差≤5%；细度的筛余量与均值的偏差≤5%，硅灰的检验按《海港工程混凝土结构防腐蚀技术规范》TJT 275—2000附录A的要求进行。

选用复合型防腐阻锈剂，掺量为每立方米混凝土6～10kg，盐水浸烘试验8次后，掺阻锈剂比未掺阻锈剂的混凝土试件中钢筋腐蚀失重率减少40%以上，掺阻锈剂与未掺阻锈剂的混凝土抗压强度比不小于90%，掺阻锈剂与未掺阻锈剂的水泥初凝时间差和终凝时间差均在±60min内，掺阻锈剂与未掺阻锈剂的混凝土的抗氯离子渗透性要求不降低。

3. 配筋

钢筋规格：本项目钢筋等级为HRB400级，直径25mm、20mm、12mm三种。

钢筋笼配筋：设计地面标高（标高3.6m）以上部分主筋28Φ25，加强筋Φ25@1000，螺旋箍筋Φ20@100，且沿桩顶以下2.2m范围设置纵横向加强筋4Φ12，间距100mm；设计地面标高（标高3.6m）以下12m范围主筋28Φ25，加强筋Φ25@2000，螺旋箍筋Φ20@100；其余56.3m范围主筋14Φ25，加强筋Φ25@2000，螺旋箍筋Φ20@200。主筋采用直螺纹机械连接，接头等级不低于Ⅱ级，套丝外露不超过2p（p指螺距），加强筋外径970mm采用双面搭接焊，搭接长度100mm，焊缝宽度不小于16mm，焊缝高度不小于6mm；箍筋内径1020mm与主筋连接采用点焊，箍筋接头连接采用绑扎搭接，搭接长度不小于 700mm，焊材选用 E5003 级。

4. 注浆管、声测管

注浆管规格及布置：高承台桩采用桩端后注浆技术，注浆管采用钢管，规格为 $\phi32mm\times2mm$，每根桩沿圆周均匀布置 3 根。

声测管规格及布置：每座储罐随机选取工程桩总数的 20% 进行超声波检测，声测管采用钢管，规格为 $\phi60mm\times3mm$，每根桩沿圆周均匀布置 3 根；待检桩声测管兼作注浆管时，其注浆管不再单独设置。

注浆技术要求：注浆使用 BW-250 型注浆泵，浆液的水灰比宜为 0.45～0.65，成桩 12h 后用清水开环，成桩 2d 后开始注浆，不宜迟于成桩 30d；对同一根桩的各注浆管依次实施等量注浆，单桩桩端注浆量控制在 3.5t（水泥质量），注浆流量不超过 75L/min，注浆终止压力不宜超过 4MPa。注浆作业距成孔作业点的距离不宜小于 8～10m，对于群桩注浆宜先外围后内部。满足下列条件之一时可终止注浆：

（1）注浆总量和注浆压力均达到设计要求；注浆总量已达到设计值的 75%，且注浆压力超过设计值。

（2）当注浆压力长时间低于正常值或地面出现冒浆或周围桩孔串浆时，应改为间歇注浆时，间歇时间宜为 30～60min，或调低浆液水灰比。

5. 承载力要求

设计要求单桩竖向抗压承载力极限值不小于 14000kN。

6. 其他要求

（1）灌注桩底部沉渣厚度不得大于 100mm。

（2）钢筋保护层厚度为 70mm，从箍筋外侧算起。

（3）柱顶需正方形布置 4 个中心间距 650mm、孔径 100mm、深度 300mm 的橡胶隔震支座预留孔。

14.4 工程特色及实施

14.4.1 工程特色

1. 一体化成桩法施工中橡胶隔震支座安装

LNG 储罐储存的是低温高危化学品，储罐的抗震性能尤为重要，传统的抗震技术是把上部结构与基础牢固连接，增大桩、柱截面积，增大配筋率，提高建筑材料强度，"以刚制刚"来实现抵抗地震的破坏。新兴的橡胶垫（支座）隔震技术是通过把隔震消能装置安装在结构物底部和基础（或底部柱顶）之间，把上部结构和基础"隔开"。这样改变了结构的动力特性和动力作用，因为隔震层很"柔"地震时能产生很大的变形，地震作用很难传递到上部结构中，上部结构振动反应减轻，实现了地震时建筑物只发生较轻微的振动和变形，明显地减轻结构物的地震反应，达到"以柔克刚"的效果。为了更好地保证 LNG 储罐的安全运行，越来越多的 LNG 储罐建设采用了高承台桩隔震橡胶垫隔震技术，如图 4.14.1 所示。然而 LNG 储罐高承台桩的施工越来越多地采用一体化成桩法施工技术，较传统的接桩法相比，一体化成桩法施工过程中隔震垫预留孔的施工难度要大。

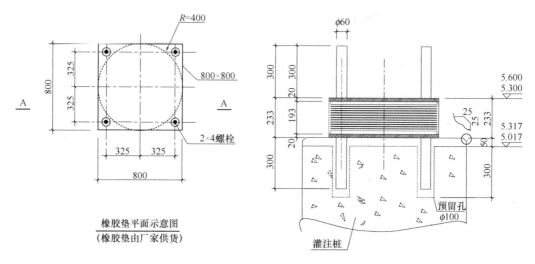

图 4.14.1 橡胶垫预留孔设计示意图

经过多方尝试，设计了十字形专用模具，十字形模具采用宽（160mm）×高（80mm）×厚（6mm）的方钢焊接而成。以十字形模具中心为圆心，459.6mm 为半径作圆，在圆周与方钢交叉的中点设置直径 105mm 圆孔，圆孔两边对称设置微调螺栓，用于安装、调整和固定直径 100mm 的钢管，钢管外侧涂抹脱模剂。十字形模具通过预先设置在钢模板上的微调螺栓，可实现十字形模具的微调平和固定。在模板支设好后混凝土浇筑前安放十字形模具，待混凝土凝固后取出成孔钢管模具，完成预留孔留置。预留孔橡胶隔震支座的安装效果如图 4.14.2 所示。

图 4.14.2 预留孔橡胶垫实际效果图

2. 电磁流量计在注浆控制中的应用

后注浆施工过程中，规范要求的注浆流量不应超过 75L/min，设计要求注浆量的控制一直是一个质量监控的难点。通常情况下，通过注浆泵泵送一定量水泥浆所用的时间来推算注浆速率，通过调换挡位来实现流量控制，通过累计注入几桶（池）的水泥浆量来估算总的注浆量，这种方法不确定的因素太多，且精确度较差。

为实现更直观、更精确地控制注浆速率、注浆量，经多次市场调研，采用了电磁流量计进行注浆施工的控制，取得了良好的应用效果，如图 4.14.3 所示。电磁流量计（Electromagnetic Flowmeters，简称 EMF）是 20 世纪 50～60 年代随着电子技术的发展而迅速发展起来的新型流量测量仪表。电磁流量计是应用电磁感应原理，根据导电流体通过外加磁场时感生的电动势来测量导电流体流量的一种仪器，电磁流量计的结构主要由磁路系统、测量导管、电极、外壳、衬里和转换器等部分组成。电磁流量计应用的注意事项如下：

图 4.14.3 电磁流量计

（1）根据测量要求和使用场合选择仪表精度等级，做到经济合算。后注浆流量控制属于过程控制的场合，应该选择精度等级高些，如 1.5 级、1.0 级精度等级。

（2）测量介质流速、仪表量程与口径的选用范围。选择仪表规格（口径）不一定与管道相同，应视测量流速是否在流速范围内确定。

（3）尽量避开铁磁性物体及具有强电磁场的设备，以免磁场影响传感器的工作磁场和流量信号。

（4）应尽量安装在干燥通风之处，避免日晒雨淋，环境温度应在 -20～+60℃，相对湿度小于 85％。

（5）流量计周围应有充裕的空间，便于检测与维修。

14.4.2　工程实施

1. 地基土换填

基坑开挖采用大放坡支护形式，放坡系数为 1:1。基坑开挖采用人工配合挖掘机，分层分段进行，严禁一次性开挖到底。为防止施工机械对底部原状土的扰土，采用挖掘机开挖至设计标高以上 20cm，剩余的 20cm 采用人工挖除。

级配碎石选用含泥量不大于 5％的未风化的碎石，粒径不大于 50mm，严禁含有植物根茎和垃圾等有机杂物，砂采用基坑土方开挖的吹填砂，砂、石按重量比 1:1 拌和均匀后作为换填料，换填料按照每层 300mm 的厚度进行摊铺，采用不低于 18t 的振动压路机压实，振动碾压 3 遍，静压 1 遍。采用灌砂法对施工质量进行分层检验，每 300m² 不少于 1 点，共选取 324 点进行灌砂法试验，压实系数 0.97～0.98，满足设计要求。

2. 工程桩施工

（1）泥浆制备

工程建设场地地下水类型为孔隙潜水，主要赋水层为①层细砂冲填层及以下砂层，含水层厚度大、透水性较强、富水性良好。地下水由地表水或海水补给，排泄以侧向径流为主，属垂直补给侧向径流循环类型，潜水和海水相互联通，水力联系强烈，场地上部含水层地下水在海水高潮时主要受海水倒灌补给，低潮时则向海域方向径流排泄。因此，海水对泥浆质量的影响非常大，采用传统的泥浆材料及配比制备泥浆，常常会出现泥浆黏度指标低、胶体率低、悬浮携渣能力差，从而引起砂层塌孔、孔底沉渣厚度超标、混凝土浇筑困难等问题。

针对以上问题，通过多方调研和试验，选用工业生物黄原胶作为泥浆制备材料之一，大大改善了泥浆的性能，降低了海水对泥浆质量的影响。泥浆配合比（重量比）为水：钠基膨润土：纯碱：生物黄原胶＝1000：80：1：0.09，施工过程中泥浆指标为相对密度 1.08～1.15、黏度 21～25s、含砂率＜4%，保证泥浆质量。在施工前进行了泥浆循环系统的合理布置，由专人负责进行管理，对回收的泥浆采用旋流除砂器净化处理后循环利用，如图 4.14.4 所示。

泥浆材料：膨润土

泥浆泵固定平台　黄原胶　安全通道　泥浆回收除砂

图 4.14.4　泥浆池结构及旋流除砂器

（2）旋挖钻进

由于本项目级配碎石＋砂换填深度为 2.0m，故采用长度为 3m 的护筒确保孔口的稳定性。为了确保吹填砂层、粉细砂层、粉土层中不发生塌孔、缩径的现象，泥浆材料选用钠基膨润土、纯碱及生物黄原胶，并及时调整泥浆状态保证不塌孔；经过计算，同时在孔口设置不小于 2m³ 的泥浆缓存池，以确保在钻杆提升过程中，缓存泥浆池中泥浆及时回流至孔内，确保钻孔内不缺浆，保持水头压力；控制旋挖钻机成孔速度，不宜过快，钻头挖满泥后，先慢速转动 2 周，再提升钻杆，防止孔底"负压区"的产生，导致缩径和塌孔现象。成孔质量验收标准如表 4.14.1 所示。

成孔验收指标及偏差要求　　　　　　　　　　　　　　　表 4.14.1

桩位允许偏差（mm）		桩径允许偏差（mm）	孔深（mm）	垂直度允许偏差	沉渣厚度	入持力层深度	灌注前泥浆指标（孔底 500mm 以内）		
边桩	中间桩						相对密度	砂率	黏度
≤100	≤150	≤±50	不小于设计深度	<1%	≤100mm	入⑦层或⑧₁层 2m	<1.20	≤4%	≤28s

（3）钢筋笼制作质量和安装偏差要求

本项目钢筋笼分为 a、b 两种桩型，其中 a 型高承台桩钢筋笼长度为 69.6m，b 型高承台桩钢筋笼长度为 69.9m。钢筋笼分 3 节制作，罐区外两圈的钢筋笼制作标准：上节 24m，中节 20m，下节 25.6m；其余钢筋笼制作标准：上节 24m，中节 20m，下节 25.9m。

钢筋主筋连接采用直套筒机械连接，加强箍筋采用双面搭接焊，搭接长度大于 5d（d 为钢筋直径），钢筋笼成型采用电弧焊，根据钢筋笼分 3 节制作，主筋焊接接头施工时错开，保证了 35d（d 为钢筋直径）长度范围内接头的数量不超过钢筋总根数的 50%。为提高机械连接质量，保证孔口连接质量及施工效率，采取了以下措施：

① 调试滚丝机及牙轮，确保螺纹质量；认真打磨钢筋端头，保证垂直平整。

② 钢筋笼分为上中下 3 节，在制作场地进行预连接，对上下相互对接的钢筋进行标识；对钢筋笼进行贴条编号，确保成套使用，防止误吊混用造成不匹配；对成品区钢筋笼丝扣用塑料帽保护，防止剐蹭损坏。

③ 钢筋笼制作完成后，采用人工配合履带式吊车"八点起吊"将钢筋笼吊起并运输至施工现场，防止出现永久性变形。

（4）混凝土浇筑

储罐灌注桩属于高承台桩，桩顶高出设计地面以上 1.417～1.717m，混凝土浇筑采用高平台导管法，混凝土泵车泵送混凝土。高平台采用壁厚 4mm 的 10cm×10cm 方管、壁厚 2.4mm 内径 32mm 的钢管、厚 3mm 的防滑钢板制作而成，10cm×10cm 方管作为支腿和横梁，壁厚 2.4mm 内径 32mm 的钢管作为平台防护架，平台高 2.3m，断面尺寸为 3m×3m，如图 4.14.5 所示。

混凝土浇筑至地面标高后，进行适当的混凝土超灌，直到有新鲜混凝土溢出孔口，将护筒拔出 1m 左右，再向护筒中添加一定量混凝土，确保护筒全部拔出后，混凝土面高于现场自然地面。护筒全部拔出之前，将护筒周围泥浆及被污染扰动的泥土清理干净，露出新鲜地表土，沿护筒周围形成一个 V 形面，防止护筒拔出后周围泥块掉落进混凝土内。护筒全部拔出后，及时对溢出的新鲜混凝土进行整平处理，如图 4.14.6 所示，为加速其

图 4.14.5 浇筑平台

图 4.14.6 混凝土清理

凝结，可适当掺入袋装水泥。整平后作为模板垫层，并进行模板支护。模板安装用成品脱模剂涂刷板面，涂刷均匀，模板拼缝用双面胶填好，填充好后将多余部分修切整齐，要求手摸平整、平顺，没有明显凸凹感觉。

地面以上混凝土浇筑时，分层浇筑，每层厚度不大于 500mm，每次浇筑时，沿着钢筋笼内侧进行振捣，振捣应快插慢拔，振捣应插入下层混凝土不少于 300mm，直到气泡全部冒出，顶部有浮浆返上为止，可确保短柱表面光滑无气孔。地面以上混凝土应在下部混凝土初凝前开始浇筑。

（5）预留孔留设控制

混凝土浇筑至桩顶以下 500mm 左右时，由质检员核对灌注高度，并将预先加工的十字形模具按图纸设计要求方向和深度进行准确定位，并通过模板上沿的螺栓进行微调和固定，防止其在混凝土浇筑及振捣期间移位。十字形专用模具安装完成后，再浇筑混凝土至桩顶标高。

（6）桩端后注浆

高承台桩采用桩端后注浆工艺，注浆直管采用 Q235B 钢管，规格为 $\phi32mm \times 2mm$，沿钢筋笼内侧圆周对称设置 3 根；注浆导管底端应伸出桩底部 5～10cm，注浆管底端采用单向注浆阀，具有逆止功能防止浆液回流，单向阀可以承受 1MPa 压力，外用橡胶皮和透明胶带包裹严实，并在钢筋笼底端安装 4 块导正块起保护作用。

单桩桩端注浆量（水泥质量）控制在 3.5t。采用电磁流量计对注浆流速和注浆量进行控制，可精确地显示流速，并能够自动记录累计流量。

14.5　工程实施效果

14.5.1　高承台桩施工

T-1205 号、T-1206 号储罐基础采用高承台桩，施工采用一体化成桩法施工技术。该项目为发明高承台桩一体化成桩法施工技术后，成功推广应用的第 3 个项目。项目为京津冀应急调峰保障工程，是国家能源战略和河北省重点建设项目，项目建设期正处于京津冀"蓝天保卫战"的关键时期，工期紧、任务重，通过采用高承台桩一体化成桩法施工技术，成功节约工程建设工期 2 个月。

作为国家能源战略和河北省重点建设项目，项目管理的标准和要求较高。通过技术攻关，泥浆中掺加适量的工业生物黄原胶，解决了泥浆受海水影响指标不稳定的问题；采用电磁流量计对桩端后注浆作业进行监控，直观、准确地实现了注浆速率、累计注浆量的控制；通过制作安装模具，实现了高承台桩一体化成桩法施工过程中，橡胶隔震支座的安装，为进一步推广一体化成桩法施工技术提供了技术保障和实践经验。

14.5.2　工程检测

高承台桩检测项目包括：单桩竖向抗压静载试验、声波透射、钻孔取芯和低应变检测。声波透射法检测比例为 10%，共 72 根，Ⅰ类桩 72 根，Ⅰ类桩比例 100%；低应变检测比例为 100%，共 720 根，Ⅰ类桩 701 根，Ⅱ类桩 19 根，Ⅰ类桩比例 97.4%；钻孔取芯 8 根，Ⅰ类桩 8 根，Ⅰ类桩比例 100%。桩身承载力检测主要通过静载试验进行，两个储罐共计进行 8 根桩基静载试验，试验结果如表 4.14.2 所示。

单桩竖向抗压静载试验结果分析统计表　　　　　　　　　　　表 4.14.2

序号	储罐	桩号	桩长 (m)	桩径 (mm)	最大加载 (kN)	最终沉降量 (mm)	残余沉降量 (mm)	极限承载力 (kN)	承载力特征值 (kN)
1	T-1205	5-65	70.16	1200	14000	7.92	2.23	≥14000	7000
2		5-69	70.21	1200	14000	8.48	2.16	≥14000	7000
3		5-96	70.17	1200	14000	8.63	1.98	≥14000	7000
4		5-100	70.05	1200	14000	9.65	2.38	≥14000	7000
5	T-1206	6-82	70.12	1200	14000	12.04	3.60	≥14000	7000
6		6-86	69.97	1200	14000	9.85	2.01	≥14000	7000
7		6-111	70.08	1200	14000	10.01	2.30	≥14000	7000
8		6-115	70.00	1200	14000	8.39	2.13	≥14000	7000

14.5.3　沉降观测

1. 监测点布置

根据《建筑变形测量规范》JGJ 8—2016、《沉降观测技术要求》（图纸编号：72251-125-30-310-006）的具体规定，结合本测区实际情况，在储罐周边区域相对稳固的已有建（构）筑物基础上共布置 4 个基准点，基准点编号为 LK1～LK4。

储罐由内罐和混凝土外罐组成，检测点均匀布置在内外罐上，T-1205、T-1206 储罐分别布置 16 个监测点，监测点编号分别为 T-1205-1 ～ T-1205-16、T-1206-1 ～ T-1206-16。

2. 监测方法

（1）监测时间段：包括 0 水位（初始状态）、1/4 水位、1/2 水位、3/4 水位、满水位第 1 次、满水位第 2 次、满水位第 3 次、满水位第 4 次、满水位静置 48h、放水至 3/4 水位、放水至 1/2 水位、放水至 1/4 水位、放水至 0 水位。

（2）在测量过程中，采用固定仪器、固定人员、固定路线的观测方法，测量仪器型号为 DSZ2。各监测点的高程初始值在注水试验前（0 水位）至少测量 2 次取平均值。某监测点前次高程减去本次高程的差值为本次沉降量，初始高程减去本次高程的差值为累计沉降量。

3. 监测成果

各罐沉降观测结果如图 4.14.7、图 4.14.8 所示。

由注水试验过程中储罐沉降监测结果可知，注水试验时 T-1205、T-1206 储罐整体沉降比较小且比较均匀，各监测点的沉降量满足设计要求，达到了验收标准，可认为 T-1205、T-1206 储罐在注水试验前及注水试验过程中均稳定。

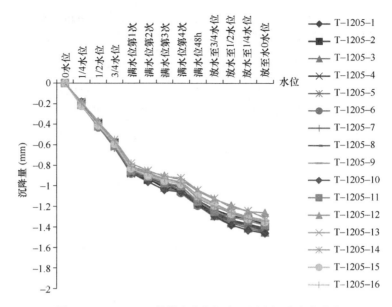

图 4.14.7　T-1205 储罐注水期间各观测点沉降变化曲线

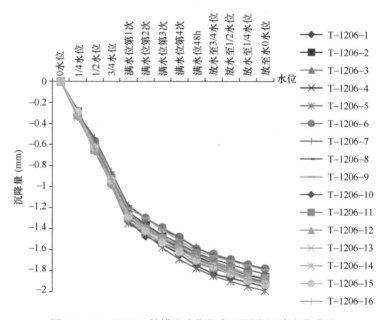

图 4.14.8　T-1206 储罐注水期间各观测点沉降变化曲线

第 15 章　江苏某 LNG 项目岩土工程勘察、试验桩、工程桩及检测

15.1　项目概述

15.1.1　基本情况

江苏某 LNG 分销转运站项目位于江苏省南通市，由民营企业投资建设，是国家油气改革的试点项目。该项目的成功实施促进了能源领域投资主体多元化，有利于引导民企进入油气中上游产业链，增加 LNG 资源调运的灵活性，提高江苏省 LNG 储气调峰能力，有效保障长三角地区能源供应、优化能源结构、改善生态环境、促进产业结构优化升级。

本次建设为扩建工程，增设一座 16 万 m³ 的预应力混凝土 LNG 全容储罐及配套设施，储罐直径约 82m，最大高度约 49.5m，基础采用高承台桩基础，边缘架空高度为 1.3m，中间架空高度为 1.5m。

15.1.2　项目规模

本项目岩土工程技术服务内容包括新增 16 万 m³ LNG 储罐岩土工程勘察、试验桩、地基土换填、工程桩及检测。项目实施的时间为 2018 年 3 月至 2018 年 7 月。

15.1.3　复杂程度

储罐区域地层主要由第四系冲洪积成因的粉细砂、粉土、粉质黏土与粉土互层等土层构成，局部见少量海相沉积的淤泥质土夹层或透镜体，地质条件较复杂。本次施工任务主要为：罐区岩土工程勘察、试验桩、罐区地基土换填、320 根工程桩及桩基检测等施工内容；设计试验桩 4 根，桩径 1200mm、桩长 56.3m，设计单桩竖向抗压极限承载力不小于 14500kN、水平极限承载力不小于 1100kN，鉴于水平承载力要求较高，储罐区域需进行地基土换填；新增储罐共布置工程桩 320 根，桩长为 57.35m 和 57.55m 两种，其中储罐最外围 2 圈桩桩顶高出设计地面 1.35m，其余桩桩顶高出设计地面 1.55m；桩端全断面进入③₂ 层粉细砂层，属高承台桩，采用高承台桩一体化成桩法施工工艺。其复杂程度主要体现在以下几方面。

（1）施工内容多，工期紧

本次施工任务涉及岩土工程勘察、试验桩、地基土换填、工程桩及桩基检测等施工内容，要在 5 个月内完成，工期非常紧。

（2）罐区换填材料的选择

常规的地基土换填材料常采用级配碎石，由于受大气污染防控的影响，政府限制碎石的开采和加工，造成了级配碎石的单价飞涨。

（3）高承台桩一体化成桩法施工

新增储罐共布置工程桩 320 根，桩长为 57.35m 和 57.55m 两种，其中储罐最外围 2 圈桩桩顶高出设计地面 1.35m，其余桩桩顶高出设计地面 1.55m，属高承台桩。采用高承台桩一体化成桩法施工技术，较传统的接桩法，该技术具有利于桩基的水平承载、工期短、节约工程造价等优势。但是相对传统的接桩法，该技术对工序的衔接、工序质量的控制等要求比较严格。

15.2 岩土工程勘察

15.2.1 勘察目的与任务

本项目重要性等级为一级，属二级场地，二级地基，勘察等级为甲级，建筑抗震设防类别为乙类。根据岩土工程勘察任务委托书，勘察工作量如表 4.15.1 所示，勘察的主要技术要求如下。

勘察工作量一览表 表 4.15.1

野外工作			室内试验	
取土标贯孔	6 个	600.0 m	常规物理性质指标	219 项
取土试样钻孔	1 个	15.0m	液/塑限	80 项
静力触探试验孔	6 个	420.0m	固结试验	74 项
标准贯入试验孔	5 个	295.0m	直剪快剪	54 项
取土、取水	原状土	219 件	渗透试验	12 项
	扰动土	277 件	三轴试验	12 项
	水样	—	标贯次数	277 次
孔口高程测量	18 点			

（1）查明场地地层的分布规律及各土层的工程地质特征，计算和评价地基的稳定性和承载力。

（2）查明建筑物范围内的不良地质现象、发展趋势和危害程度，并提出整治所需的技术参数和措施。

（3）实测地基土剪切波速，划分土的类型及建筑场地类别。

（4）提供地基设计所需的岩土技术参数和变形计算参数，建议合理的基础方案；评价沉桩的可能性和沉桩对周边环境的影响。

（5）查明地下水位、土的渗透系数等水文地质条件，评价地下水和土质对建筑材料的腐蚀性。

（6）提供基坑开挖稳定计算和支护设计所需的岩土技术参数，并提出相应的建议。

15.2.2　工程地质条件

1. 地形、地貌

本地区地貌单元属长江三角洲冲积平原江心洲，勘察时场地为建设用空地，地形比较平坦，地面标高一般在 2.310～3.510m（1985 国家高程基准），场地平均高程为 2.940m 左右。按大地构造单元分区，拟建场区属于扬子准地台下扬子台褶带，是印支运动隆起区，区内基岩构造格架主要是泥盆系—下三叠统所组成的北东向大体平行的背向斜和以北西向为主的断块作用形成的中生代断凸、断凹所组成，基岩为下三叠统灰岩，埋深于地面 250m 以下。

2. 地层简述

本次勘察所揭露深度（100.00m）范围内的地层上部属第四纪全新世冲海相交错沉积物，主要由粉砂、黏性土、粉土及砂性土组成，一般具成层分布特点，按其成因类型、土层结构及其性状特征，各土层自上而下土性描述与特征如下。

①层粉砂：上部黄灰色，下部灰色，松散—稍密，稍湿—饱和，以粉砂为主，含云母，少量碎贝壳，土质不均，主要矿物成分为长石、石英。顶部含少量建筑垃圾。本次实际为填海形成的冲填土，填筑时间约 10 年。

②层粉土：褐色，稍密，很湿，摇振反应迅速，无光泽，干强度低，韧性低，属中压缩性土。分布尚均匀，局部夹薄层淤泥质粉质黏土、粉砂，具水平层理。

③层粉砂：灰色，稍密（局部中密），饱和，含贝壳、云母、腐殖质，粉砂颗粒呈圆形、椭圆形，分选性好，主要矿物成分为长石、石英，属中压缩性土。

④层粉土夹粉质黏土：灰色，稍密，很湿，摇振反应迅速，无光泽，干强度低，韧性低，属中压缩性土。分布尚均匀，局部夹薄层粉砂，具水平层理，层中所夹粉质黏土厚度约占粉土的 1/4。

⑤层粉砂：灰色，中密，饱和，含贝壳、云母、腐殖质，粉砂颗粒呈圆形、椭圆形，分选性好，主要矿物成分为长石、石英，属中压缩性土。分布均匀，夹薄层粉土，具水平层理。

⑥层粉质黏土：灰色，软塑，摇振反应无，干强度中等，韧性中等，切面稍有光泽，属中压缩性土。分布尚均匀，夹薄层粉土、粉砂，具水平层理。

⑦层粉砂：灰色，稍密，饱和，含贝壳、云母、腐殖质，粉砂颗粒呈圆形、椭圆形，分选性好，主要矿物成分为长石、石英，属中压缩性土。分布均匀，夹薄层粉土，具水平层理。

⑧层粉土夹粉质黏土：灰色，中密，很湿，摇振反应迅速，无光泽，干强度低，韧性低，属中压缩性土。分布尚均匀，夹薄层粉土、粉砂，具水平层理。层中所夹粉质黏土厚度约为粉土厚度的 1/4。

⑨层粉砂：灰色，中密—密实，饱和，含贝壳、云母、腐殖质，粉砂颗粒呈圆形、椭圆形，分选性好，主要矿物成分为长石、石英。分布均匀，夹薄层细砂、粉土，具水平层理。

⑩层粉细砂：灰色，密实，饱和，含贝壳、云母、腐殖质，粉细砂颗粒呈圆形、椭圆形，分选性好，主要矿物成分为长石、石英，属中压缩性土。分布均匀，夹薄层粗砂、粉

土，具水平层理。

⑪层粉质黏土：灰色，可塑，摇振反应无，干强度中等，韧性中等，切面稍有光泽，属中压缩性土。分布尚均匀，夹薄层粉土、粉砂，具水平层理。本层未钻透。

⑫层粉细砂：灰色，密实，饱和，含贝壳、云母、腐殖质，粉细砂颗粒呈圆形、椭圆形，分选性好，主要矿物成分为长石、石英。分布均匀，夹薄层粗砂、粉土，具水平层理。

场地土层厚度、分布规律和变化如表 4.15.2 所示，物理力学指标、静力触探试验成果、标准贯入试验成果如表 4.15.3～表 4.15.5 所示。

地层统计表

表 4.15.2

地层编号	岩土名称	项次	层厚（m）	层顶高程（m）	层底高程（m）	层顶深度（m）	层底深度（m）
①	粉砂	最大值	3.70	3.510	1.190	0.00	3.70
		最小值	2.00	2.310	−0.950	0.00	2.00
		平均值	3.09	2.930	−0.150	0.00	3.09
②	粉土	最大值	5.00	1.190	−0.810	3.70	8.00
		最小值	2.00	−0.950	−4.890	2.00	4.00
		平均值	3.12	−0.150	−3.270	3.09	6.21
③	粉砂	最大值	9.10	−0.810	−7.470	8.00	16.50
		最小值	4.00	−4.890	−13.390	4.00	10.50
		平均值	6.76	−3.270	−10.040	6.21	12.99
④	粉土夹粉质黏土	最大值	11.50	−7.470	−15.810	16.50	24.00
		最小值	4.20	−13.390	−20.750	10.50	19.00
		平均值	8.02	−10.040	−18.060	12.99	21.01
⑤	粉砂	最大值	6.60	−15.810	−20.010	24.00	29.50
		最小值	2.20	−20.750	−26.250	19.00	23.10
		平均值	3.87	−18.060	−21.930	21.01	24.88
⑥	粉质黏土	最大值	14.90	−20.010	−27.890	29.50	41.60
		最小值	3.70	−26.250	−38.350	23.10	31.00
		平均值	11.73	−21.930	−33.660	24.88	36.61
⑦	粉砂	最大值	7.50	−27.890	−31.970	41.60	44.20
		最小值	1.60	−38.350	−40.950	31.00	35.00
		平均值	3.02	−33.660	−36.680	36.61	39.63
⑧	粉土夹粉质黏土	最大值	14.30	−31.970	−41.010	47.40	54.30
		最小值	2.60	−44.930	−51.680	35.00	44.20
		平均值	10.04	−37.170	−47.200	40.09	50.12
⑨	粉砂	最大值	8.80	−41.010	−44.930	49.00	55.00
		最小值	2.20	−46.190	−51.890	44.20	47.40
		平均值	5.69	−44.020	−49.700	46.84	52.53

续表

地层编号	岩土名称	项次	层厚（m）	层顶高程（m）	层底高程（m）	层顶深度（m）	层底深度（m）
⑩	粉细砂	最大值	34.00	−47.530	−55.640	61.50	85.20
		最小值	5.60	−58.340	−82.720	50.00	58.80
		平均值	24.42	−50.770	−75.190	53.71	78.13
⑪	粉质黏土	最大值	6.20	−78.750	−84.410	85.20	89.50
		最小值	2.60	−82.720	−86.720	82.00	87.60
		平均值	4.20	−81.560	−85.760	84.53	88.73
⑫	粉细砂	最大值			−84.410		89.50
		最小值			−86.720		87.60
		平均值			−85.760		88.73

地基土主要物理力学指标建议值 表 4.15.3

地层编号	含水量（%）	天然重度（kN/m³）	压缩系数（MPa⁻¹）	压缩模量（MPa）	抗剪强度 黏聚力（kPa）	抗剪强度 内摩擦角（°）	试验方法
①	29.8	18.6	0.27	6.86	21.5	3.5	直剪(Q)
②	32.1	18.1	0.28	7.01	15.2	7.8	直剪(Q)
③	28.8	18.5	0.20	9.32	24.6	2.6	直剪(Q)
④	32.5	18.0	0.30	6.55	14.1	8.1	直剪(Q)
⑤	28.9	18.4	0.19	9.76	26.1	2.6	直剪(Q)
⑥	34.3	18.0	0.44	4.56	18.3	3.2	三轴(UU)
⑦	27.8	18.6	0.16	11.40	27.4	1.9	直剪(Q)
⑧	32.7	18.0	0.23	8.61	17.2	8.6	直剪(Q)
⑨	26.6	18.8	0.14	12.80	28.4	1.8	直剪(Q)
⑩	26.8	18.7	0.12	15.71	30.1	1.4	直剪(Q)
⑪	31.7	18.2	0.34	5.71	27.0	5.7	三轴(UU)
⑫	25.7	18.9	0.11	16.28	30.9	1.3	直剪(Q)

锥尖阻力、侧壁摩阻力分层统计表 表 4.15.4

地层编号	岩土名称	统计项目	数量(孔)	最大值	最小值	厚度加权平均值
①	粉砂	锥尖阻力(MPa)	6	7.89	5.63	6.51
		侧壁摩阻力(kPa)	6	71.8	43.8	51.3
②	粉土	锥尖阻力(MPa)	6	5.96	2.95	4.10
		侧壁摩阻力(kPa)	6	62.7	28.8	45.9
③	粉砂	锥尖阻力(MPa)	6	6.54	4.01	5.46
		侧壁摩阻力(kPa)	6	58.2	38.7	49.0

续表

地层编号	岩土名称	统计项目	数量(孔)	最大值	最小值	厚度加权平均值
④	粉土夹粉质黏土	锥尖阻力(MPa)	6	2.35	1.91	2.17
		侧壁摩阻力(kPa)	6	44.7	35.8	38.5
⑤	粉砂	锥尖阻力(MPa)	6	7.31	5.66	6.45
		侧壁摩阻力(kPa)	6	76.0	69.4	72.9
⑥	粉质黏土	锥尖阻力(MPa)	6	1.83	1.38	1.56
		侧壁摩阻力(kPa)	6	28.2	24.8	26.7
⑦	粉砂	锥尖阻力(MPa)	6	9.62	5.98	8.60
		侧壁摩阻力(kPa)	6	93.7	60.5	83.6
⑧	粉土夹粉质黏土	锥尖阻力(MPa)	6	6.14	3.28	4.09
		侧壁摩阻力(kPa)	6	90.6	66.6	73.2
⑨	粉砂	锥尖阻力(MPa)	2	12.60	7.70	9.78
		侧壁摩阻力(kPa)	2	93.2	91.0	92.0
⑩	粉细砂	锥尖阻力(MPa)	6	22.61	9.12	16.87
		侧壁摩阻力(kPa)	6	176.8	94.4	128.6

标准贯入试验(实测击数)分层统计表　　　　表 4.15.5

地层编号	岩土名称	统计个数	最大值(击)	最小值(击)	平均值(击)	标准值(击)
①	粉砂	9	15	9	11.8	10.7
②	粉土	17	13	6	8.5	7.7
③	粉砂	33	19	11	14.8	14.2
④	粉土夹粉质黏土	36	14	6	9.2	8.6
⑤	粉砂	10	28	18	22.5	20.8
⑥	粉质黏土	25	12	7	9.9	9.4
⑦	粉砂	11	31	25	27.5	26.4
⑧	粉土夹粉质黏土	26	22	12	16.8	16.0
⑨	粉砂	7	37	27	32.8	30.4
⑩	粉细砂	58	62	38	50.1	48.8
⑪	粉质黏土	9	23	16	18.7	17.2
⑫	粉细砂	20	66	20	53.8	50.0

15.2.3　水文地质条件

1. 地下水类型

场地地下水类型属浅层孔隙潜水。地下水径流缓慢,处于相对停滞状态。地下水主要补给来源为大气降水、地表水和同一含水层的侧向补给。地下水排泄方式主要为大气蒸发,侧向径流和人工采集。

场区浅部地下水属自由潜水类型，主要受大气降水、地表径流影响，水位变幅视季节性降雨量略有升降。钻孔时先干钻以量取初见地下水位，钻孔结束后次日量测稳定水位。勘探期间初见水位在自然地面以下 1.50m 左右，相应标高约＋1.500m（1985 国家高程基准）；稳定地下水埋深约 1.20m，相应标高约＋1.800m（1985 国家高程基准）。本场区历史最高地下水位约＋3.110m（1985 国家高程基准），近 3～5 年场区内最高地下水位在自然地面以下 0.00m 左右，相应标高约＋3.11m；最低地下水位在自然地面以下 2.50m 左右，相应标高约＋0.61m；水位变幅 2.50m 左右。

抗浮水位标高：自然条件下抗浮水位取历史最高水位＋3.110m（1985 国家高程基准），可取室外地坪标高以下 0.50m 和历史最高水位中的高值作为抗浮设计水位。

2. 土层渗透性评价

根据本项目特点，本次勘察室内土工试验对浅部①层粉砂、②层粉土进行土的渗透性试验，试验成果及分析如表 4.15.6 所示。

地基土的渗透系数　　　　　　　　　　　　　　　　表 4.15.6

地层编号	岩土名称	室内试验(cm/s)	
		水平渗透系数 K_h	垂直渗透系数 K_v
①	粉砂	4.31×10^{-3}	3.01×10^{-3}
②	粉土	5.70×10^{-4}	2.98×10^{-4}

3. 水、土腐蚀性评价

拟建场区为湿润区直接临水区，根据《岩土工程勘察规范》GB 50021—2001 附录 G，判定场地环境类型为Ⅱ类。根据邻近东侧场地在 2 个钻孔旁集水坑内各取水样的水质检测报告，现分别评价如下：地下水对混凝土结构具中腐蚀性；对钢筋混凝土结构中钢筋在长期浸水条件下具微腐蚀性，在非长期浸水条件下具强腐蚀性。

地下水位以上的地基土对混凝土结构具微腐蚀性，对钢筋混凝土结构中的钢筋具弱腐蚀性，对钢结构具中等腐蚀性。

15.2.4　场地地震效应评价

根据场地工程地质条件，并参照《建筑抗震设计规范》GB 50011—2010，在工程现场选择 08、12 两个钻孔进行了土层的剪切波速测试，按照《中国地震动参数区划图》GB 18306—2015 的规定，本场区抗震设防烈度为 6 度，设计基本地震加速度值为 0.05g，所属的抗震设计分组为第二组。本场地土覆盖层厚度在 80m 以上，等效剪切波速平均值 V_{se} ＝138.4m/s（$V_{se} \leqslant 150$m/s），建筑场地类别划分为Ⅳ类，特征周期为 0.75s，场地地段划分为建筑抗震不利地段。

本项目抗震设防类别为乙类，按《建筑抗震设计规范》GB 50011—2010，本项目可按地震烈度 7 度对地面下存在的饱和砂（粉）土进行液化判别，判别深度为 20m。场地 20m 深度范围内饱和砂（粉）土有①层粉砂、②层粉土、③层粉砂、④层粉土夹粉质黏土、⑤层粉砂，均为全新世沉积地层。

经计算并根据《建筑抗震设计规范》GB 50011—2010 中第 4.3.5 条的规定，08 号孔液化指数为 5.88，属轻微液化；10 号孔液化指数为 4.13，属轻微液化；14 号孔液化指数为 5.28，属轻微液化。液化土层为②层、③层和④层，综合判定本地基的液化等级属轻微液化，须采取"部分消除液化沉陷，或对基础和上部结构处理"的抗液化措施。

15.2.5 桩基承载力估算

桩基设计参数建议值 表 4.15.7

地层编号	岩土名称	静力触探锥头阻力 q_c(MPa)	静力触探侧阻力 f_s(kPa)	标准贯入试验 N(击)	极限端阻力标准值 q_{pk}(kPa)	极限侧阻力标准值 q_{sik}(kPa)	桩基抗拔系数
①	粉砂	6.51	51.3	10.7		25(28)	0.50
②	粉土	4.1	45.9	7.7		23(25)	0.70
③	粉砂	5.46	49	14.2		45(47)	0.60
④	粉土夹粉质黏土	2.17	38.5	8.6		36(38)	0.75
⑤	粉砂	6.45	72.9	20.8	(2200)	48(52)	0.65
⑥	粉质黏土	1.56	26.7	9.4		44	0.80
⑦	粉砂	8.6	83.6	26.4		52	0.65
⑧	粉土夹粉质黏土	4.09	73.2	16.0		50	0.75
⑨	粉砂	9.78	92	30.4	1150	74	0.70
⑩	粉细砂	16.87	128.6	48.8	1500	92	0.70
⑪	粉质黏土	—	—	17.2			
⑫	粉砂			50.0			

注：1. 本场地③层、④层液化影响折减系数取 2/3；

　　2. 括号中的桩基参数适用于预制桩，其他桩基参数适用于钻孔灌注桩。

单桩竖向极限承载力估算结果一览表 表 4.15.8

桩型	桩径(mm)	持力层编号	桩顶标高(m)	桩端标高(m)	有效桩长(m)	桩端入持力层深度(m)	单桩竖向极限承载力(kN)	计算参考孔号
预应力管桩	500	③	3.00	−22.00	25.0	2.00	1751	以08孔计算
	600	⑤	3.00	−22.00	25.0	2.00	2205	
钻孔灌注桩	1200	⑩	3.00	−53.00	56.0	6.00	10739	以01孔计算
	1200	⑩	3.00	−57.00	60.0	10.00	12017	
	1400	⑩	3.00	−57.00	60.0	10.00	13868	

15.3　工程设计及要求

15.3.1　试验桩设计

设计试验桩4根，桩径为1200mm，桩长为56.3m，桩顶与地面齐平，桩端全断面进入⑩层粉细砂层。设计单桩竖向极限承载力不小于14500kN、水平极限承载力不小于1100kN。试验桩混凝土及配筋的要求同工程桩。

在试验桩施工前，设计要求对试验桩区域地基土采用级配碎石换填，换填深度1.5m，换填范围如图4.15.1所示，以改善灌注桩的水平承载力。由于受大气污染防控的影响，政府限制碎石的开采和加工，造成了级配碎石的单价飞涨。综合考虑本项目地表主要为①₁层粉砂和①₂层粉土，经与总包方、设计单位沟通，按照"就地取材"的原则，利用开挖出来的粉砂、粉土与碎石按照

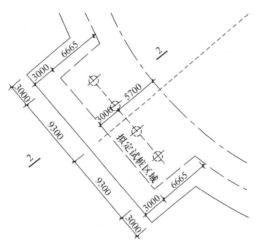

图 4.15.1　试桩区域换填范围

6∶4的比例进行拌和换填，压实系数不小于0.97。

15.3.2　地基土换填

根据试验桩水平静载试验的试验结果，地基土换填可大大改善桩基水平承载能力。新增储罐直径约82m，设计确定储罐换填区域为以储罐中心为圆心点、半径为45.35m的区域。储罐区域场平后场地标高为2.7m，设计开挖后换填至绝对标高1.2m，换填深度为1.5m，因此罐区开挖至标高1.2m，按1∶2放坡，换填区域基槽底开挖半径为45.35m，换填区域及换填做法如图4.15.2所示。

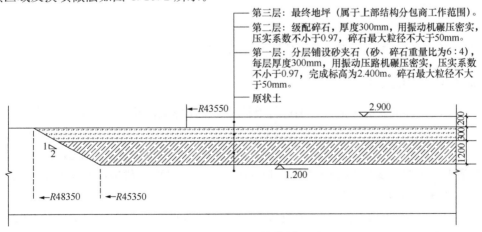

图 4.15.2　地基土换填剖面图

15.3.3 工程桩设计

1. 桩型及布桩

新增储罐设计桩径 1200mm，桩长为 57.35m 和 57.55m 两种，桩端全断面进入⑩层粉细砂层，进入持力层深度不小于 1.2m，共布置 320 根高承台桩，其中罐区中间呈正方形布置，桩间距 4.0m，共布置 200 根，桩顶高出设计地面 1.55m，钢筋笼笼顶高出设计地面 2.7m；罐区边缘桩基沿环形均匀布置，第一圈（最外圈）布置 60 根，第二圈布置 60 根，共布置 120 根，桩顶高出设计地面 1.35m，钢筋笼笼顶高出设计地面 2.7m，属于高承台桩。

2. 混凝土

混凝土强度等级为 C40，最大水胶比不超过 0.40，最大氯离子含量不超过 0.10%，最大碱含量不超过 3.0kg/m³，混凝土使用抗硫酸盐的硅酸盐水泥，添加有机复合型阻锈剂，抗渗等级不低于 P10，坍落度控制在 180~220mm。

3. 配筋

钢筋规格：本项目钢筋等级为 HRB400E 级，直径 32mm、25mm、16mm 三种。

钢筋笼配筋：EL-6.0m 至桩顶主筋 15Φ25＋12Φ32，加强筋Φ25@2000，螺旋箍筋Φ16@100；EL-6.0m 以下主筋 15Φ25，加强筋Φ25@2000，螺旋箍筋Φ16@300。考虑到钢筋笼吊装运输的安全性，钢筋笼分 3 节制作，上节笼长 22.65m 或 22.45m，中节笼长 12m，下节笼长 24m。钢筋笼成型时，主筋采用机械连接，同一截面接头数量不超过主筋总根数的 50%，相邻接头纵向间距应大于 35d（d 钢筋直径），箍筋与主筋采用绑扎的连接方式。孔口采用搭接绑扎方式连接，搭接长度 1.4m。

声测管：本项目对 32 根桩进行超声波检测，声测管采用内径 50mm、壁厚不小于 2.5mm 的钢管，每根桩布置 3 根，声测管露出桩顶 20cm，每节声测管采用焊接的方式连接，声测管顶部采用丝扣封堵。

4. 承载力要求

设计要求单桩竖向抗压承载力极限值不小于 14000kN，设计单桩水平承载力极限值 1100kN。

5. 其他要求

（1）灌注桩底部沉渣厚度不得大于 100mm；

（2）钢筋保护层厚度为 70mm，从箍筋外侧算起。

15.3.4 工程检测

新增储罐设计试验桩 4 根，分别进行单桩竖向抗压静载试验 4 根、单桩水平载荷试验 4 根、低应变检测 4 根和声波透射试验 4 根，检测优先顺序为：低应变检测→声波透射试验→单桩竖向静载试验→低应变检测→单桩水平载荷试验。单桩竖向抗压静载试验预估最大加载量 14500kN，试验至竖向位移达到 80mm，单桩水平载荷试验预估最大加载量为 1100kN，直至桩推断。

大面积高承台桩施工完成后，随机选取 3 根桩进行单桩竖向抗压静载试验、32 根桩进行声波透射试验，全部工程桩均进行低应变检测。单桩竖向抗压静载试验要求加载量不低于 14000kN。

15.4　工程特色及实施

15.4.1　工程特色

本项目岩土工程技术综合服务主要内容包括：新增储罐区域的岩土工程勘察、试验桩、地基土换填、高承台桩及桩基检测等，工程特色主要体现在以下几方面。

1. "就地取材"原则选择换填材料

试验桩设计单桩竖向抗压极限承载力不小于 14500kN、水平极限承载力不小于 1100kN，鉴于水平承载力要求较高，储罐区域需进行地基土换填。按照"就地取材"的原则，利用开挖出来的粉砂、粉土与碎石按照 6∶4 的比例进行拌和分层换填。

2. 高承台桩一体化成桩法技术推广

新增储罐最外围 2 圈桩桩顶高出设计地面 1.35m，其余桩桩顶高出设计地面 1.55m，属高承台桩，常规高承台桩采用接桩法进行施工，施工工序为：钻孔灌注桩施工→桩基检测→桩间土开挖、基坑降水→凿桩头→绑扎钢筋、支设模板→混凝土浇筑→桩间土分层碾压回填等工序，该方法工序多、工期长、工程造价高。鉴于此，本项目高承台桩采用一体化成桩法施工技术，较常规接桩法节省工期 1.5 个月。

15.4.2　工程实施

1. 地基土换填

基坑开挖采用大放坡支护形式，放坡系数为 1∶2。基坑开挖采用人工配合挖掘机，分层分段进行，严禁一次性开挖到底。为防止施工机械对底部原状土的扰动，采用挖掘机开挖至设计标高以上 20cm，剩余的 20cm 采用人工挖除。

级配碎石选用含泥量不大于 5% 的未风化的碎石，粒径不大于 50mm，材料清洁，严禁含有植物根茎和垃圾等有机杂物，砂采用基坑土方开挖的吹填砂，砂、石按重量比 6∶4 拌和均匀后作为换填料，换填施工最后一层采用级配碎石作为换填料。换填料按照每层 300mm 的厚度进行摊铺，采用不低于 18t 的振动压路机压实，振动碾压 3 遍，静压 1 遍。采用灌砂法对施工质量进行分层检验，每 300m² 不少于 1 点，共取点 119 处进行灌砂法压实度检测，压实系数 0.97~0.98，满足设计要求。

2. 工程桩施工

（1）护筒下设

埋设护筒由人工配合旋挖钻机完成，护筒采用 14mm 厚钢板卷制而成，直径 1350mm，护筒长 3.5m，顶部割 3 个圆孔，供提拔护筒时使用。护筒埋设前先根据桩位引出四角控制桩，控制桩用直径 16mm 钢筋制作，打入土中至少 30cm，并固定。埋设护筒完毕重新拉十字线校核护筒水平位置偏差，水平偏差不大于 50mm。同时在护筒侧壁两个方向挂线锥，校核护筒垂直度，垂直度偏差不大于 1%。

（2）泥浆指标的控制

根据试验桩施工的经验，采用钠基膨润土、纯碱作为泥浆制备原材料。成孔泥浆指标相对密度 1.05～1.08，黏度 18～20s，考虑到地层以砂层为主，采用 2 台 ZX-200 型旋流除砂器对回收的泥浆进行净化处理。

（3）旋挖钻进

本项目桩径为 1.2m，旋挖钻钻头直径不小于 1170mm，钻进过程经常检查钻头直径，防止钻头磨小后仍在使用。护筒周围挖设一个容量不小于 3m³ 的缓浆池，保证孔内不缺泥浆。旋挖钻机每次进尺控制在 50cm 以内，采用少钻勤提方式进行钻进。

考虑到地层主要为粉土夹粉质黏土及粉砂层，透水性较好，且旋挖钻机挖出的钻渣含水率较高，渣土通过翻斗车运输经"摇振反应"极易液化，无法运输，现场根据实际情况进行分析讨论，最终采用渣土泵送外排工艺，决定在罐区旁边开挖渣土坑，设置 3 台渣土搅拌装置，用装载机将渣土倒入渣土坑中，通过高压水枪喷射、搅拌稀释后，用泥浆泵排放到已经打好围堰的回填区进行沉淀，此处理方式很好地解决了渣土处理的难题，取得了良好效果，并且节约了成本，如图 4.15.3、图 4.15.4 所示。

图 4.15.3　渣土泵送外排实景图　　　　　图 4.15.4　渣土堆放区实景图

（4）钢筋笼制作与安装

本项目高承台桩桩长为 57.35m 和 57.55m 两种，钢筋笼笼长为 58.45m 和 58.65m 两种，钢筋笼分 3 节制作，上节笼长 22.65m（或 22.45m），中节笼长 12m，下节笼长 24m，主筋采用机械连接，孔口采用搭接绑扎方式连接，搭接长度 1.4m。当钢筋笼吊至孔口时，使钢筋笼中心对准孔位中心，扶正后并缓缓匀速下入孔内，严禁摆动碰撞孔壁，边下钢筋笼边安装混凝土保护层垫块，每 4m 绑扎一道垫块，垫块直径为 14cm，每道 4 块，确保混凝土保护层厚度满足设计要求 70mm。钢筋笼安装好后，对钢筋笼的水平位置进行校核和调整。

高承台桩一体化成桩法施工过程中，鉴于钢筋笼笼顶高出柱顶 1.2m，在浇筑混凝土时，容易污染钢筋表面，后期处理费时费力。为保证钢筋清洁及预防锈蚀，购买定制塑料薄膜保护套，将钢筋锚固段包裹住，上口封死，下口用透明胶带将保护套缠紧，有效防止裸露钢筋被污染。

（5）混凝土灌注

混凝土灌注采用高平台导管法，并配以混凝土泵车、25t 吊车、直径 250mm 导管、大料斗和小料斗等附属机具进行。混凝土浇筑前，采用气举反循环进行二次清孔，如

图 4.15.5 所示。孔底沉渣厚度满足不大于 100mm
的要求后，方可进行混凝土的浇筑作业。

（6）模板支设

为了避免桩头夹泥、夹砂等质量问题的出现，
混凝土浇筑至地面附近，且完全将孔内泥浆置换出、
拔出护筒后，采用振捣棒对地面以下 3m 范围内的混
凝土进行振捣，振捣棒应在钢筋笼内侧沿钢筋笼环
形振捣，振捣棒距离钢筋笼不大于 10cm，从而确保
了桩顶混凝土的质量。将桩孔周围溢出的新鲜混凝
土与袋装水泥进行拌和、整平处理，作为模板垫层。
垫层具有一定强度后，钢模板吊装就位，模板的水
平允许偏差为 ±2cm，垂直度偏差为 6mm，模板校
核后用缆绳和地锚对模板进行加固。

图 4.15.5 气举反循环清孔

（7）混凝土再次浇筑

高承台桩地面以上混凝土采用泵车浇筑，分层
浇筑高度控制在 30～40cm，利于振捣。混凝土振捣采用插入式振捣器，振捣器与侧模保
持 10～20cm 的距离，振点间距不超过 2/3 个振幅（300mm），并插入下层混凝土
5～10cm，振捣时采取快插慢拔的方法，振捣器不能碰撞模板。灌注混凝土高度要超过设
计高度 3～5cm，如上部有浮浆时应将其清除，并振捣密实。二次混凝土浇筑应在地面以
下 3m 范围内混凝土振捣完 5h 内完成，二次混凝土开始浇筑时间不应超过前层混凝土的
初凝时间。

（8）模板拆除及混凝土养护

混凝土浇筑完成 24h 后拆模，拆除模板后在裸露桩身混凝土外面套塑料薄膜养护，养
护时间不少于 28d，拆后的模板及时进行清理和维修。

3. 高承台桩检测

工程桩属于高承台桩，采用一体化成桩法施工技术，桩顶高出设计地面 1.55m 或
1.35m，钢筋笼笼顶高出设计地面 2.7m，对竖向静载检测带来不小的难度。若用堆载方
法检测，一方面桩顶距地面较高，堆载困难并且安全隐患较大，另一方面工作面狭小，不
利于堆载施工。经过认真分析最终采用锚桩法，其做法为千斤顶底部垫高使千斤顶高出笼
顶，利用 6 根工程桩提供反力进行检测，具体方法如图 4.15.6 所示。

图 4.15.6 静载荷检测实景图

15.5 工程实施效果

15.5.1 勘察与施工

本次岩土工程技术综合服务任务涉及岩土工程勘察、试验桩、地基土换填、高承台桩及桩基检测等内容，施工内容多，要在 5 个月内完成所有施工任务。工程实施过程中，按照"就地取材"的原则，有效改善了桩基水平承载能力。鉴于高承台桩传统接桩法施工的缺点和弊端，经过与总包方、设计单位和业主单位沟通，成功将公司自有专利高承台桩一体化成桩法施工技术应用于本项目，较常规接桩法节省工期 1.5 个月，有效降低了工程造价。高承台桩实施过程中，采取渣土泵送外排工艺，解决了"摇振反应"易液化渣土的外运问题；采用外露钢筋包裹定制塑料薄膜保护套的措施，解决了混凝土浇筑时污染钢筋表面、后期处理费时费力的问题。高承台桩采用一体化成桩法施工技术后，桩基的竖向抗压静载试验是工程检测的难点，由于场地受限，堆载法实施难度较大，本项目采用锚桩法进行单桩竖向抗压静载试验，利用 6 根工程桩提供反力，加载千斤顶底部垫高使其顶部高出外露钢筋笼笼顶，取得了良好检测效果。

15.5.2 工程检测

高承台桩检测委托江苏某检测公司进行，检测项目主要为单桩竖向抗压静载试验、声波透射检测和低应变检测，共计进行 3 根高承台桩竖向抗压静载试验，试验检测结果如表4.15.9 所示。

高承台桩竖向抗压静载试验结果　　　　　　　　　　　　表 4.15.9

序号	桩号	桩长 (m)	桩径 (mm)	最大加载 (kN)	最终沉降量 (mm)	单桩竖向抗压(kN)	
						极限承载力	承载力特征值
1	A9	57.37	1200	14000	12	≥14000	7000
2	A47	57.58	1200	14000	15	≥14000	7000
3	A54	57.43	1200	14000	13	≥14000	7000

桩身完整性通过声波透射法和低应变法进行检测，声波检测比例为 10%，共 32 根，Ⅰ类桩 32 根，Ⅰ类桩比例 100%；低应变检测比例为 100%，共 320 根，Ⅰ类桩 320 根，Ⅰ类桩比例 100%。

15.5.3 沉降观测

1. 监测点布置

根据《工程测量规范》GB 50026—2007 及《建筑变形测量规范》JGJ 8—2016 的要求，在 16 万 m³ 储罐（TK-2001 储罐）周边共设置了 12 个监测点，监测点位置详见图 4.15.7。

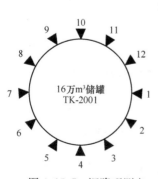

图 4.15.7　沉降观测点
位置示意图

2. 监测成果

2019 年 10 月 28 日、2020 年 3 月 18 日，对 TK-2001 进行了两次沉降观测，观测结果详见表 4.15.10。

16 万 m³ 储罐 （TK-2001 储罐） 沉降观测结果　　　　表 4.15.10

测点号	2019-10-28	2020-3-18	
	上次高程(m)	本次高程(m)	本次沉降量(mm)
1	3.26069	3.26407	−3.38
2	3.23816	3.24141	−3.25
3	3.25141	3.25439	−2.98
4	3.22378	3.22631	−2.53
5	3.24866	3.25106	−2.40
6	3.17300	3.17564	−2.64
7	3.24475	3.24763	−2.88
8	3.25551	3.25877	−3.26
9	3.25749	3.26107	−3.58
10	3.24931	3.25295	−3.64
11	3.22736	3.23107	−3.71
12	3.24245	3.24604	−3.59
平均沉降量			−3.15mm
平均沉降速率			−0.02mm/d

注：表中沉降量负值表示上升，正值表示下沉。

由表 4.15.10 可知，TK-2001 号罐的平均沉降量为 −3.15mm，平均沉积速率为 −0.02mm/d，TK-2001 号罐的沉降基本均匀，累计沉降量和沉降差均满足规范要求。

第16章　温州某LNG储运调峰中心试验桩、地基预处理及工程桩

16.1　项目概述

16.1.1　基本情况

温州某LNG储运调峰中心项目建设场区位于浙江省温州市，项目分三期建设完成。该项目是全国53座沿海已经建成投运和正在规划建设的LNG接收站之一，被列入交通运输部全国沿海LNG接收站布局规划和浙江省、温州市能源发展规划。项目一期投资约28亿元，占地19万m²，建设内容包括1座10万t级码头、2个16万m³的LNG储罐及配套工艺设施，计划于2023年3月建成投产，周转规模300万t/a。项目全部建成后，将形成6个16万m³LNG储罐及其配套工艺设施，1条约40km的海底天然气管道，周转规模可达1000万t/a，可进一步完善温州市天然气供储销体系，改善温州乃至浙南地区天然气供求关系，为温州市经济社会发展提供更有力的能源保障。

16.1.2　项目规模

本项目于2019年9月5日开工，2020年11月29日完工，项目岩土工程技术服务内容如下。

（1）试夯及试验桩：试夯526.5m²，于2019年9月19日开工，2019年9月21日完工，历时3天，试夯点夯夯击能为6000kN·m，夯坑采用级配砂石回填，点夯间距为夯锤直径的两倍，满夯两遍，夯击能为3000kN·m；混凝土灌注桩试验桩设计6根，桩径1.2m，桩端入中风化花岗岩层不小于1.2m，实际桩长从38m到41m不等，于2019年10月1日开工，2019年10月15日完工，历时15天。

（2）地基处理：采用强夯法，处理面积69889m²。储罐区域点夯夯击能为6000kN·m，满夯夯击能为3000kN·m；工艺区域点夯夯击能为6000kN·m，满夯夯击能为1500kN·m；装车区域点夯夯击能为3000kN·m，满夯夯击能为1000kN·m；开工日期为2020年4月8日，2020年5月26日完工，历时49天。

（3）储罐工程桩：桩型为高承台桩，共632根，桩径为1.2m，桩端持力层为中风化花岗岩，桩长以桩端进入持力层深度满足设计要求为准，实际施工桩长范围为9.4～55.5m，最外围2圈桩桩顶露出地面1.7m，其余桩桩顶露出地面2.0m；开工日期为2020年8月23日，2020年11月29日完工，历时99天。

16.1.3　复杂程度

本项目地质条件复杂，储罐区建（构）筑物设计等级和标准高，采用强夯加固联合钻

孔灌注桩的地基处理形式，其复杂性主要体现在以下几点：

（1）表层人工回填土层主要由碎石、块石夹含砂类土组成，碎块石含量为 $70\%\sim85\%$，碎块石粒径不均匀，粒径最大的可达 $1.0\mathrm{m}$，层厚 $10.90\sim21.20\mathrm{m}$。该层厚度变化较大，且均匀性、密实性均较差，需进行预处理加固。

（2）灌注桩桩端持力层（中风化花岗岩）岩面埋深从 $3\sim35\mathrm{m}$ 不等，如图 4.16.1 所示，起伏变化较大，且部分区域呈突变变化，不利于嵌岩群桩水平协调变形，需采取特殊设计及施工措施。

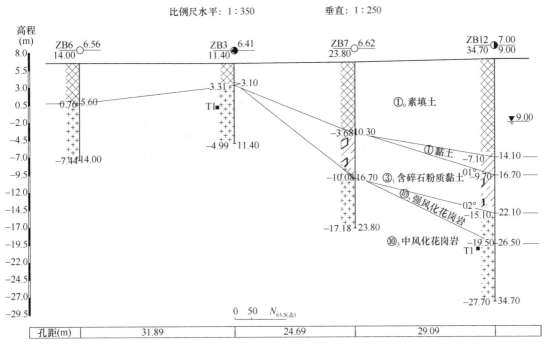

图 4.16.1 典型工程地质剖面图 13-13′

（3）项目场地紧邻海边深水港，地理位置特殊，项目实施过程中，环境保护是严控内容之一，严禁泥浆遗漏和外排处理。因此，需要采用专门技术对泥浆进行净化处理。

16.2 工程地质与水文地质条件

16.2.1 工程地质条件

1. 地形地貌

地貌单元属海岸阶地堆积地貌，包括开山区域、回填区域和围堤，如图 4.16.2 所示。场地内前 10 年为石料加工用地，储罐区场地已进行整平，地面标高 $6.37\sim7.23\mathrm{m}$。场地南侧开山形成的岩质斜坡，建设方已对其进行分级放坡处理，北侧和东侧为已建海堤，总长度约 $880\mathrm{m}$。

2. 地层简述

场地地层主要由人工回填素填土、海积（Q_4^{1m}）黏土、冲湖积（Q_3^{2al+pl}）角砾混粉质

图 4.16.2　场平期间厂区地貌

黏土、海积（Q_3^{2-1m}）黏土、残坡积（Q^{el+dl}）含碎石粉质黏土和风化基岩等组成，共划分为 6 个工程地质层及 7 个亚层。

①$_0$层素填土：灰黄色，干燥—稍湿，松散，中—低压缩性，主要由碎石、块石夹含砂类土组成。碎块石含量 70%～85%，粒径大小以 5～25cm 为主，个别大于 30cm，砂类土含量占 15%～30%，层厚 10.90～21.20m，层底埋深 10.90～21.20m。

②层黏土（Q_4^{1m}）：深灰色，软塑，高压缩性，含少量腐殖质，土质较均匀。层厚 2.50～16.30m，层底埋深 20.10～30.20m。

④$_3$层角砾混粉质黏土（Q_3^{2al+pl}）：灰黄色、黄褐色，稍密—中密，低压缩性；碎石含量占 30%～45%，砾石含量占 10%～15%，砂粒含量占 10%～15%，粉黏粒含量占 15%～20%，粒径以 1～5cm 为主，个别大于 8cm，呈次棱角—棱角状，级配较差，母岩成分以花岗岩为主，胶结程度较弱，粗颗粒分布均匀性极差，局部相变为粉质黏土；层厚 1.00～14.00m，层底埋深 22.00～39.80m。

⑤$_2$层黏土（Q_3^{2-1m}）：灰色，软可塑，中—高压缩性，含有较多木质炭化物，土质均匀性差；层厚 0.70～4.60m，层底埋深 28.00～41.50m。

⑨层含碎石粉质黏土（Q^{el+dl}）：黄色，饱和，稍密—中密状，粉质黏土呈软—可塑状态，中等压缩性，碎石含量为 20%～30%；粒径以 20～50mm 为主，个别大于 7cm，砾石含量占 15%～25%，粒径 2～20mm，颗粒呈棱角状，中—强风化程度；层厚 1.40～13.20m，层底埋深 31.40～48.70m。

⑩$_2$层强风化花岗岩：黄褐色、肉红色，芯样呈碎石、角砾状，密实，岩体组织结构大部分已破坏，矿物成分发生显著的变化，表面粗糙，原岩岩性为花岗岩。层厚 0.40～4.20m，层底埋深 22.50～52.40m。

⑩₃ 层中风化花岗岩：浅肉红色，岩性为燕山期侏罗世晚期花岗岩，表面偶见裂隙痕迹，节理裂隙较发育，部分见芯样沿裂隙面开裂，裂隙面被铁锈浸染，敲击声脆，岩体呈碎块状结构，岩体破碎，岩体基本质量等级为Ⅳ类。该层稳定性好，揭露厚度 4.50～10.60m，层顶埋深 22.50～52.40m。本层为桩基的桩端持力层，岩石的饱和单轴抗压强度平均为 60MPa，最小为 34.7MPa，最大为 114MPa。

16.2.2 水文地质条件

1. 地下水

本场地地下水主要有第四系松散层孔隙潜水和基岩裂隙水。孔隙潜水：赋存于素填土、黏土层中，素填土具透水性强、连通性好，黏土层具含水量高、弱透水性；主要由大气降水补给，排泄以蒸发和侧向径流为主；地下水位受季节变化、大气降水影响较大；稳定水位埋深为 4.30～4.70m，高程 1.950～2.050m；地下水与海水联系密切，水位受潮汐影响，随潮汐变化。基岩裂隙水：存在于⑩₂ 层强风化花岗岩和⑩₃ 层中风化花岗岩节理和裂隙中，受大气降水补给，以径流方式排泄，渗透性一般较差，水量较贫乏，水位变化较大。

地下水位年变化幅度为 1～3m，从抗浮安全上考虑，消防测试水池抗浮设计水位可按最高潮位（标高 2.30m）考虑。

2. 场地土及地下水的腐蚀性

该场地环境类型为Ⅱ类环境。海水对混凝土结构具弱腐蚀性，在长期浸水环境下对钢筋混凝土结构中钢筋具弱腐蚀性，在干湿交替环境下对钢筋混凝土结构中钢筋具强腐蚀性；基岩裂隙水对混凝土结构和钢筋混凝土结构中钢筋均具微腐蚀性。素填土对钢结构具微腐蚀性，软黏土层对钢结构具强腐蚀性，海水对钢管道具中腐蚀性。

因场地位于岛屿上，回填区上部地层为素填土（以碎块石为主），厚度大，渗透性强，与海水存在密切水力联系。

16.2.3 场地地震效应

本项目抗震应按抗震设防烈度 7 度考虑，设计地震分组为第二组，基本地震加速度值为 0.10g。素填土纵波 V_p 推荐速度 1400m/s，软黏土纵波 V_p 推荐速度 1370m/s，角砾混粉质黏土纵波 V_p 推荐速度 1910m/s，根据上部地基土性状和当地经验，等效剪切波速值范围为 250～500m/s，属中硬土，确定场地类别为Ⅱ类，设计基本地震动峰值加速度为 0.10g，特征周期为 0.40s。

16.3 工程设计及要求

16.3.1 地基处理（强夯）设计

强夯设计参数根据现场不同装置对地基承载力的不同要求分 3 个区域进行不同能级的强夯。3 个区域包括 LNG 储罐区、工艺区、装车区，3 个区域均采用现场现有的开山石回填，其中 LNG 储罐区回填开山石粒径不大于 100mm，回填材料内不得含有有机杂质；

工艺区和装车区回填开山石粒径不大于 200mm，具体强夯设计参数见表 4.16.1。

地基处理设计参数一览表　　　　　　　　　　　　表 4.16.1

序号	区域位置	技术参数要求
1	LNG 储罐区	1. 点夯两遍，夯击能 6000kN·m，夯点间距为 8m×8m；满夯两遍，夯击能 3000kN·m，锤印搭接 1/4。满夯时先对夯坑内的填料进行夯击加固，然后再继续满夯。 2. 强夯处理后的地基承载力特征值不小于 250kPa，压缩模量 E_s 不小于 12MPa，密实度应达到中密。强夯后地基处理的有效加固深度不应小于 10m。 3. 夯坑内回填级配砂石，回填砂石级配 1:1，回填碎石粒径不大于 50mm
2	工艺区等其他区域	1. 点夯两遍，夯击能 6000kN·m，夯点间距为 8m×8m；满夯两遍，夯击能 1500kN·m，锤印搭接 1/4。满夯时先对夯坑内的填料进行夯击加固，然后再继续满夯。 2. 强夯处理后的地基承载力特征值不小于 180kPa，压缩模量 E_s 不小于 10MPa，密实度应达到中密，强夯后地基处理的有效加固深度不应小于 8m。 3. 夯坑内回填级配砂石，回填砂石级配 1:1，回填碎石粒径不大于 50mm
3	装车区	1. 点夯两遍，夯击能 2500kN·m，夯点间距为 6m×6m；满夯两遍，夯击能 1000kN·m，锤印搭接 1/4。满夯时先对夯坑内的填料进行夯击加固，然后再继续满夯。 2. 强夯处理后的地基承载力特征值不小于 180kPa，压缩模量 E_s 不小于 10MPa，密实度应达到中密；强夯后地基处理的有效加固深度不应小于 5m。 3. 夯坑内回填级配砂石，回填砂石级配 1:1，回填碎石粒径不大于 50mm

16.3.2　试验桩设计

试验桩设计基桩根数 6 根，桩径 1200mm，桩长不定，由最小入岩深度控制，桩端进入⑩₃ 层中风化花岗岩不小于 1.2m，桩身混凝土强度等级 C40，采用普通硅酸盐水泥（OPC），骨料最大粒径 25mm。桩身混凝土保护层厚度 70mm。浇筑混凝土时孔底沉渣控制<50mm；桩身直径不得小于设计直径；充盈系数大于 1.0。试验桩主筋为直径 28mm HRB400E 钢筋，上部主筋根数为 32 根布置，下部主筋为 16 根布置，加劲箍筋为直径 22mm HRB400E，间距 2000mm 布置；螺旋箍筋采用直径 14mm HRB400，加密区布置间距为 100mm，非加密区布置间距为 10mm。所有桩在静载试验之前应先进行低应变动力检测和超声波检测。

A 组桩 Pa-01～Pa-03 进行以下基桩检测试验：

（1）测定 3 根单桩竖向极限承载力标准值；

（2）测定桩侧土极限侧阻力标准值；

（3）测定桩端极限端阻力标准值；

（4）单桩竖向最大加载荷载为 20000kN。

B 组桩 Pb-01～Pb-03 进行以下基桩检测试验：

（1）测定 3 根单桩水平临界荷载、水平承载力特征值和水平极限荷载；

（2）测定水平荷载下桩身受弯情况及桩侧土抗力分布；

（3）测定水平荷载下沿深度方向桩身水平变位；

（4）单桩水平最大加载荷载为 1800kN。

16.3.3　工程桩设计

1. 桩型及布桩

单个储罐布置高承台桩 316 根，桩径 1200mm，罐区中间呈正方形布置，桩间距 4.8m，共布置 148 根（桩型 Pc），由于布桩空间受限，其中 48 根桩无法按照正方形、桩间距 4.8m 布置；罐区边缘桩基沿环形均匀布置，第一圈（最外圈）布置 60 根（桩型 Pa），第二圈布置 60 根（桩型 Pb），第三圈布置 48 根（桩型 Pc），共布置 168 根，2 个储罐共布置 632 根。

承台桩桩端持力层为⑩₃层中风化花岗岩，该层顶面埋深起伏很大，最浅处埋深小于 6m，最深处大于 40m，对基桩水平协调变形问题不利，桩长较短的基桩桩端嵌固到基岩所受到的约束作用要比长桩受基岩的水平约束大得多，即较短桩水平变形的协调能力差，地震工况下，存在单桩失效的概率。以往其他项目设计时采取的措施是：通过增大短桩的直径、配筋等方式，提高短桩的水平承载能力，即在短桩承受了较大应力时，由于自身所能提供的水平抗力足够大，而不会发生基桩破坏，但是这种方法既增大了施工难度，又增加了施工成本，施工效果还不好。

经过设计验算，当基岩顶面埋深≤6m 时，基桩受水平约束力的影响会明显增加，而基岩顶面埋深>6m 时，基桩水平约束力的影响会逐渐减小。而 T-6203 储罐基岩顶面埋深>25m，因此 T-6203 储罐桩端进入持力层不小于 1.2m 即可。T-6202 储罐岩面最浅的只有 3m 左右，该区域基桩的水平约束力最大，为了弱化 T-6202 储罐由于持力层岩面起伏变化造成的基桩水平变形协调问题，特研发 RHR 桩，即通过人为扩孔、桩侧换填级配碎石的形式，增大基桩非嵌岩段的桩长，以增大基桩柔度，达到基桩水平变形协调的目的。工程桩详细设计参数见表 4.16.2。

工程桩详细设计参数表　　　　　　　　表 4.16.2

施工区域	桩型	桩径(m)	基岩顶面埋深(m)	短柱高度(m)	入持力层深度(m)	根数
T-6202 储罐	Pa	1.2	$L \leq 7$	1.7	3.6	60
			$7 < L \leq 9$	1.7	3.3	
			$9 < L \leq 12$	1.7	3	
			$12 < L < 18$	1.7	2.4~2.7	
			$L \geq 18$	1.7	1.8~2.1	
	Pb	1.2	$L \leq 7$	1.7	1.8	60
			$7 < L \leq 12$	1.7	1.5	
			$L > 12$	1.7	1.2	
	Pc	1.2	$L \leq 7$	2.0	1.8	196
			$7 < L \leq 12$	2.0	1.5	
			$L > 12$	2.0	1.2	
T-6203 储罐	Pa	1.2	$25.5 < L \leq 55.5$	1.7	1.2	60
	Pb	1.2	$25.5 < L \leq 55.5$	1.7	1.2	60
	Pc	1.2	$25.5 < L \leq 55.5$	2.0	1.2	196

2. 配筋

钢筋规格：主筋、箍筋、加强筋均为 HRB400 级钢筋，主筋连接采用直套筒机械连接，加强箍筋采用双面搭接焊，钢筋笼成型采用电弧焊。

钢筋笼配筋：本项目钢筋笼配筋比较复杂，其中 T-6202 储罐共计 18 种配筋，T-6203 储罐共计 4 种配筋，如表 4.16.3 所示。

钢筋笼配筋表   表 4.16.3

序号	施工部位	桩型	岩面埋深	主筋	箍筋	入持力层深度
1	T-6202	Pa	$L \leqslant 6m$	笼顶标高以下 0～4.125m 主筋为 24Φ32+24Φ28，笼顶标高以下 4.25～12.85m 主筋为 24Φ32+12Φ28	桩顶以下 6.7m 范围内为 Φ16@100，桩顶以下 6.7～8.7m 为 Φ14@60，桩顶以下 8.7～11.3m 为 Φ14@100	3.6m
2	T-6202	Pa	$6m<L \leqslant 7m$	笼顶标高以下 0～4.25m 主筋为 24Φ32+24Φ28，笼顶标高以下 4.25m 至桩底主筋为 24Φ32+12Φ28	桩顶以下 6.7m 范围内为 Φ16@100，桩底以上 2.6m 为 Φ14@100，桩底以上 2.6～4.6m 为 Φ14@60，桩顶以下 6.7m 至桩底以上 4.6m 为 Φ16@200	3.6m
3	T-6202	Pa	$7m<L \leqslant 8m$	笼顶标高以下 0～4.25m 主筋为 24Φ32+24Φ28，笼顶标高以下 4.25～8.25m 为 24Φ32+12Φ28，笼顶标高以下 8.25m 至桩底为 24Φ32	桩顶以下 6.7m 范围内为 Φ16@100，桩底以上 2.3m 为 Φ14@100，桩底以上 2.3～4.3m 为 Φ14@60，桩顶以下 6.7m 至桩底以上 4.3m 为 Φ16@200	3.3m
4	T-6202	Pa	$8m<L \leqslant 9m$	笼顶标高以下 0～4.1m 主筋为 24Φ28+24Φ28，笼顶标高以下 4.1～8.1m 为 24Φ28+12Φ28，笼顶标高以下 8.1m 至桩底为 24Φ28	桩顶以下 6.6m 范围内为 Φ16@100，桩底以上 2.3m 为 Φ14@100，桩底以上 2.3～4.3m 为 Φ14@60，桩顶以下 6.6m 至桩底以上 4.3m 为 Φ16@200	3.3m
5	T-6202	Pa	$9m<L \leqslant 12m$	笼顶标高以下 0～4.2m 主筋为 24Φ28+24Φ28，笼顶标高以下 4.2～9.2m 为 24Φ28+12Φ25，笼顶标高以下 9.2m 至桩底为 24Φ25	桩顶以下 7.7m 范围内为 Φ16@100，桩底以上 2.0m 为 Φ14@100，桩底以上 2.0～4.0m 为 Φ14@60，桩顶以下 7.7m 至桩底以上 4.0m 为 Φ16@200	3m
6	T-6202	Pa	$12m<L<18m$	笼顶标高以下 0～4.2m 主筋为 24Φ28+24Φ25，笼顶标高以下 4.2～9.2m 为 24Φ28+12Φ25，笼顶标高以下 9.2～12.2m 为 24Φ28，笼顶标高以下 12.2m 至桩底为 12Φ28	桩顶以下 7.7m 范围内为 Φ16@100，桩底以上 hm（h 为嵌岩深度，由基岩顶面埋深确定）为 Φ14@100，桩底以上 hm 至 $h+2.0m$ 为 Φ14@60，桩顶以下 7.7m 至桩底以上 $h+2.0m$ 为 Φ16@200	2.4～2.7m

续表

序号	施工部位	桩型	岩面埋深	主筋	箍筋	入持力层深度
7	T-6202	Pa	$L \geqslant 18m$	笼顶标高以下 0~4.2m 主筋为 24Φ28+24Φ25，笼顶标高以下 4.2~9.2m 为 24Φ28+12Φ25，笼顶标高以下 9.2~15.2m 为 24Φ28，笼顶标高以下 15.2m 至桩底为 12Φ28	桩顶以下 7.7m 范围内为 Φ16@100，桩底以上 hm（h 为嵌岩深度，由基岩顶面埋深确定）为 Φ14@100，桩底以上 hm 至 h+2.0m 为 Φ14@60，桩顶以下 7.7m 至桩底以上 h+2.0m 为 Φ16@200	1.8~2.1m
8	T-6202	Pb	$L \leqslant 6m$	笼顶标高以下 0~4.2m 主筋为 24Φ28+24Φ25，笼顶标高以下 4.2~11m 主筋为 24Φ28+12Φ25	桩顶以下 6.7m 范围内为 Φ16@100，桩顶以下 6.7~8.7m 为 Φ14@60，桩顶以下 8.7~9.5m 为 Φ14@100	1.8m
9	T-6202	Pb	$6m < L \leqslant 7m$	笼顶标高以下 0~4.2m 主筋为 24Φ28+24Φ25，笼顶标高以下 4.2~11m 主筋为 24Φ28+12Φ25	桩顶以下 6.7m 范围内为 Φ16@100，桩底以上 0.8m 为 Φ14@100，桩底以上 0.8~2.8m 为 Φ14@60，桩顶以下 6.7m 至桩底以上 2.8m 为 Φ16@200	1.8m
10	T-6202	Pb	$7m < L \leqslant 8m$	笼顶标高以下 0~4.15m 主筋为 24Φ25+24Φ25，笼顶标高以下 4.15~8.15m 为 24Φ25+12Φ25，笼顶标高以下 8.15m 至桩底为 24Φ25	桩顶以下 6.7m 范围内为 Φ16@100，桩底以上 0.5m 为 Φ14@100，桩底以上 0.5~2.5m 为 Φ14@60，桩顶以下 6.7m 至桩底以上 2.5m 为 Φ16@200	1.5m
11	T-6202	Pb	$8m < L \leqslant 9m$	笼顶标高以下 0~4.1m 主筋为 24Φ22+24Φ25，笼顶标高以下 4.1~8.1m 为 24Φ22+12Φ25，笼顶标高以下 8.1m 至桩底为 24Φ22	桩顶以下 6.7m 范围内为 Φ16@100，桩底以上 0.5m 为 Φ14@100，桩底以上 0.5~2.5m 为 Φ14@60，桩顶以下 6.7m 至桩底以上 2.5m 为 Φ16@200	1.5m
12	T-6202	Pb	$9m < L \leqslant 12m$	笼顶标高以下 0~4.1m 主筋为 24Φ22+24Φ25，笼顶标高以下 4.1~9.1m 为 24Φ22+12Φ25，笼顶标高以下 9.1m 至桩底为 24Φ20	桩顶以下 7.7m 范围内为 Φ16@100，桩底以上 0.5m 为 Φ14@100，桩底以上 0.5~2.5m 为 Φ14@60，桩顶以下 7.7m 至桩底以上 2.5m 为 Φ16@200	1.5m
13	T-6202	Pb	$12m < L < 18m$	笼顶标高以下 0~4.1m 主筋为 24Φ22+24Φ25，笼顶标高以下 4.1~9.1m 为 24Φ22+12Φ25，笼顶标高以下 9.1~12.1m 为 24Φ22，笼顶标高以下 12.1m 至桩底为 12Φ22	桩顶以下 7.7m 范围内为 Φ16@100，桩底以上 2.2m 为 Φ14@60，桩顶以下 7.7m 至桩底以上 2.2m 为 Φ16@200	1.2m

续表

序号	施工部位	桩型	岩面埋深	主筋	箍筋	入持力层深度
14	T-6202	Pb	$L \geqslant 18m$	笼顶标高以下 0～4.1m 主筋为 24Φ22＋24Φ25，笼顶标高以下 4.1～9.1m 为 24Φ22＋12Φ25，笼顶标高以下 9.1～15.1m 为 24Φ22，笼顶标高以下 15.1m 至桩底为 12Φ22	桩顶以下 7.7m 范围内为 Φ16@100，桩底以上 2.2m 为 Φ14@60，桩顶以下 7.7m 至桩底以上 2.2m 为 Φ16@200	1.2m
15	T-6202	Pc	$L \leqslant 6m$	笼顶标高以下 0～4.2m 主筋为 24Φ25＋24Φ25，笼顶标高以下 4.2～12m 主筋为 24Φ25＋12Φ25	桩顶以下 7m 范围内为 Φ16@100，桩顶以下 7～9m 桩底为 Φ14@60，桩顶以下 9～9.8m 为 Φ14@100	1.8m
16	T-6202	Pc	$6m < L \leqslant 7m$	笼顶标高以下 0～4.2m 主筋为 24Φ25＋24Φ25，钢筋笼顶标高以下 4.2m 至桩底主筋为 24Φ25＋12Φ25	桩顶以下 7m 范围内为 Φ16@100，桩底以上 0.8m 为 Φ14@100，桩底以上 0.8～2.8m 为 Φ14@60，桩顶以下 7m 至桩底以上 2.8m 为 Φ16@200	1.8m
17	T-6202	Pc	$7m < L \leqslant 8m$	笼顶标高以下 0～4.15m 主筋为 24Φ25＋24Φ22，笼顶标高以下 4.15～8.15m 为 24Φ25＋12Φ22，笼顶标高以下 8.15m 至桩底为 24Φ25	桩顶以下 7m 范围内为 Φ16@100，桩底以上 0.5m 为 Φ14@100，桩底以上 0.5～2.5m 为 Φ14@60，桩顶以下 7m 至桩底以上 2.5m 为 Φ16@200	1.5m
18	T-6202	Pc	$8m < L \leqslant 9m$	笼顶标高以下 0～4.05m 主筋为 24Φ25＋24Φ22，笼顶标高以下 4.05～8.05m 为 24Φ22＋12Φ25，笼顶标高以下 8.05m 至桩底为 24Φ22	桩顶以下 6.9m 范围内为 Φ16@100，桩底以上 0.5m 为 Φ14@100，桩底以上 0.5～2.5m 为 Φ14@60，桩顶以下 6.9m 至桩底以上 2.5m 为 Φ16@200	1.5m
19	T-6202	Pc	$9m < L \leqslant 12m$	笼顶标高以下 0～4.15m 主筋为 24Φ22＋24Φ25，笼顶标高以下 4.15～9.15m 为 24Φ22＋12Φ25，笼顶标高以下 9.15m 至桩底为 24Φ20	桩顶以下 8m 范围内为 Φ16@100，桩底以上 0.5m 为 Φ14@100，桩底以上 0.5～2.5m 为 Φ14@60，桩顶以下 8m 至桩底以上 2.5m 为 Φ16@200	1.5m
20	T-6202	Pc	$12m < L < 18m$	笼顶标高以下 0～4.1m 主筋为 24Φ22＋24Φ22，笼顶标高以下 4.1～9.1m 为 24Φ22＋12Φ22，笼顶标高以下 9.1～12.1m 为 24Φ22，笼顶标高以下 12.1m 至桩底为 12Φ22	桩顶以下 8m 范围内为 Φ16@100，桩底以上 2.2m 为 Φ14@60，桩顶以下 8m 至桩底以上 2.2m 为 Φ16@200	1.2m

续表

序号	施工部位	桩型	岩面埋深	主筋	箍筋	入持力层深度
21	T-6202	Pc	$L \geqslant 18m$	笼顶标高以下 0~4.1m 主筋为 24 Φ 22+24 Φ 22，笼顶标高以下 4.1~9.1m 为 24 Φ 22+12 Φ 22，笼顶标高以下 9.1~15.1m 为 24 Φ 22，笼顶标高以下 15.1m 至桩底为 12 Φ 22	桩顶以下 8m 范围内为 Φ 16@100，桩底以上 2.2m 为 Φ 14@60，桩顶以下 8m 至桩底以上 2.2m 为 Φ 16@200	1.2m
22	T-6203	Pa	$L \leqslant 30m$	笼顶标高以下 0~4.2m 主筋为 24 Φ 25+24 Φ 28，笼顶标高以下 4.2~9.2m 主筋为 24 Φ 25+12 Φ 28，笼顶标高以下 9.2~15.2m 主筋为 24 Φ 25，笼顶标高以下 15.2m 至桩底为 12 Φ 25	桩顶以下 7.7m 范围内为 Φ 16@100，桩底以上 2.2m 为 Φ 14@60，桩顶以下 7.7m 至桩底以上 2.2m 为 Φ 16@200	1.2m
23	T-6203	Pa		笼顶标高以下 0~4.2m 主筋 24 Φ 25+24 Φ 28，笼顶标高以下 4.2~9.2m 主筋为 24 Φ 25+12 Φ 28，笼顶标高以下 9.2~15.2m 主筋为 24 Φ 25，笼顶标高以下 15.2~32.2m 主筋为 12 Φ 25，笼顶标高以下 32.2m 至桩底为 12 Φ 22	桩顶以下 7.7m 范围内为 Φ 16@100，桩底以上 2.2m 为 Φ 14@60，桩顶以下 7.7m 至桩底以上 2.2m 为 Φ 16@200	1.2m
24	T-203	Pb	$L > 30m$	笼顶标高以下 0~4.2m 主筋为 24 Φ 25+24 Φ 28，笼顶标高以下 4.2~9.2m 主筋为 24 Φ 25+12 Φ 28，笼顶标高以下 9.2~15.2m 主筋为 24 Φ 25，笼顶标高以下 15.2m 至桩底为 12 Φ 22	桩顶以下 7.7m 范围内为 Φ 16@100，桩底以上 2.2m 为 Φ 14@60，桩顶以下 7.7m 至桩底以上 2.2m 为 Φ 16@200	1.2m
25	T-6203	Pc		笼顶标高以下 0~4.1m 主筋为 24 Φ 22+24 Φ 22，笼顶标高以下 4.1~9.1m 主筋为 24 Φ 22+12 Φ 22，笼顶标高以下 9.1~15.1m 主筋为 24 Φ 22，笼顶标高以下 15.1m 至桩底以上 2.2m 为 12 Φ 22，桩底至桩底以上 2.2m 为 12 Φ 20	桩顶以下 8m 范围内为 Φ 16@100，桩底以上 2.2m 为 Φ 14@60，桩顶以下 8m 至桩底以上 2.2m 为 Φ 16@200	1.2m

3. 混凝土

混凝土强度等级为 C40，骨料最大公称直径 25mm，最大水胶比 0.45，胶凝材料最小用量 320kg/m³，坍落度 160～220mm，在 $t_0+60min$（t_0＝搅拌站混凝土搅拌结束的时间）时，坍落度仍应大于 160mm。桩基工程混凝土结构的环境类别为三 a 类，桩基混凝土中最大氯离子含量不得超过 0.08％，最大碱含量不得超过 3.0kg/m³。

4. 后注浆要求

T-6202 储罐采用桩端后注浆施工工艺，应沿钢筋笼内侧圆周对称设置 2 根注浆导管，浆液的水灰比宜为 0.65，桩端注浆终止压力 4.0MPa，注浆流量不应超过 75L/min，单桩桩端注浆量根据桩长的不同在 0.8～1.1t 范围内变化，桩端平均注浆量为 0.9t，桩端注浆作业于成桩 2d 后开始。

5. 工程桩检测

工程桩检测内容包括低应变、超声波透射和竖向静载测试。LNG 储罐区桩基测试数量 100％，LNG 储罐区选择工程桩总数的 20％设置声测管，并随机抽取其中的 50％（总桩数的 10％）进行桩身完整性检测。LNG 储罐区选择工程桩总数的 1％进行竖向静载测试，即每个 LNG 储罐选取 4 根工程桩进行测试，单桩竖向抗压极限承载力要求达到 12000kN。LNG 储罐区选择工程桩总数的 1％进行钻芯测试。

16.4　工程特色及实施

16.4.1　工程特色

1. 不同区域、不同参数，针对性强夯加固碎块石回填层

建设场地采用开山碎块石回填，回填厚度最深为 25m，回填时间短、均匀性较差，采用强夯法进行地基处理，以此提高回填层及下部土层的地基承载力，降低地基土的压缩性，减少后期沉降量。根据建设构筑物对地基荷载的要求不同，建设区域共划分为三个区域，即 LNG 储罐区、工艺区、装车区。其各区域强夯时采用的夯击能如下。

LNG 储罐区域：点夯两遍，夯击能 6000kN·m，夯点间距为 8m×8m；满夯两遍，夯击能 3000kN·m，锤印搭接 1/4。满夯时先对夯坑内的填料进行夯击加固，然后再继续满夯。

工艺区域：点夯两遍，夯击能 6000kN·m，夯点间距为 8m×8m；满夯两遍，夯击能 1500kN·m，锤印搭接 1/4。满夯时先对夯坑内的填料进行夯击加固，然后再继续满夯。

装车区域：点夯两遍，夯击能 2500kN·m，夯点间距为 6m×6m；满夯两遍，夯击能 1000kN·m，锤印搭接 1/4。满夯时先对夯坑内的填料进行夯击加固，然后再继续满夯。

在施工过程中发现，回填地层的均匀性较差，部分区域回填石块粒径最大为 1.5m，石块之间的空隙较大，因此在强夯施工时，夯沉量差异性较大，最大夯沉量为 1.9m，部分区域夯沉量仅为 0.4m。为了确保强夯之后地层的回填材料的均一性，采用级配碎石进行夯坑回填，并进行满夯、平整、碾压处理。

2. RHR 桩新技术的应用

RHR 桩即 Reduced Horizontal Restraint Pile，是一种减小基岩水平约束的新型桩。其目的是为了减小嵌岩短桩的自身刚度，增加其水平变形能力，以实现基础下不等长嵌岩群桩的水平协调变形。

本项目储罐区域中风化花岗岩面埋深起伏较大，最浅为 3m，最深为 55m，因此同一储罐基础下基桩桩长差异性较大。与长桩相比，短桩刚度较大，水平变形协调能力差，当地震作用来临时，短桩会首先提供水平抗力，因此会在短桩桩顶区域出现应力集中现象，造成短桩的破坏，进而又由其他基桩承受荷载，最终引起群桩的"渐进式整体性破坏"。为了解决此问题，本项目采用了 RHR 桩技术，具体设计为：当基岩顶面埋深≤6m 时，基桩受基岩水平约束力的影响较大，且随着基岩埋深越浅，其影响值成倍增大。因此为了减小该区域基桩的刚度，当基岩顶面埋深≤6m 时，需要进行扩孔处理，需要把 6m 以上入岩的孔扩至直径 1.8m，并且最终保证桩径仍然是 1.2m，即将桩侧的基岩置换成级配碎石，以增大基桩非嵌岩段的有效桩长，降低基桩的刚度，提高基桩的水平协调变形能力。具体实施过程如图 4.16.3 所示。

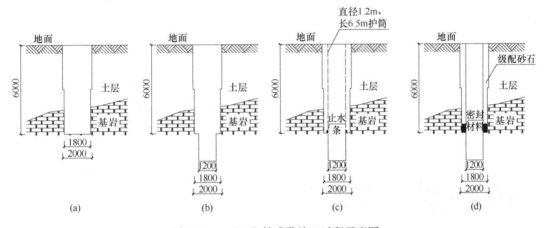

图 4.16.3　RHR 桩成孔施工过程示意图
(a) 直径 1.8m 孔钻进；(b) 直径 1.2m 孔钻进；(c) 内径 1.2m 内护筒安装；(d) 级配碎石回填

3. 泥浆压滤净化技术的应用

本项目地层以碎块石回填层、粉质黏土层为主，冲击钻机成孔施工过程中产生的废浆较多，为了保证场地文明施工，防止废浆污染环境，项目采用了泥浆压滤净化技术对废弃泥浆进行固化处理。该工艺可以有效地解决泥浆处理的难题，将泥浆处理为泥饼易于再利用，且净化处理所得的水可以循环利用，不仅减少了环境污染，而且实现了水的循环利用，是一种高效环保的处理方式。

本项目实施过程中，由于废弃泥浆中会含有较多的粗颗粒，泥浆压滤过程中粗颗粒会损坏滤布，因此采用振动旋流与压滤净化相结合的方法进行废弃泥浆的净化处理，利用振动旋流除砂方法除去泥浆中粒径大于 0.5mm 的颗粒，利用压滤方法除去泥浆中粒径小于 0.5mm 的颗粒。泥浆压滤处理以自动隔膜接液翻板压滤机为核心处理设备，通过采用特种絮凝剂对泥浆进行处理，原料池中的泥浆通过与搅拌后的药剂进行充分混合，变成絮凝状，通过喂料泵进入板框式压滤机中。在压滤机运行过程中，污水沿水平方向缓缓向四周扩散，絮凝后的泥浆形成大而密实的絮团，快速短距离沉降并形成连续而又致密稳定的絮团过滤层，而未絮凝的颗粒在随水流上升过程中受到絮团过滤层的阻滞作用，最终随絮团层的沉降进入压缩机下部的压缩区，当泥浆中的固体形成饼后，再向隔膜中通入空气，对滤室内的固体充分压榨，降低含水率，从而完成泥浆的固液分离。分离后的固体形成饼状，可通过翻斗车运走，分离后的水用于现场造浆，进行重复使用。工艺流程如图4.16.4所示，泥浆处理设备实景图见图4.16.5。

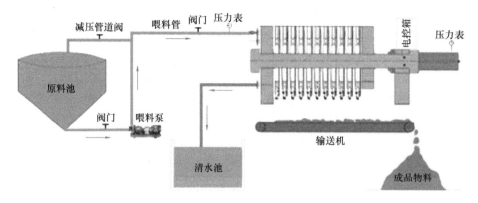

图 4.16.4　泥浆处理工艺流程图

图 4.16.5　泥浆处理设备实景图

16.4.2　工程实施

1. 地基处理（强夯）

项目地基处理（强夯）施工于 2020 年 4 月 8 日开工，2020 年 5 月 26 日完工，历时 49 天，共投入强夯机 2 台，挖掘机 1 台。

强夯处理的地层范围主要为碎块石回填层，该层层厚 10.90～21.20m，且回填时间短，力学性质均匀性较差。强夯前需进行场地清理，确保开山石粒径不大于 100mm，回填材料内不得含有有机杂质；每遍点夯完成后，夯坑内回填级配砂石，回填砂石级配

1:1，回填碎石粒径不大于 50mm，满夯时应先对夯坑内的填料进行夯击加固，然后再继续满夯；满夯结束后，要对施工区域进行整平碾压处理。强夯结束后，业主委托第三方检测单位对地基进行了检验，检测方法包括静载试验和超重型动力触探法，检测结果如表4.16.4 所示。

基土均匀性检查点密实度成果表　　　　　　　　表 4.16.4

编号	触探深度（m）	修正后最大击数/10cm	修正后最小击数/10cm	修正后平均击数/10cm	检测点地基土密实度
DY1	5.25	78.54	1.87	8.31	中密
DY2	8.10	25.82	1.81	5.03	稍密

编号	触探深度 (m)	修正后最大击数/ 10cm	修正后最小击数/ 10cm	修正后平均击数/ 10cm	检测点地基土 密实度
MY1	5.80	24.39	3.20	6.43	中密
MY2	8.10	25.08	1.81	7.11	中密
MY3	7.47	116.39	1.87	7.95	中密

根据静载试验检测点检测结果，强夯处理后地基强度提高效果明显，加固后地基承载力大于 180kPa，加固深度 8m 内密实度为中密，变形模量 E_0 大于 10MPa，可满足设计要求。

2. 工程桩施工

高承台桩施工采用"一体化成桩法"施工技术，成孔采用"旋挖钻机＋冲击钻机"钻进施工工艺。

（1）成孔工艺的选择

根据勘察报告可知，基桩桩身范围内主要以人工回填素填土层、黏土层、角砾混粉质黏土层、含碎石粉质黏土层、强风化花岗岩层、中风化花岗岩层为主，考虑到表层的人工回填素填土主要由碎石、块石夹含砂类土组成，碎块石含量 70%～85%，碎块石粒径不均匀，粒径最大的可达 1.0m，且回填较厚，层厚 10.90～21.20m。工程桩施工前该层虽经过强夯处理，但是较一般土层仍然容易发生漏浆和塌孔的情况。

在充分分析本场区工程地质与水文地质条件的基础上，结合试桩采用冲击钻机成孔的施工经验，为确保按期保质保量完成施工任务，因此采用"旋挖钻机＋冲击钻机"的成孔施工工艺，即使用冲击钻机施工上部碎块石回填层，可以有效地避免漏浆塌孔，同时冲击钻机成孔可以"自造浆"。穿过回填层后旋挖钻机接力成孔，可以加快施工进度。灌注时多余的泥浆通过泥浆压滤设备净化处理。

本项目共投入 4 台 360 型旋挖钻机、8 台冲击钻机进行成孔施工，其中 T-6202 储罐投入 2 台 360 型旋挖钻机和 2 台乌卡斯"CZ 系列"自动式冲击钻机、2 台 JKL8F 手动冲击钻机；T-6203 储罐投入 2 台 360 型旋挖钻机和 4 台乌卡斯"CZ 系列"自动式冲击钻机。冲击钻机和旋挖钻机成孔施工合理安排衔接，所有钻机基本无闲置，且能保证与后续工序施工顺利衔接。同时，每台冲击钻机配备"多翼抽筒式"和"十字形"钻头，成孔过程中可根据不同的地层选用不同钻头，能够有效避免塌孔、扩径、岩石钻进困难的现象发生，保证成孔质量。旋挖钻机钻进时，根据地层情况适时更换采用挖砂钻头、截齿钻头、牙轮钻头，其中清孔采用挖砂钻头。

（2）泥浆指标的控制

现场两个罐区设置两个泥浆池，单个泥浆池长×宽×高为 20m×8m×2.5m，容量约 400m³，泥浆池采用砖砌，底部和内侧砂浆抹面，泥浆系统包括：泥浆制备池、供应池、沉淀池、泥浆净化装置、输浆管及泥浆泵等。

根据试桩施工的经验，本项目采用田泥作为泥浆制备原材料。安排技术人员每天对泥浆指标进行监控监测，并形成记录，泥浆性能指标超标时及时进行清理。施工过程中泥浆指标控制在相对密度 1.08～1.15，黏度 21～25s，含砂率＜4%，保证泥浆质量。

（3）成孔质量控制

鉴于储罐部分区域碎块石回填深度较深，虽然经过强夯处理，但是稳定性还是很差，安装护筒需要人工配合挖掘机进行，直径 1200mm 桩的护筒长度为 3m。为了确保回填碎块石层不发生塌孔、漏浆的现象，泥浆材料选用田泥，该层采用冲击钻机成孔，成孔时要及时调整泥浆状态保证不漏浆、不塌孔；同时在孔口设置不小于 $2m^3$ 的泥浆缓存池，以确保在旋挖钻机钻杆提升过程中，缓存泥浆池中泥浆及时回流至孔内，确保钻孔内不缺浆，保持水头压力；旋挖钻进时，要控制成孔速度，不宜过快，钻头挖满泥后，先慢速转动 2 周，再提升钻杆，防止孔底"负压区"的产生，导致缩径和塌孔的现象。

（4）钢筋笼制作与安装

主筋、箍筋、加强筋均采用 HRB400 级钢筋。钢筋主筋连接采用直套筒机械连接，加强箍筋采用双面搭接焊，钢筋笼成型采用电弧焊，根据钢筋笼长度单节或者分节制作，主筋焊接接头施工时错开。为提高机械连接质量，保证孔口连接质量及施工效率采取了以下措施：

①调试滚丝机及牙轮，确保螺纹质量，认真打磨钢筋端头，保证垂直平整。

②钢筋笼分节制作时，在制作场地进行预连接，对上下相互对接的钢筋进行标识；对钢筋笼进行贴条编号，确保成套使用，防止误吊混用造成不匹配，且对成品区钢筋笼丝扣用塑料帽保护，防止剐蹭损坏。

钢筋笼制作完成后，采用人工配合履带式吊车"六点起吊法"将钢筋笼吊起并运输至施工现场。在运输过程应采取措施，以保证入孔前钢筋笼主筋的平直，防止出现永久性变形。为了确保钢筋笼安装的偏差满足设计要求，项目部在护筒下设好后，及时对护筒的偏差进行校核，并将校核护筒的四角桩引测到护筒上，并做好护筒顶标高记录，以便对钢筋笼安装后的水平、竖向偏差进行测量，从源头上保证钢筋笼的横向偏差满足设计要求。

（5）混凝土浇筑

工程桩为高承台桩，设计桩顶标高高出设计地坪分别为 1.7m（桩型 Pa、Pb）、2.0m（桩型 Pc），须采用高平台导管法进行混凝土浇筑。混凝土浇筑高平台采用壁厚 4mm 的 10cm×10cm 方管、壁厚 2.4mm 内径 32mm 的钢管、厚 3mm 的防滑钢板制作而成，10cm×10cm 方管作为支腿和横梁，壁厚 2.4mm 内径 32mm 的钢管作为平台防护架，平台高 3.5m，断面尺寸为 3m×3m。

（6）超灌与地表处混凝土清理

混凝土浇筑至地面标高后，首先要进行超灌控制。在护筒出水口位置加入挡板，然后继续灌注混凝土，直到有新鲜混凝土流出。在清理钢筋笼里面夹杂的混凝土前，先将孔口周围的杂土清理干净，然后采用人工清理出钢筋笼里面的混凝土浮浆或泥砂，最后用振捣棒振捣。

（7）支立模板

在清理完桩头混凝土后，用坍落度不大于 100mm 的混凝土将桩周边铺设厚 10cm 的垫层，垫层宽度大于模板内边不少于 30cm，为缩短垫层凝结时间，可采取在垫层表面洒干水泥等措施。模板采用成型钢模板，单节制作，高度分别为 1.8m 和 2.0m，内径 1.2m。模板下沿宽度不宜小于 30cm，且模板侧壁底端伸出下沿 3～5cm。

模板使用前，应预拼装，检查接缝严密、有无错台；模板打磨时先用钢丝刷将浮锈清除，钢丝刷打磨最少 2 遍，钢丝刷打磨不到的部位，用细砂纸打磨。模板表面有变形或麻面的可用腻子打底，干燥后再进行下步工作，以保证拆模后结构物外露部分美观。模板采用人工配合吊车进行安装，利用缆绳进行固定。

（8）地面以上混凝土浇筑

高承台桩地面以上混凝土坍落度控制在 140～160mm，浇筑时控制每层的高度不大于 500mm。振点不超过 2/3 个振幅（300mm），插入下层混凝土不小于 300mm。灌注混凝土高度要超过设计高度 3～5cm，如上部有浮浆时应将其清除，并振捣密实。

（9）桩端后注浆

T-6202 储罐高承台桩采用桩端后注浆工艺，注浆直管采用 Q235B 钢管，规格为 $\phi30mm\times2mm$，沿钢筋笼内侧圆周对称设置 2 根。注浆管底端采用单向注浆阀，具有逆止功能防止浆液回流，单向阀可以承受 1MPa 压力，外用橡胶皮和透明胶带包裹严实，并在钢筋笼底端安装 4 块导正块。单桩桩端注浆量控制在 0.9t，浆液的水灰比为 0.65，注浆流量不超过 75L/min；同时桩端注浆终止压力为 4MPa。

16.5 工程实施效果

16.5.1 社会经济效益

本项目主要施工范围包括试验桩、地基处理（强夯）及储罐高承台桩施工，项目地质条件及周围环境复杂，设计等级及质量标准高，施工难度较大。工程实施过程中积极推广专利技术——高承台桩"一体化成桩法"施工技术，该技术的成功推广与应用，大大缩短了项目工期。同时依托工程实际情况，针对工程实施过程中遇到的问题，提出了 RHR 桩新技术，成功解决了地震工况下不等长嵌岩群桩水平变形不协调的问题，取得了良好的效果，并获得发明专利 1 项。针对环境保护要求标准高，采用振动旋流与压滤净化相结合的技术进行废弃泥浆的处理，实现泥浆的"零"排放，该技术可将泥浆处理为含水量 30%～50% 的泥饼和清水，不仅减少了环境污染，而且实现了资源的循环利用，是一种高效环保的处理方式。

16.5.2 工程检测

本项目完工后，业主单位委托温州市某检测公司进行了检测。经过检测，试夯与试验桩均达到试验目的，为设计提供了有效的设计数据；地基处理（强夯）采用静载试验和超重型动力触探进行检测，检测结果均合格；高承台桩采用低应变法、超声波透射法、钻孔取芯法和竖向静载法进行检测，其中低应变检测占比为 100%，共 632 根，Ⅰ类桩 622 根，Ⅱ类桩 10 根，Ⅰ类桩占比 98.42%；超声波透射检测比例为 10%，共 64 根，Ⅰ类桩 64 根，Ⅰ类桩占比 100%；钻孔取芯 8 根，Ⅰ类桩 8 根，Ⅰ类桩占比 100%；竖向静载试验桩 8 根，单桩竖向极限承载力均大于 12000kN。工程总体评定为合格。